Michael Fahrenbach, Michael Ripberger

Technik und Management

Berufliches Gymnasium
Technische Richtung

Band 3: Projektmanagement

1. Auflage

Bestellnummer 00880

■ Bildungsverlag EINS

Haben Sie Anregungen oder Kritikpunkte zu diesem Produkt?
Dann senden Sie eine E-Mail an 00880_001@bv-1.de
Autoren und Verlag freuen sich auf Ihre Rückmeldung.

www.bildungsverlag1.de

Bildungsverlag EINS GmbH
Sieglarer Straße 2, 53842 Troisdorf

ISBN 978-3-427-**00880**-4

© Copyright 2009: Bildungsverlag EINS GmbH, Troisdorf
Das Werk und seine Teile sind urheberrechtlich geschützt. Jede Nutzung in anderen als den gesetzlich zugelassenen Fällen bedarf der vorherigen schriftlichen Einwilligung des Verlages.
Hinweis zu § 52a UrhG: Weder das Werk noch seine Teile dürfen ohne eine solche Einwilligung eingescannt und in ein Netzwerk eingestellt werden. Dies gilt auch für Intranets von Schulen und sonstigen Bildungseinrichtungen.

Vorwort

Das vorliegende Lehr- und Arbeitsbuch orientiert sich am Lehrplan der Jahrgangsstufe 1 des Faches „Projektmanagement" des Technischen Gymnasiums in Baden-Württemberg.

Der Unterricht im Fach Projektmanagement ergänzt und erweitert das Profilfach „Technik und Management" um Aspekte der Projektkompetenz, der betrieblichen Organisation und der Kommunikation.

Das vorliegende Buch ist somit Teil einer mehrbändigen Reihe, die das Profil „Technik und Management" am Technischen Gymnasium in Baden-Württemberg zur Grundlage hat.

Die Kapitel 1 und 2 in diesem Buch spiegeln das handlungsorientierte Konzept des Lehrplanes im Bereich des Projektmanagements im Sinne seiner fachwissenschaftlichen Bedeutung wider. Von der Projektdefinition bis zum Projektabschluss folgt einem beispielhaften Einstieg in das Thema das „Handwerkszeug" des Projektmanagements, das die Fähigkeiten vermittelt, ein umfangreiches Projekt in seiner Gesamtheit zu überblicken und zu steuern.

Ein durchgehendes beispielhaftes Projekt (Schulkalender) verdeutlicht die Inhalte. In den vertiefenden Aufgaben wird dazu angeregt, ein eigenes Projekt (Vernissage) parallel zum Verlauf des Unterrichts durchzuführen, um daran die unterrichtlichen Inhalte anzuwenden. Diese Vorgehensweise sichert einen hohen Grad an Handlungsorientierung und Praxisbezug für die Schüler.

Die Kapitel 3 und 4 befassen sich mit der betrieblichen Kommunikation sowie der Führung und Organisation von Unternehmen. Sie ermöglichen an dieser Stelle die Erarbeitung der Inhalte des Lehrplans im Fach Projektmanagement.

Jedes Kapitel beginnt mit einer zusammenfassenden Beschreibung der behandelten Inhalte, verschafft einen ersten Überblick und erzeugt erkenntnisleitendes Interesse für die folgenden Themen.

Zahlreiche Schaubilder, Grafiken, Tabellen und Beispiele ergänzen und veranschaulichen die dargestellten fachlichen Themen. Am Ende jedes Abschnittes des Buches finden sich zusammenfassende Übersichten, die die wesentlichen Strukturelemente der vorher behandelten Inhalte verdeutlichen.

Neben den vertiefenden Aufgaben finden sich am Ende jedes Abschnittes Fragen zur Wiederholung des Grundwissens.

Für Anregungen und Vorschläge sind Verfasser und Verlag dankbar.

Inhaltsverzeichnis

Vorwort 3

Themenkreis 1: Grundlagen des Projektmanagements 7

1.1	Projektbegriff.	7
1.2	Projekte in Unternehmen.	9
1.2.1	Anforderungen an die Mitarbeiter	9
1.2.2	Projektauslöser	11
1.3	Die vier Phasen des Projektmanagements.	12

Themenkreis 2: Projektmanagement in einzelnen Phasen 15

2.1	Die Schulkalender.	15
2.2	Phase 1: Projektdefinition	17
2.2.1	Beschreibung und Analyse.	17
2.2.2	Frage der Durchführbarkeit.	19
2.2.3	Projektziele.	20
2.2.4	Lasten- und Pflichtenheft	24
2.2.5	Analyse des Projektumfeldes	28
2.2.6	Teamfunktionen	33
2.2.7	Projektauftrag.	40
2.2.8	Kick-off-Meeting.	42
2.2.9	Schulprojekt „Vernissage" (Teil 1)	43
2.3	Phase 2: Projektplanung.	46
2.3.1	Aktivitätenliste	48
2.3.2	Arbeitspakete.	50
2.3.3	Projektstrukturplan (PSP).	53
2.3.4	Projektablaufplan als Vorgangsliste	57
2.3.5	Meilensteine.	59
2.3.6	Terminplanung mit dem Gantt-Diagramm.	61
2.3.7	Netzplan.	63
2.3.8	Kapazitätsplan	68
2.3.9	Kostenplan.	69
2.3.10	Schulprojekt „Vernissage" (Teil 2)	73
2.4	Phase 3: Projektdurchführung.	82
2.4.1	Teamaufgaben während der Durchführungsphase	83
2.4.2	Projekt-Controlling	87
2.4.3	Projektdokumentation	96
2.4.4	Schulprojekt „Vernissage" (Teil 3)	98

2.5	Phase 4: Projektabschluss	104
2.5.1	Gefahren einer fehlerhaften Projektabschlussphase	104
2.5.2	Unterschiedliche Ansprüche an den Projektabschluss	106
2.5.3	Abschlusspräsentation	108
2.5.4	Abnahme	114
2.5.5	Abschlussbericht	114
2.5.6	Würdiger Projektabschluss	117
2.5.7	Schulprojekt „Vernissage" (Teil 4)	118
2.6	Projektvorschläge	122
2.6.1	Allgemeine Vorgehensweise	122
2.6.2	Gruppenprojekte	123
2.6.3	Klassenprojekte	124

Themenkreis 3: Betriebliche Kommunikation 126

3.1	Lerntechniken (Lernmethoden)	126
3.1.1	Die SQ3R-Methode	127
3.1.2	Das Mindmapping	128
3.1.3	Die Mnemotechnik	128
3.2	Die betriebliche Kommunikation	132
3.2.1	Formelle interne Kommunikation	133
3.2.2	Informelle interne Kommunikation	133
3.2.3	Medien der internen Kommunikation	133
3.3	Störungen der Kommunikation	136

Themenkreis 4: Führung und Organisation 138

4.1	Auswahlkriterien der Personaleinstellung	138
4.1.1	Kriterien der Personalauswahl	141
4.1.2	Chronologischer Ablauf der Personalauswahl	141
4.1.3	Persönliches Vorstellungsgespräch	141
4.1.4	Einstellungstests	144
4.1.5	Assessment-Center	145
4.1.6	Möglichkeiten der Personalfreisetzung	147
4.2	Führungsstile und Motivation von Mitarbeitern	153
4.2.1	Führungsstile nach Kurt Lewin (1890–1947)	154
4.2.2	Führungstechniken	156
4.2.3	Mitarbeitermotivation	158
4.3	Betriebliche Leitungssysteme	161
4.3.1	Von der Unternehmensstrategie zur Organisation	161
4.3.2	Die Aufbauorganisation	162
4.3.3	Von der Aufgabenanalyse über die Stellenbildung (Aufgabensynthese) zur Stellenbeschreibung und Stellenbesetzung	162

4.3.4	Leitungssysteme	163
4.3.5	Die Ablauforganisation	165
4.4	Die Prozessorganisation	167
4.4.1	Aufbau der Prozessorganisation	168
4.4.2	Darstellung von Geschäftsprozessen mithilfe von ereignisgesteuerten Prozessketten (EPK)	169
4.5	Management-Konzepte	180
4.5.1	Das Total Quality Management (TQM)	180
4.5.2	Kaizen	181

Sachwortverzeichnis 183

Bildquellenverzeichnis 185

Themenkreis 1
Grundlagen des Projektmanagements

▶ **Um welche Probleme geht es in diesem Kapitel?**

Aufgrund des vielfach besetzten Begriffes „Projekt" ist eine eindeutige Definition gemäß der Norm DIN 69901 notwendig. Diese Norm definiert Begriffe rund ums Projektmanagement. Zudem hat sich die Komplexität der Aufgaben in wirtschaftlichen Unternehmen in den letzten Jahren stetig gesteigert, sodass die Bedeutung der Projektarbeit rasant gewachsen ist. Von grundsätzlicher Bedeutung ist ebenfalls der gegliederte Ablauf eines Projektes in seinen vier Phasen, unabhängig vom konkreten Inhalt des Projektes.

1.1 Projektbegriff

Inzwischen hat sicher jeder Mensch, sei es im schulischen oder im betrieblichen Umfeld, schon Projekte bearbeitet und bewältigt. In den Köpfen derer, die Projekte anstoßen und durchführen, befinden sich zahlreiche unterschiedliche Definitionen dieses einen Begriffes. Ist das Theaterprojekt „Hamlet" der Oberstufe schon ein Projekt? Oder darf sich nur die neue Werbestrategie einer Waschmittelfirma „Projekt" nennen, die ab sofort das Waschmittel direkt ins „Herz der Wäsche" bringt?

Dieser vorherrschende Begriffswirrwarr macht eine verlässliche Definition unumgänglich. Im Allgemeinen werden Projekte als umfangreiche Vorhaben verstanden, die zur Lösung einer komplexen Aufgabe notwendig sind.

Welchen Charakter diese Vorhaben besitzen müssen, um zu einem richtigen Projekt zu werden, bleibt dabei aber im Unklaren. Hier liefert die DIN 69901 sogenannte Merkmale, die gegeben sein sollten, um ein alltägliches Vorhaben von einem Projekt zu unterscheiden.

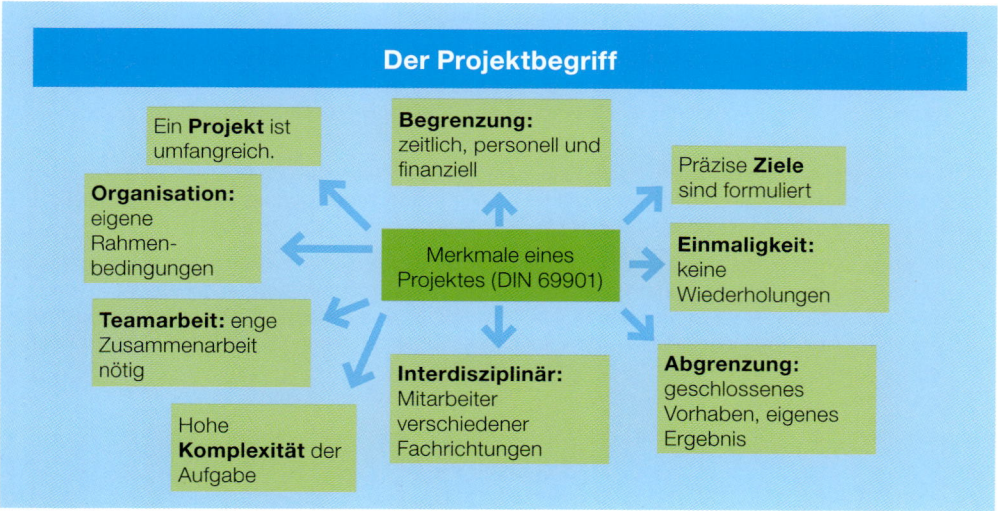

Merkmale zur Definition eine Projektes nach DIN 69901

> **Es müssen nicht zwingend sämtliche Merkmale zutreffen, um ein Vorhaben zu einem Projekt zu machen. Die wesentlichen finden Sie in unten stehender Tabelle näher erläutert.**

Merkmal nach DIN69901	Beschreibung
Einmaligkeit	Für die betroffene Organisation stellt sich das zu lösende Problem zum ersten Mal. Daher kann ein Projekt nie ein zweites Mal durchgeführt werden.
Interdisziplinarität	Die gegebene Komplexität bedingt oftmals einen fächerübergreifenden Charakter eines Projektes. So müssen oft Fachleute aus unterschiedlichen Fachrichtungen (z. B. Ingenieure, Designer, Juristen) zusammenarbeiten, um den Erfolg zu ermöglichen.
Teamarbeit	Eine enge und vertrauensvolle Zusammenarbeit ist Voraussetzung. Der Wille, gemeinsam zum Erfolg zu kommen, muss allen Teilnehmern eigen sein. Ein Denken in Abteilungsstrukturen schadet dem Erfolg des Projektes.
Zielvorgabe	Die zu erreichenden Ziele sind genau definiert und finden ihren Niederschlag im später folgenden Lastenheft.
Begrenzungen	Jedem Projekt ist ein festgelegter finanzieller Rahmen vorgegeben, innerhalb dessen mit einem bestimmten Personaleinsatz zu einem fixen Termin eine entsprechende Problemlösung vorzuliegen hat.
Komplexität	Die zu lösende Aufgabe muss vielfache und anspruchsvolle Anforderungen stellen. Es müssen Zusammenhänge zwischen den Teilbereichen der Aufgabe berücksichtigt werden.
Abgrenzung	Das Vorhaben sollte in sich geschlossen sein und ein eigenständiges Ergebnis liefern.

Im Folgenden zwei kurze Beispiele, um das Wesen eines Projektes nach DIN 69901 zu verdeutlichen:

> Eine Papierfabrik plant, eine neue Streichmaschine zur besseren Glättung der grafischen Papiere anzuschaffen. Damit würde die Qualität der Papiere und damit die Wettbewerbsfähigkeit am Markt steigen.
> - Diese Ersatzinvestition ist offensichtlich keine einmalige Aufgabe. Ebenfalls fehlt diesem Vorhaben wahrscheinlich eine eigene Organisation und es wird von der Produktionsleitung abgewickelt. Somit würde dieses Vorhaben nicht als Projekt im Sinne der DIN gelten.

> Ein Versicherungskonzern plant eine Restrukturierung des Geschäftsfeldes „Lebensversicherungen". Dabei soll bis zum Jahresende die Abteilung „Investment" ausgegliedert und die Verwaltungskosten sollen auf 3 % des Umsatzes gesenkt werden.
> - In diesem Fall trifft das Merkmal „Einmaligkeit" ebenso zu wie die hohe Komplexität der Aufgabe. Sicherlich wird eine eigene Organisationsform mit einem interdisziplinären Team gebildet werden. Auch die zeitliche Begrenzung sowie exakte Zielvorgaben sind gegeben. Da hier mehrfach wichtige Merkmale eines Projektes erfüllt werden, kann diese Umstrukturierungsmaßnahme auch mit Recht als solches bezeichnet werden.

> **Zusammenfassende Übersicht zu Kapitel 1.1: Projektbegriff**
>
> Projekte definieren sich durch die DIN 69901 und besitzen eindeutige Merkmale, die aber nicht alle zeitgleich vorliegen müssen.
>
> Die wichtigsten Merkmale in ihrer Reihenfolge:
> - Einmaligkeit
> - Interdisziplinarität
> - Teamarbeit notwendig
> - Exakte Zielformulierungen
> - Zeitliche und sachliche Begrenzung
> - Komplexe Aufgabenstellung

1.2 Projekte in Unternehmen

1.2.1 Anforderungen an die Mitarbeiter

War in den vergangenen Jahrzehnten die rein fachliche Kompetenz der Mitarbeiter von entscheidender Bedeutung für den Erfolg eines Unternehmens, so hat sich das Anforderungsprofil heute gewandelt.

Die Aufträge, die Unternehmen heute erhalten, benötigen immer komplexere Lösungen, sodass auch an die Mitglieder des Projektteams vielfältigere Anforderungen gestellt werden müssen.

Zusätzlich arbeiten die meisten Unternehmen, bedingt durch den Druck des internationalen Wettbewerbs, nicht mehr verkaufsorientiert, sondern vielmehr kundenorientiert.

> **Vergleich: Marketingorientierung und Verkaufskonzept**
>
> **Definition Marketing:** Systematische Ausrichtung aller Unternehmensfunktionen an die Bedürfnisse des Kunden.
>
> **Definition Verkaufskonzept:** Das Unternehmen agiert produktorientiert und richtet sämtliche Aktivitäten am Produkt aus.
>
> | | Fokus | Orientierung | Durchführung | Erfolg |
> |---|---|---|---|---|
> | Verkaufskonzept | Fertigung | An den Produkten | Verkauf und Werbung | **Gewinn durch hohen Umsatz** |
> | Marketingkonzept | Markt | An den Kundenwünschen | Koordiniertes Marketing | **Gewinn durch zufriedene Kunden** |

Die wesentlichen Unterschiede zwischen dem klassischen Verkaufskonzept und dem kundenorientierten Marketingkonzept

Die Entwicklung und Umsetzung eines solchen Marketingkonzepts stellt hohe Anforderungen an alle Beteiligten.

1. Ermittlung des Kundenkreises (Marktforschung)
2. Bedürfnisse und Ansprüche an das Produkt (Produktentwicklung)
3. Vermarktungsstrategien (Medien/Werbung)

Eine solche veränderte Vorgehensweise der Unternehmen an Produktentwicklung und Vermarktung verlangt Fachleute aus unterschiedlichsten Disziplinen wie z. B. Marktforscher, Ingenieure, Designer, Werbefachleute, Juristen und Informatiker.

Entsprechend den veränderten Anforderungen werden solche Aufgaben immer häufiger in Form von Projekten mit den Methoden des Projektmanagements angegangen.

An den Ingenieur im Projektteam werden so plötzlich Anforderungen gestellt, die seine reine Fachkompetenz aus Universität bzw. Fachhochschule übersteigen.

Arbeitsauftrag:

Lesen Sie sich die unten stehende Stellenanzeige durch und formulieren Sie die fachlichen und die persönlichen Anforderungen, die an einen Bewerber gestellt werden.

Wir sind spezialisiert auf die automation von Spritzgussproduktionen.
Unser Firmensitz befindet sich in einer landschaftlich reizvollen Gegend in unmittelbarer Nähe von Bodensee, Schwarzwald und den Alpen.

Wir sind zertifiziert nach DIN EN ISO 9001:2000.

Für unsere Kunden stehen die Realisierung von Innovationen, Effizienzsteigerung, Qualitätssicherung und Kostensenkung im Vordergrund. Das Können und die hohe Motivation unserer Mitarbeiter machen dies möglich und uns seit Jahren erfolgreich.

Zum nächstmöglichen Zeitpunkt suchen wir eine/n:

Leiter/in Projektsteuerung

Sie koordinieren und steuern selbstständig alle Aktivitäten zur Fertigstellung unserer Automationsanlagen. Hierzu gehört die Planung des Projektdurchlaufs, die Abstimmung des Material-flusses und die Überwachung der Projekttermine von Konstruktion, Fertigung und Montage. Sie sind kompetenter Ansprechpartner unserer inter/nationalen Kunden und unterstützen zusätzlich unser Engineering bei der Kalkulation und Erstellung von Angeboten (Ersatzteile, Umbau).

Sie sind Maschinenbauingenieur/in (FH/TH/Uni) oder haben einen vergleichbaren Ausbildungshintergrund und konnten bereits einige Jahre Erfahrung als Projektsteuerer/in im Anlagenbau sammeln. Sie besitzen einschlägige Erfahrung im Projektmanagement, können mit moderner Projektsoftware umgehen und sprechen verhandlungssicheres Englisch. Sie überzeugen durch Kommunikations- und Organisationsfähigkeiten und zählen Verhandlungsgeschick und Eigeninitiative zu Ihren Stärken. Zudem sind Sie ein/e vorbildliche/r Teamplayer/in und denken kundenorientiert.

Stellenanzeige im Arbeitsbereich Projektmanagement

1.2.2 Projektauslöser

Woher kommt die Initialzündung für ein Projekt im Unternehmen? Zur Beantwortung dieser Frage kommen zwei unterschiedliche Betrachtungsweisen infrage. Zum einen wird nach der Herkunft des Projektgebers, zum anderen nach dem innerbetrieblichen Auslöser unterschieden.

Die erste Unterscheidung ist die Stellung des Projektgebers:

- **Externe Projekte:** Der Auftraggeber ist ein rechtlich eigenständiges Unternehmen, das einem ebenso eigenständigen Unternehmen den Projektauftrag erteilt. Dabei handelt es sich meist um Aufgaben, die der Auftraggeber aus Kapazitätsgründen oder aufgrund fehlender eigener Kompetenzen nicht selbst bewältigen kann. So vergibt beispielsweise ein Speditionsunternehmen den Auftrag an eine Softwarefirma, die Logistiksoftware neuen europäischen Richtlinien anzupassen. Oder ein führender Automobilhersteller beauftragt ein Maschinenbauunternehmen, genau definierte Schweißroboter in seinen Produktionsablauf zu integrieren.
- **Interne Projekte:** Initiator des Projektes ist in diesem Fall immer ein Bereich des Unternehmens selbst, in dem das Projekt durchgeführt wird. In aller Regel wird die Definition, Planung, Durchführung und Kontrolle (siehe „Die vier Phasen des Projektmanagements", Seite 12) des Projektes mit Mitteln (Personal und Sachmittel) aus dem Unternehmen bestritten. So kann beispielsweise die Produktionsleitung eines Kurbelwellenherstellers anregen, zur Kostenreduzierung die Lagerhaltung auf ein Just-in-time-System umzustellen. Die Initiative kann aber auch von der Geschäftsführung selber ausgehen. Die Einführung von Stabsstellen in einer ehemals hierarchischen Betriebsorganisation (siehe Seite 162) zur Optimierung innerbetrieblicher Abläufe in einem Verlag wäre ein solches Beispiel.

Für die weitere Unterscheidung wird der innerbetriebliche Entscheidungsprozess beleuchtet:

- Konkreter Auslöser für den Beginn eines Projektes ist oftmals die Entscheidung der **Geschäftsführung**. Dabei kann entweder ein langfristiger Planungsprozess oder aber ein kurzfristig zu behebendes Problem die Initialzündung darstellen. Leider steht die akute Problemlösung bei den Projektstartern häufig im Zentrum, sodass es gleichzeitig an einer langfristigen Planung in vielen Unternehmen und Behörden mangelt. Des Weiteren zeigt die Praxis, dass bei derartig angestoßenen Projekten die Motivation der betroffenen Mitarbeiter oftmals niedrig ist, da von ihnen mitunter die Notwendigkeit für das Projekt nicht erkannt wird.
- Auch Ideen aus den **Fachabteilungen** oder von einzelnen Führungspersönlichkeiten können in Projekten münden. Die Mitarbeiter „vor Ort" haben meist einen genauen Einblick in die Produktion oder in Organisationsabläufe des Unternehmens, sodass derartige Projektanlässe einen starken Praxisbezug aufweisen. So können beispielsweise ungünstige Arbeitsbedingungen verbessert werden oder der Ausschuss in der Produktion lässt sich durch wenig aufwendige technische Veränderungen reduzieren. Bedingung hierfür ist jedoch ein ungestörter Informationsfluss, auch über die Hierarchieebenen im Betrieb hinweg.
- Die sich stets verändernden **Rahmenbedingungen**, wie z. B. Gesetze, DIN-Normen oder technische Neuerungen, sind ebenfalls potenzielle Projektauslöser. Eine gesetzlich neu definierte Grenze für schädliche Emissionen stellt für manche Unternehmen eine große Herausforderung dar, die in der gegebenen Zeit nur mit einem Projektteam bewältigt werden kann.

Aufgrund des hohen Aufwandes und der damit verbundenen Kosten wird bei umfangreichen Projekten häufig vor dem eigentlichen Beginn des Einzelprojektes eine Machbarkeitsstudie durchgeführt. Diese Studie soll Fehlentwicklungen vermeiden, indem ein genauer Rahmen für das Projekt definiert wird. Überwiegen die kritischen Aspekte, so wird das Projekt aufgrund zu hoher Risiken nicht in Angriff genommen.

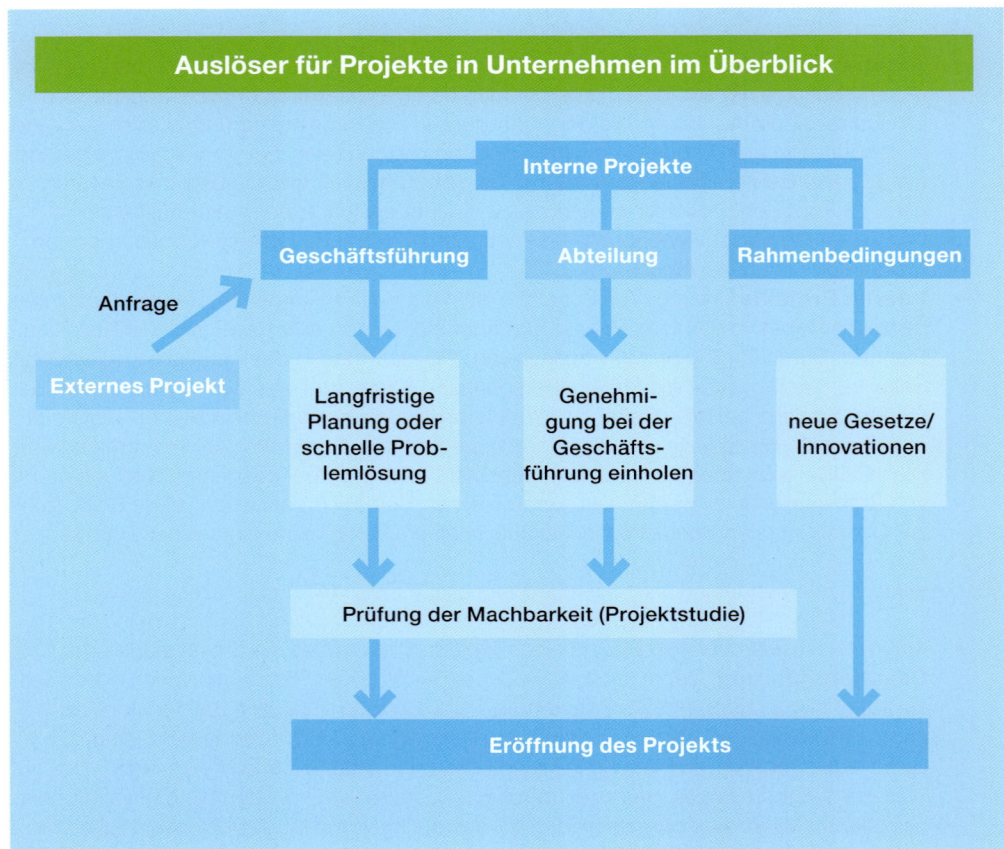

Projektauslöser im Zusammenhang

1.3 Die vier Phasen des Projektmanagements

Mit einem gut gefüllten, technisch hochwertigen Werkzeugkasten lassen sich vielfältige Aufgaben mit Leichtigkeit bewältigen. Ohne eine solche Hilfestellung kann jedoch sogar eine einfache Fahrradreparatur zum Scheitern verurteilt sein.

Einen solchen „Werkzeugkasten" stellt die Gesamtheit der Projektmanagement-Instrumente dar, mit deren Hilfe sich Projekte erfolgreich durchführen lassen. Der systematische Einsatz der Werkzeuge ist, in unterschiedlicher Intensität und Ausprägung, beispielsweise dazu geeignet, sowohl den Airbus A380 von der Planung bis zum Jungfernflug zu bringen, als auch das folgende Projekt innerhalb der Klasse erfolgreich und effizient zu gestalten.

Projekte in Unternehmen

Die vier Projektphasen in einer Kurzbeschreibung:

1. **Projektdefinition:** In dieser Phase werden sämtliche Bedingungen der Projektaufgabe erfasst. Der Projektauftrag ist bekannt, die Projektziele sind deutlich gemacht und die Projektorganisation wird aufgebaut.

2. **Projektplanung:** Um spätere kostenintensive Fehler zu vermeiden, werden in der Planungsphase alle relevanten Daten des Projektes ermittelt und in unterschiedliche Planungsschritte integriert. Arbeitspakete werden definiert, ein Projektstrukturplan wird angefertigt und die Termin- und Kostenpläne werden erstellt. Jeder Arbeitsschritt wird im Projektordner dokumentiert.

3. **Projektdurchführung:** Je genauer die Planungsphase war, desto weniger Eingriffe bedarf es in der eigentlichen Durchführungsphase. In regelmäßigen Zeitabständen sind Soll-Ist-Abweichungen durchzuführen und gegebenenfalls frühzeitig Gegenmaßnahmen zu ergreifen. Basis sind die bereits in der Planungsphase erstellten Termin- und Kostenpläne.

4. **Projektabschluss:** Die Ergebnisse des Projektes werden in einer Abschlusspräsentation dargestellt; ein Abschlussbericht analysiert eventuelle Fehler und benennt Verbesserungsvorschläge. Das Team beendet nach einer Feedbackrunde seine Arbeit und wird aufgelöst.

Die folgende Tabelle gibt einen genaueren Einblick, um nach der inhaltlichen Einführung in die vier Phasen eine genauere Zuordnung zu den jeweils beteiligten „Werkzeugen" (Instrumenten des Projektmanagements) sowie zur Projektdokumentation zu erhalten.

Phase	Zeitlicher Ablauf der verwendeten Instrumente	Dokumente im Projektordner
Projektdefinition	Je nach Projektanlass wird das Problem definiert und auf seine Ursachen hin analysiert. Die Machbarkeit wird geprüft, Zielformulierungen werden gefunden und der Projektauftrag wird ausgefüllt.	– Sach-, Termin- und Kostenziele – Projektauftrag
Projektplanung	Sämtliche notwendigen Aktivitäten werden in sinnvolle Einheiten unterteilt (Arbeitspakete) und münden im Projektstrukturplan. Die Vorgangsliste ist die Grundlage für die folgende Terminplanung mithilfe eines Gantt-Diagramms bzw. Netzplanes. Es folgt abschließend eine Kostenabschätzung und eventuell eine Kapazitätsbetrachtung.	– Aktivitätenliste – Arbeitspakete – Vorgangsliste – Projektstrukturplan – Gantt-Diagramm und/oder Netzplan – Kostenplan – Kapazitätsplan
Projektdurchführung	Der Projektfortschritt wird stetig mit den Planungsgrundlagen aus Phase 2 verglichen (Soll-Ist-Vergleich), Ursachen für Abweichungen werden benannt und Lösungsmöglichkeiten aufgezeigt.	– Sitzungsprotokolle – Controlling-Unterlagen (Soll-Ist-Abweichungen oder Meilenstein-Trend-Analyse)
Projektabschluss	Der Projektordner wird um die Abschlusspräsentation (kundenorientiert und/oder unternehmensintern) und den Abschlussbericht ergänzt. Wesentlich ist dabei eine Schwachstellenanalyse mit Hinweisen für folgende Aufgaben, um solche Fehler in Zukunft zu vermeiden.	– Präsentationsunterlagen – Abschlussbericht – evtl. Abnahmeprotokoll

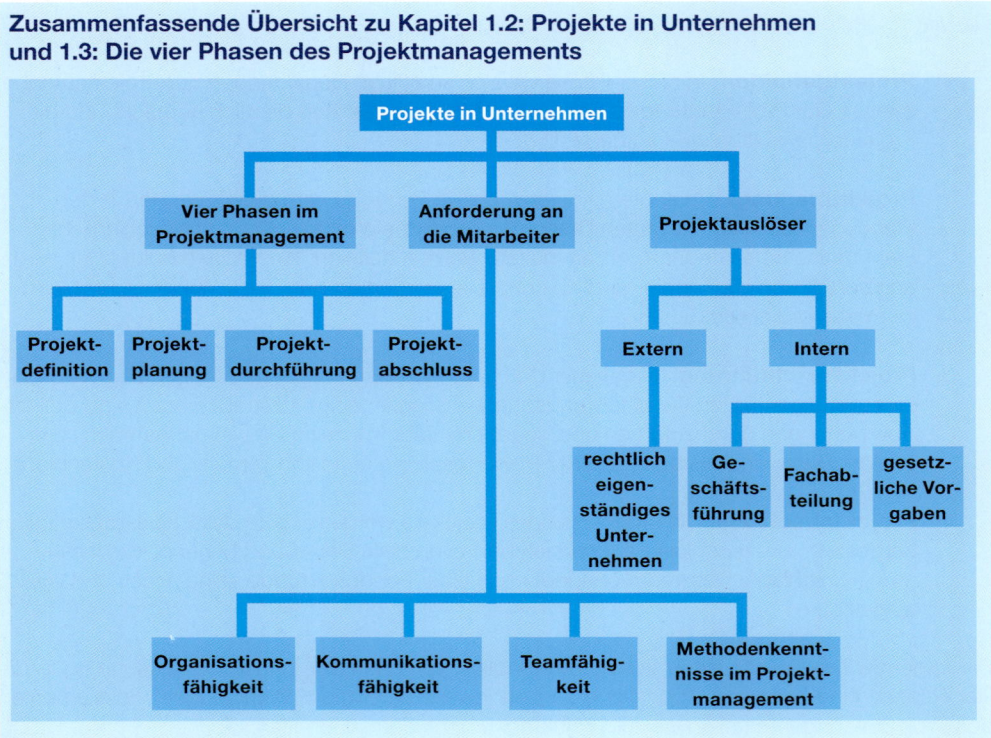

Aufgaben zur Übung und Vertiefung

1. Unten sehen Sie zwei Fälle, die zur Bearbeitung in der jeweiligen Unternehmung anstehen:
   Fall 1: Das Kultusministerium plant die Einführung eines neuen Profilfaches „Biotechnologie". Bis zum nächsten Schuljahr sollen die jeweiligen Fachkollegen (Biologie/Verfahrenstechnik/Computertechnik) aus den vier Pionierschulen einen Lehrplan erstellen und die Einführungsphase begleiten.
   Fall 2: Die Dreherei „Spindel GmbH" mit zehn Mitarbeitern besitzt keinen eigenen Lageristen. Da es in letzter Zeit aufgrund fehlenden Materials zu Verzögerungen in der Produktion kam, beauftragt der Chef einen Mitarbeiter, ein Auge auf das Lager zu haben und Bestellungen zu veranlassen.
   - Begründen Sie für jeden der beiden obigen Fälle ausführlich (fünf Merkmale), ob es sich dabei um ein Projekt im Sinne der DIN 69901 handelt.

2. Beschreiben Sie die grundsätzlichen Unterschiede zwischen internen und externen Projektauslösern und formulieren Sie die Vorteile für ein Unternehmen, wenn es ein Projekt an eine externe Firma vergibt.

3. Ein Projektteam hat es aufgrund zeitlicher Schwierigkeiten versäumt, die Projektplanung (Phase 2) gewissenhaft durchzuführen.
   - Erläutern Sie die Folgen dieses Versäumnisses für die folgenden Projektphasen (Projektdurchführung und Projektabschluss).

Themenkreis 2
Projektmanagement in einzelnen Phasen

▶ **Um welche Probleme geht es in diesem Kapitel?**

Anhand eines praxisnahen, für den Schulalltag geeigneten Projektes wird der Leser schrittweise mit den Projektmanagement-Instrumenten in der entsprechenden Projektphase vertraut gemacht und später dazu angeregt, ein eigenes Projekt innerhalb der Klasse durchzuführen. So findet ein steter Wechsel zwischen theoretischen Inhalten und deren unmittelbarer Umsetzung in die Praxis statt.

2.1 Die Schulkalender

Der Wunsch der Schulleitung, die Außendarstellung durch anspruchsvolle und vor allem schulspezifische Werbegeschenke weiter zu verbessern, besteht schon seit geraumer Zeit. So könnten Schulpartner, Ausbildungsbetriebe und Referenten endlich eine kleine Anerkennung oder ein Erinnerungsstück bekommen, das direkt mit dem Schulleben verknüpft ist. Die Kalender können parallel dazu von den Schülern vertrieben werden, sodass ein finanzieller Anreiz hinzukommt.

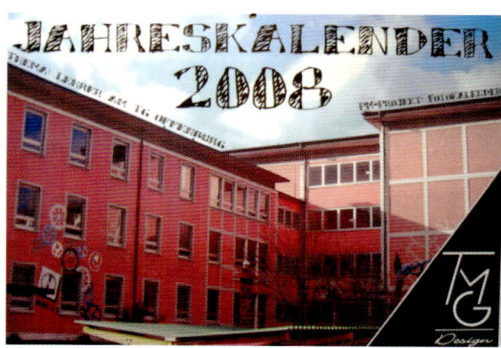

Als an der Schule das Fach Projektmanagement unterrichtet wird, ergreift die Direktorin die Gelegenheit beim Schopf.

Folgendes Schreiben erreicht die Klasse:

Sehr geehrte Projektmanagement-Schülerinnen und -Schüler,

wir wünschen uns sehr, in Zukunft unterschiedliche Wand- und Tischkalender zu Zwecken der Außendarstellung zur Verfügung zu haben. Ein wichtiger Punkt dabei ist für uns der Bezug zu unserer Schule und ihrem Alltagleben. Es könnten einzelne Schulaktivitäten (Theatergruppe, Kunst an der Schule oder die SMV), die Geschichte unserer Schule, unser Lernangebot oder aber auch Personengruppen (Schüler/Lehrer) als Kalenderthema dienen.

Hierbei sind folgende Vorgaben bei der Ausarbeitung des Bildkalenders zu beachten:

- Gruppenarbeit zu maximal fünf Personen in den Projektteams. Somit entstehen etwa sechs unterschiedliche Kalender
- Mindestens ein Bild pro Monat plus Deckblatt
- Pro Bild eine kurze Erläuterung
- Qualitativ hochwertiges Papier und Fotos
- Robuste Bindung
- Ausgabeformat bis DIN A3
- Stichtag der Fertigstellung: 01. April

Zum Projektabschluss präsentiert jede Gruppe ihre Ergebnisse, legt den Projektordner inklusive Abschlussbericht vor und übergibt der Schulleitung das Produkt (Kalender).

Wir wünschen Ihnen viel Erfolg und eine lehrreiche Projektphase. Für Rückfragen steht die Schulleitung gerne zur Verfügung.

Mit freundlichen Grüßen

Dorothee Daume
(Direktorin)

2.2 Phase 1: Projektdefinition

▶ **Um welche Probleme geht es in diesem Kapitel?**

Die wichtigsten Problempunkte des Schulprojektes werden verdeutlicht und analysiert. Nach der Überprüfung der Machbarkeit steht die exakte Formulierung der Projektziele im Vordergrund. Die Beziehungen zwischen Auftraggeber und Auftragnehmer spiegeln sich im Lasten- und Pflichtenheft wider, wobei ebenfalls rechtliche Fragen angesprochen sind.

Gefahren für den Erfolg eines Projektes liegen ebenfalls in einem nicht genügend beachteten Umfeld. Daher finden sich Hinweise bezüglich der Umfeldanalyse und der Eingriffsmöglichkeiten seitens des Projektteams auf den folgenden Seiten.

Der Erfolg eines Projektes ist auch eng mit der Funktionsfähigkeit des Projektteams verbunden, sodass hier die Fragen der Teambildung und der Abläufe von Teamarbeit wesentliche Rollen spielen.

„Edamer Mieze", begann Alice, „würdest du mir bitte sagen, wie ich von hier aus weitergehen soll?"
„Das hängt zum großen Teil davon ab, wohin Du möchtest", sagte die Katze.
„Ach, wohin ist mir eigentlich gleich ...", sagte Alice.
„.... solange ich nur irgendwo ankomme", fügte Alice zur Erklärung hinzu.
„Dahin kommst Du bestimmt", sagte die Katze, „wenn du nur lange genug weiterläufst."

Aus: Carroll, Lewis: Alice im Wunderland. Übersetzt von Christian Enzensberger. Frankfurt/Main: Insel Verlag, 1998, S. 67.

Ohne eine genaue(re) Definition eines Zielzustandes oder eines Problems ist es nahezu unmöglich, eine klare Vorstellung von den Aufgaben zu entwickeln, die im Rahmen dieses Projektes zu bewältigen sind.

Um bei dem obigen Beispiel von „Alice im Wunderland" zu bleiben: Solange Alice nicht weiß, wohin sie eigentlich will (Zielbeschreibung), wird sie sicherlich irgendwo ankommen. Nur kann keiner sagen, wo sie ankommt und wie lange sie dazu brauchen wird.

In der Phase der Projektdefinition werden alle inhaltlichen Fragen systematisch beantwortet, die notwendig sind, um die folgenden Projektphasen beginnen zu können. Die Arbeitsschritte zur Beantwortung dieser elementaren Fragen werden in den folgenden Kapiteln dargestellt.

2.2.1 Beschreibung und Analyse

Nach Erhalt des Briefes ergaben sich bei den Schülern noch einige Unklarheiten, die in einem Gespräch mit dem Auftraggeber (Schulleitung) geklärt werden mussten. Die Klasse hat sich zur Vorbereitung des Treffens eine Übersicht der wichtigsten Fragestellungen erstellt. In der nachfolgenden Tabelle befinden sich die allgemeinen Fragestellungen der Klasse zur Projektdefinition und die konkreten Antworten, die sich für das Projekt „Schulkalender" daraus ergeben haben.

Allgemeine Fragestellung	Schulkalender
Wie kann das Problem beschrieben werden?	Bisher gibt es keine Artikel, die die Schule in angemessener Weise darstellen.
Welche Mittel stehen für das Projekt zur Verfügung?	**Personell:** Die Schüler der Klasse im Projektmanagement übernehmen eigenverantwortlich die Planung, Durchführung und Dokumentation des Projektes. Der Lehrer gibt lediglich fachliche Informationen und steht als Berater zur Verfügung. **Finanziell:** Die Herstellkosten werden von der Schulleitung übernommen, es sollen jedoch Sponsoren gefunden werden, die zu einer Kostenreduzierung beitragen.
Welcher Zeitrahmen steht zur Verfügung?	**Zeitlich:** von Schuljahresbeginn bis zum 01. April des Folgejahres jeweils zwei Schulstunden pro Woche. Entwürfe der Kalender sind der Schulleitung vorzulegen (Meilensteine sind zu definieren).
Wer übernimmt im Projektteam welche Aufgaben?	Alle Aufgaben innerhalb eines Teams erhalten einen Verantwortlichen, der sein Aufgabengebiet überwacht. Das Team bestimmt den Projektleiter. Dieser steuert den gesamten Ablauf und ist zentraler Ansprechpartner für alle anderen Teammitglieder und den Kunden.
Welche Ziele verfolgt das Projekt?	Hochwertige, schulbezogene Kalender unterschiedlicher Themen und Art dienen als Gast- und Werbegeschenke und lassen sich zusätzlich bei Basaren und Tombolas vermarkten.
Wie soll das Projekt organisiert sein?	Neben dem Klassenraum ist der Zugang zu einem Computerraum gesichert. Die Standardsoftware (Textverarbeitung und Tabellenkalkulation) wird ergänzt durch eine Projektplanungssoftware (z. B. MS Project) und ein Zeichenprogramm, z. B. MS Visio.

Werden das Schreiben der Direktorin und die oben stehende Tabelle verglichen, so zeigt sich eine deutlich größere Genauigkeit und eine inhaltliche Erweiterung der Projektaufgabe. So geht beispielsweise aus dem Schreiben nicht hervor, dass die Teams selbst Sponsoren aus dem Umfeld der Schule suchen sollen, um die Finanzierung des Projektes zu unterstützen.

Des Weiteren wurde deutlich, dass in bestimmten zeitlichen Abständen Entwürfe vorzulegen sind. Dadurch ergibt sich später, während der Terminplanung, die Notwendigkeit, Meilensteine zu definieren.

An diesem Beispiel wird deutlich, dass in den seltensten Fällen die Anfrage oder der Auftrag des Kunden bereits alle relevanten Informationen enthält, die zur Bewältigung des Projektes benötigt werden. Es ist daher absolut notwendig, im direkten Kontakt mit dem Auftraggeber (extern oder intern) die Detailfragen zu erörtern.

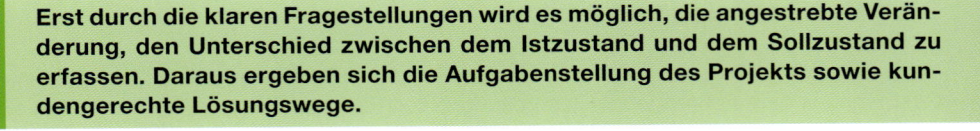

> **Erst durch die klaren Fragestellungen wird es möglich, die angestrebte Veränderung, den Unterschied zwischen dem Istzustand und dem Sollzustand zu erfassen. Daraus ergeben sich die Aufgabenstellung des Projekts sowie kundengerechte Lösungswege.**

2.2.2 Frage der Durchführbarkeit

Erst nachdem die Beschreibung bzw. Analyse der Problemstellung stattgefunden hat, ist die Frage nach der Durchführbarkeit des Projektes möglich.

Im Allgemeinen hängt die Entscheidung, ob ein Projekt begonnen wird, von dem Entscheidungsträger im Unternehmen ab. Dieser versucht, seine Entscheidung durch überprüfbare Kriterien abzusichern:

1. **Risikoabschätzung (technisch und wirtschaftlich):** Das mit dem Projekt eingegangene Risiko muss überschaubar und kalkulierbar sein. Je nach Art des Projektes kann beispielsweise ein Scheitern eines einzelnen Produktes die gesamte Produktgruppe oder das Unternehmen negativ beeinflussen.
Sollte ein Luxuswagenhersteller planen, einen Kleinwagen in dem umkämpften Marktsegment zu platzieren, so hätte eine technische oder wirtschaftliche „Bauchlandung" dieses Versuches nicht nur die Häme der Konkurrenten zur Folge, sondern ebenfalls negative Auswirkungen (Image und finanzielle Verluste) auf das Gesamtunternehmen. Des Weiteren sollten der erwartete Aufwand und der kalkulierte Erfolg in einem angemessenen Verhältnis stehen.

2. **Machbarkeit (zeitliche und personelle Kapazitäten):** Die aus der Beschreibung und Analyse hervorgehende Problemlösung sollte in akzeptablem Zeitrahmen und mit vertretbarem personellem Aufwand zu verwirklichen sein.
Einem mittelständischen Unternehmen nutzt es wenig, wenn es zur Einrichtung eines neuen Personalsystems nahezu alle Mitarbeiter der Personalabteilung für drei Monate bindet, sodass deren Alltagsarbeit auf der Strecke bleibt.

Die Entscheidung, den Schulkalender als Projekt durchzuführen, fiel den Verantwortlichen nicht schwer. Die finanziellen Risiken halten sich mit den Druckkosten in Grenzen, die personellen Mittel stehen in Form der Schüler des Fachs Projektmanagement zur Verfügung und für die Nachfrage sorgt die Schule selbst.

Bei größeren Projekten dagegen ist eine sogenannte Machbarkeits- oder Vorstudie erforderlich, um zu einer fundierten Entscheidung zu kommen. Experten werden zurate gezogen, um beispielsweise den Kostenrahmen abzuschätzen oder den technischen Aufwand zu beurteilen. Erst wenn diese Informationen zusammengetragen und ausgewertet sind, ist es möglich, sich begründet für oder gegen den Start des Projektes zu entscheiden.

Themenkreis 2: Projektmanagement in einzelnen Phasen

Zusammenfassende Übersicht zu Kapitel 2.2.1: Beschreibung und Analyse und 2.2.2: Frage der Durchführbarkeit

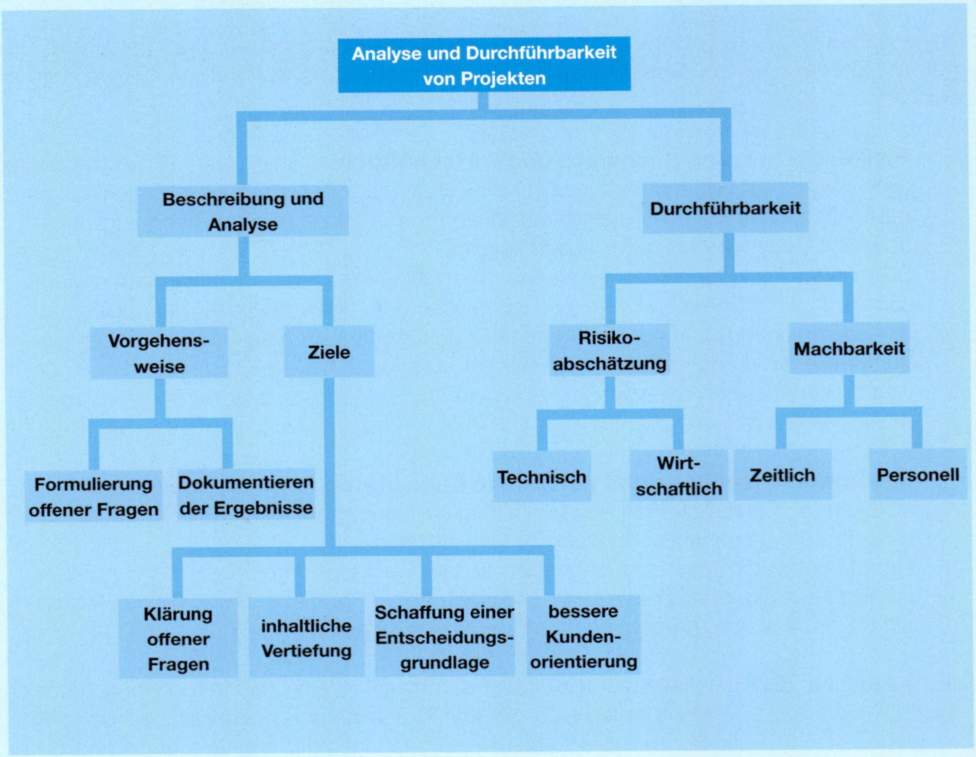

2.2.3 Projektziele

Wie schon Alice am Beginn dieses Kapitels erfahren musste, ist es nahezu unmöglich, seine Richtung bewusst zu steuern, ohne vorher seine Ziele zu kennen. Dies gilt ebenso für unser Projekt des Schulkalenders.

Für das Gelingen eines Projektes ist es absolut notwendig, Klarheit bezüglich der zu erreichenden Ziele zu besitzen.

> **Der spätere Erfolg eines Projektes wird an dem Grad der Deckung mit der vorher formulierten Zielvereinbarung gemessen.**

Damit Auftraggeber und Projektteam identische Vorstellungen von den Zielen besitzen, werden die Projektziele verbindlich im Projektauftrag genannt und durch Unterschriften fixiert.

Der Begriff „Ziel" lässt sich wie folgt definieren:

Phase 1: Projektdefinition

> **Ziel:** Erwünschter Zustand in der Zukunft. Ziele sollen vollständig formuliert sein. Vollständig sind sie, wenn sie sämtliche Zielbestandteile enthalten und die möglichen Zielbeziehungen einbeziehen.
>
> **Zielbestandteil:** Ein Ziel, das vollständig formuliert ist, enthält neben dem Zielinhalt (was soll erreicht werden) das Zielausmaß (wie), den zeitlichen (wann) und sachlichen (wo, was) Geltungsbereich.

Quelle: Schneck, Ottmar: Lexikon der Betriebswirtschaft. Version 4.0 (CD-ROM). Vahlen Verlag

Im Falle eines Projektes lassen sich die zu erreichenden Ziele in drei wichtige Zielkomponenten zerlegen:

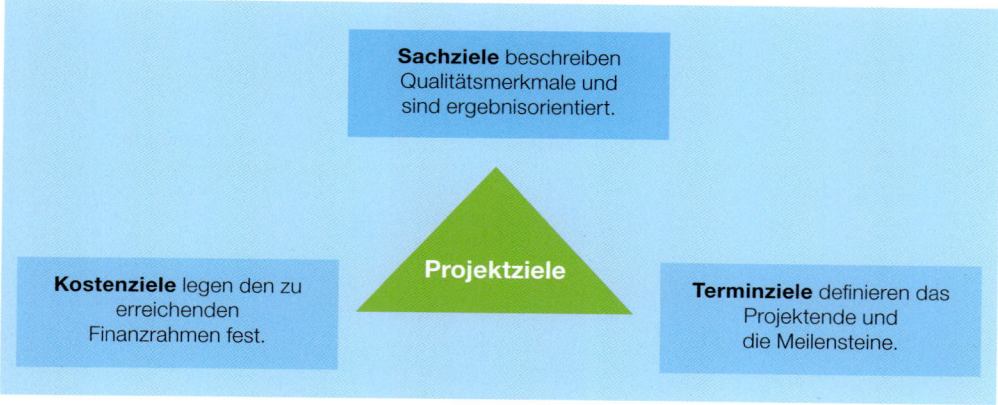

Die drei allgemeinen Zielkomponenten eines Projektes

Im Unterschied zu der in obigem Schema dargestellten sachlichen Trennung der Ziele übernehmen die Projektziele ferner verschiedene Funktionen, die es dem Projektteam und dem Auftraggeber erleichtern, sich im Projektfortschritt zu orientieren. Die Zielfunktionen lassen sich wie folgt beschreiben:

1. **Präzisierung:** In der gemeinsamen Auseinandersetzung zwischen Auftraggeber und Auftragnehmer werden die Projektziele immer weiter konkretisiert, sodass Fehlinterpretationen vermieden werden.
2. **Orientierung:** Ziele, insbesondere die Meilensteine zur Zielerreichung, dienen dem Projektteam als Orientierungshilfe innerhalb der oftmals hektischen und kleinschrittigen Alltagsarbeit.
3. **Kontrollfunktion:** Da jedes Sachziel mit Qualitätsmerkmalen belegt ist und die Termin- und Kostenziele ebenfalls überprüfbar sind, dienen die Projektziele der Kontrolle während des Projektfortschrittes und der Endkontrolle.
4. **Motivation:** Durch die genaue Fixierung von Zielen und Teilzielen, die nach und nach erreicht werden, ergibt sich eine gesteigerte Motivation innerhalb des Projektteams. Erfolg motiviert.

Nach dem Gespräch mit der Schulleitung und der Konkretisierung der Ansprüche ist die Klasse in der Lage, die Projektziele zu formulieren. Diese Ziele gelten verbindlich für alle später zu bildenden Projektteams, da sonst die Vergleichbarkeit der Ergebnisse – bei unterschiedlichen Ansprüchen – nicht gegeben wäre. In der folgenden Übersicht sind die Ziele in Kurzform dargestellt:

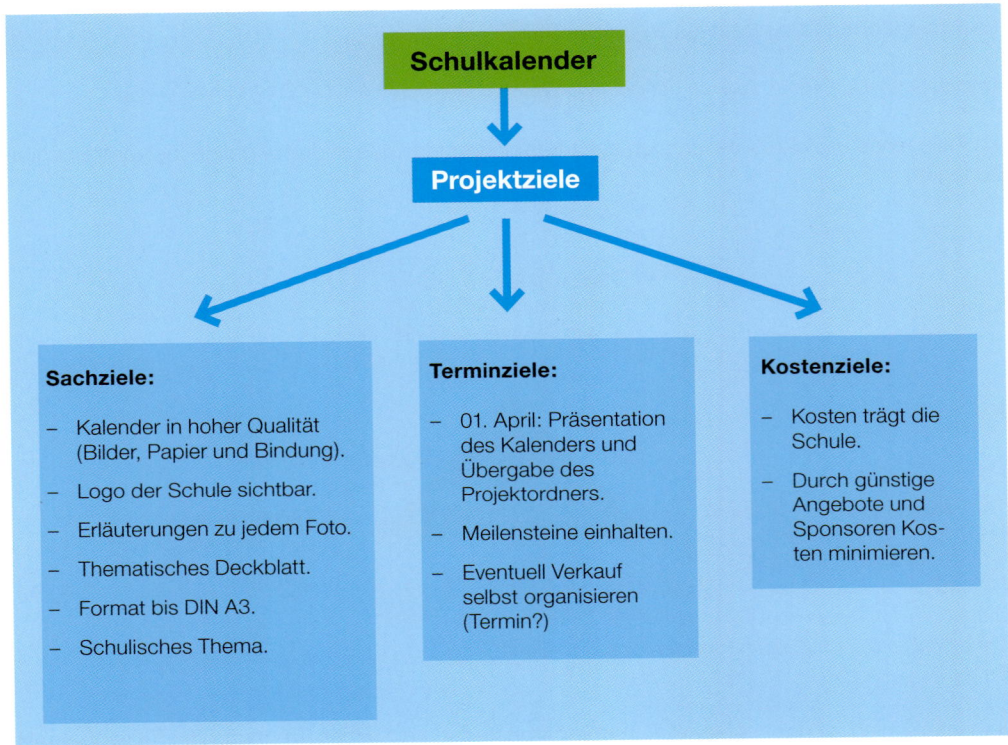

Projektziele für den Schulkalender in der Übersicht

Die Übersicht ist aus einer ausführlichen Liste der Projektziele entstanden, die im Folgenden dargestellt wird:

Sachziele:

1. Jedes Team entwirft nach einem selbst gewählten schulischen Oberthema einen bebilderten Jahreskalender.
2. Das Thema stellt einen zentralen Aspekt des Schullebens vor. Die Darstellung kann sowohl sachlich als auch humorvoll sein.
3. Der Kalender besitzt repräsentativen Charakter, sodass er sich als Werbegeschenk eignet.
4. Jedes Kalenderblatt besitzt mindestens ein Foto in hoher Qualität (angemessene Pixelanzahl/gelungener Bildausschnitt/themengerechte Bildauswahl).
5. Jedes Bild erhält einen erläuternden Text, der einen Gesamtkontext zum gewählten Thema herstellt.
6. Der Kalender erhält ein Deckblatt, aus dem die Grundidee des Kalenders hervorgeht.
7. Das Logo der Schule muss sichtbar sein.

8. Der Kalender weist eine gute qualitative Ausführung auf. Daher sollte die Papierqualität mindestens 120 Gramm betragen, die Bindung der Seiten robust sein und der Kalender eine Möglichkeit zur Wandbefestigung haben.
9. Jedes Kalenderprojekt ist auf Datenträger zu speichern und soll bei der Übergabe vorliegen.
10. Die Auflage sollte zwischen 30 und 50 Stück je Kalender liegen, wobei die Druckkosten maximal 350 EUR je Kalenderserie nicht übersteigen sollten.

Terminziele:

1. Am 01. April sind die Kalender der Schulleitung vorzustellen und anschließend zu übergeben.
2. Die weiteren Meilensteine sind wie folgt geplant:
   - Die Bildauswahl ist bis zum 31. Dezember abgeschlossen.
   - Am 31. Januar legt jedes Team der Schulleitung einen ersten Entwurf (Layout) vor.
   - Die Änderungswünsche werden bis zum 20. Februar vorgenommen, sodass die Endversion des Kalenders hergestellt werden kann.
   - Die Druckerei erhält bis zum 15. März den Druckauftrag von jedem Team.

Kostenziele:

Im Gegensatz zu den meisten privatwirtschaftlichen Projekten spielt bei dem schulischen Kalenderprojekt die Kostenfrage eine untergeordnete Rolle. Die personellen und organisatorischen Fragen sind geklärt und es entstehen, abgesehen von den Druckkosten, keine weiteren Kosten.

Die Schulleitung hat die Kosten je Kalender auf 350 EUR begrenzt, die Auflage hängt somit von den Druckkosten je Kalender ab.

Es sind mehrere Angebote von Druckereien einzuholen, sodass Preisvergleiche möglich sind. Die Druckkosten sind möglichst gering zu halten. Des Weiteren ist es möglich, durch Sponsoren aus dem schulischen Umfeld die Druckkosten weiter zu reduzieren bzw. die Auflage dadurch zu erhöhen.

Bei der Formulierung der Projektziele hat die Klasse folgende Richtlinien beachtet:

Richtlinien zur Formulierung von Projektzielen

- Das genannte Ziel muss eindeutig formuliert sein und darf keine Missverständnisse zulassen.
- Das Ziel muss auch tatsächlich erreichbar sein, es sollte also keinen utopischen Charakter aufweisen.
- Bei Erreichung des angestrebten Zieles muss dessen Erfolg eindeutig messbar sein. Sämtliche Qualitätskriterien (Sachziele) sowie die Termin- und Kostenziele sind entsprechend zu formulieren.
- Es sollten keine Prozesse (Lösungswege) beschrieben werden, sondern lediglich das Ergebnis sollte im Vordergrund stehen.

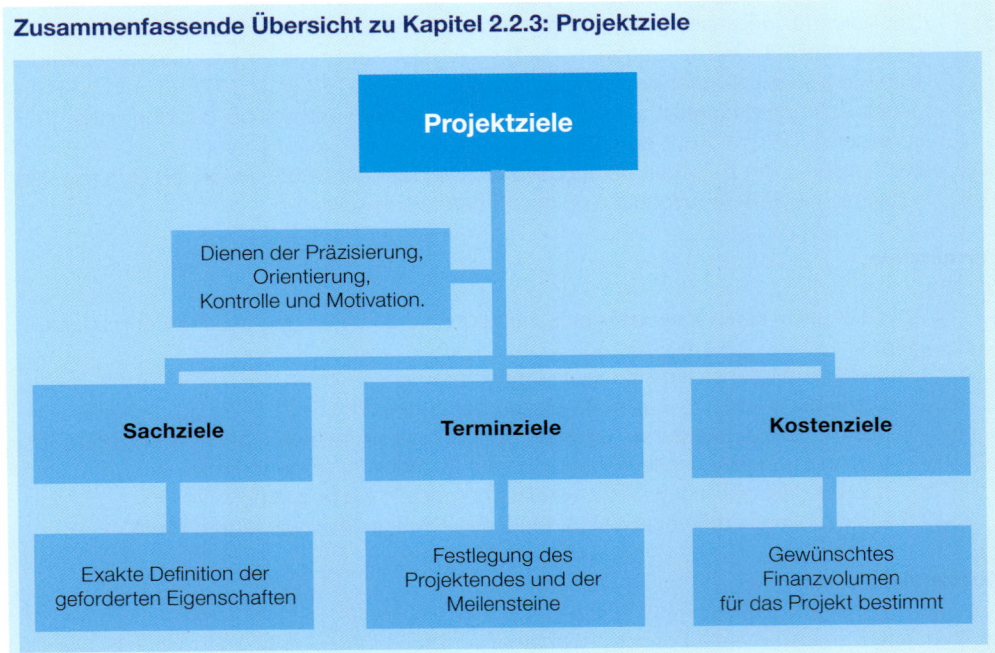

2.2.4 Lasten- und Pflichtenheft

Gemäß der gültigen DIN-Norm ist die Funktion von Lastenheft und Pflichtenheft klar geregelt. In der Praxis kommt es allerdings oftmals zu Schnittmengen zwischen beiden Heften.

Der Auftraggeber erstellt das Lastenheft (im Englischen: „requirement specification") und beschreibt darin die „Gesamtheit der Forderungen an die Lieferungen und Leistungen eines Auftragnehmers" (DIN 69905). Häufig wird das Lastenheft jedoch vonseiten des Auftragnehmers geschrieben, wodurch er auf die zu erbringenden Leistungen Einfluss hat. Erstellt der Auftragnehmer das Lastenheft, so ergeben sich zwangsläufig große Übereinstimmungen zu den bereits formulierten Projektzielen (vgl. Kapitel 2.2.3, „Projektziele").

Ein rechtlich belastbares Lastenheft sollte folgende Punkte erschöpfend behandeln:

1. **Definition der eigentlichen „Last", also des herzustellenden Produktes selbst.** Dies können Maße, Qualitätskriterien des Materials (z. B. Maschinenbaustahl E335) oder Toleranzen sein.
2. **Beschreibung der Anforderungen an das Produkt während seiner späteren Verwendung.** Beispielsweise hat ein Sonnenschirm bei seiner Verwendung farbecht gegenüber UV-Strahlung zu sein, er darf bei böigen Winden nicht sofort umfallen und sollte sich öffnen und schließen lassen, ohne dass die Gefahr besteht, sich die Finger zu klemmen.
3. **Vertragliche Vereinbarungen.** Bei der Abnahme einer neuen Papiermaschine wird ein Abnahmeprotokoll vertraglich festgelegt, in dem sämtliche Parameter der erzeugten Papiere beschrieben werden. Die Bedingungen der Gewährleistung für die Anlage werden ebenfalls genau definiert.

4. **Anforderungen an den Auftragnehmer.** Ein Holzimporteur, der seinen Kunden ausschließlich Tropenhölzer mit Zertifikat (Nachhaltigkeit/sozial verträgliche Gewinnung) anbietet, muss von seinem Lieferanten auch die Zertifizierung verlangen, um eine durchgehende Zertifizierungskette zu garantieren.
5. **Organisatorische Ansprüche an das Projektmanagement.** Innerhalb der Projektdokumentation wird als Controlling-Instrument beispielsweise eine Soll-Ist-Abweichungsanalyse verlangt, um eventuelle Terminschwierigkeiten frühzeitig erkennen zu können. Als Kosten-Controlling könnte auch die Darstellung in Form des „Bottom-up"-Verfahrens gefordert werden.

Im Falle des Schulprojektes „Kalender" wird der Auftrag von der Schulleitung gestellt; die Klasse erarbeitet gemeinsam die Projektziele und konkretisiert diese gemeinsam mit dem Auftraggeber.

Hier finden sich die Forderungen an das Projektergebnis in den ausführlichen Projektzielen. Somit wird ein eigenes Lastenheft weitgehend überflüssig, lediglich die das Projekt begleitenden Umstände können zusätzlich formuliert werden.

Ein Gliederungsansatz für das Lastenheft des Kalenders könnte folgende Punkte beinhalten:

Gliederung Lastenheft „Schulkalender"

Typische Elemente sind:

Einführung in das Projekt	Auftraggeber: hier die Schulleitung
	Zielsetzung: siehe Projektziele
	Projektumfeld: (z. B. schulische Rahmenbedingungen, wie Raumbelegungen)
	Eckdaten: Termine, Personal, Kosten
Beschreibung der Ausgangssituation	Anforderungen des Auftraggebers
	Organisation/Teamregeln
Anforderungen an die Systemtechnik	Digitalkamera/Hard- und Software Druck/Ausdruck
Anforderungen an den Projektablauf	Art der Dokumentation: systematischer Ordner inkl. Protokolle und Dokumente
	Betriebsablauf
	Produktpräsentation (Kalender)
Anforderungen and die Qualität	Qualität der Bilder (z. B. Anzahl der Pixel)
	Allgemeine Qualitätsmerkmale (z. B. Bindung Kalender und Papiergewicht)
Anforderungen and die Projektentwicklung	Projektorganisation
	Projektdurchführung

Aus dem Lastenheft, vom Auftraggeber erstellt, geht das Pflichtenheft hervor. Erstellt wird dieses Dokument durch den Auftragnehmer, der in ihm beschreibt, wie er die Anforderungen zu realisieren gedenkt.

Somit sind die Planungen vonseiten des Auftragnehmers genauso wie Arbeitspakete und Projektstrukturplan integrativer Bestandteil des Pflichtenheftes. Je nach Umfang des Projektes kann auch der Umfang des Pflichtenheftes variieren. Ein ausführliches Pflichtenheft kann daher die gesamte Projektplanung zum Inhalt haben, inklusive der Terminplanung, die damit Vertragsbestandteil wird.

Im Folgenden ist ein Inhaltsverzeichnis für ein Muster-Pflichtenheft dargestellt, das, je nach Projektumfang, gekürzt werden kann.

Inhaltsverzeichnis
Historie der Dokumentversionen 2
Inhaltsverzeichnis 2
1 Einleitung 3
    1.1 Allgemeines 3
        1.1.1 Zweck und Ziel dieses Dokuments 3
        1.1.2 Projektbezug 3
        1.1.3 Abkürzungen 3
        1.1.4 Ablage, Gültigkeit und Bezüge zu anderen Dokumenten 3
    1.2 Verteiler und Freigabe 3
        1.2.1 Verteiler für dieses Lastenheft 3
    1.3 Reviewvermerke und Meeting-Protokolle 3
        1.3.1 Erstes bis n-tes Review 3
2 Konzept und Rahmenbedingungen 4
    2.1 Ziele des Anbieters 4
    2.2 Ziele und Nutzen des Anwenders 4
    2.3 Benutzer / Zielgruppe 4
    2.4 Systemvoraussetzungen 4
    2.5 Ressourcen 4
3 Beschreibung der Anforderungen 5
    3.1 Anforderung 1 5
        3.1.1 Beschreibung 5
        3.1.2 Wechselwirkungen 5
        3.1.3 Risiken 5
        3.1.4 Vergleich mit bestehenden Lösungen 5
        3.1.5 Grobschätzung des Aufwands 5
    3.2 Anforderung 2 5
        3.2.1 Beschreibung 5
        3.2.2 Wechselwirkungen 5
        3.2.3 Risiken 5
        3.2.4 Vergleich mit bestehenden Lösungen 5
        3.2.5 Grobschätzung des Aufwands 5
4 Freigabe / Genehmigung 6
5 Anhang / Ressourcen 7

Quelle: Baersch, Markus, unter: http://www.markus-baersch.de/pflichtenheft-kostenlos.html, Zugriff am 06.05.2008

Zusammenfassende Übersicht zu Kapitel 2.2.4: Lasten- und Pflichtenheft

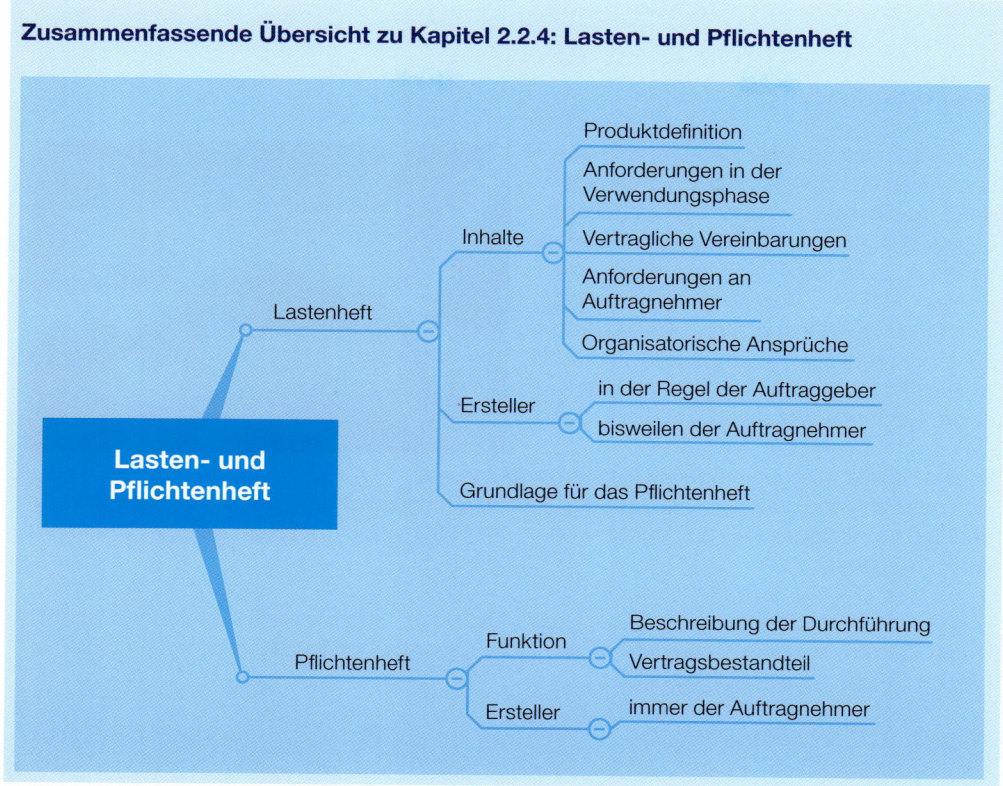

2.2.5 Analyse des Projektumfeldes

> **Eine Unterlassung mit Folgen …**
>
> Ein Automobilhersteller forscht an einem neuartigen Kontrollsystem für Fahrzeuge in der Luxusklasse. In naher Zukunft soll der Lenker über ein Info-Panel bezüglich aller relevanten Daten seines Fahrzeuges informiert werden können. Reifendruck, Mischungsverhältnis der Einspritzung, Öltemperatur, Zustand wichtiger Verschleißteile und viele weitere Daten werden gesammelt und von einem Rechner interpretiert.
>
>
>
> Wird beispielsweise ein erhöhter Reifendruck aufgrund höherer Zuladung benötigt, so meldet sich das Fahrzeug über ein Sprachmodul beim Fahrer und informiert ihn darüber. Ebenso werden, auf Wunsch des Fahrers, bei allzu sportlicher Fahrweise Tipps zum kraftstoffsparenden Fahren gegeben.
>
> Das Projektteam, bestehend aus Ingenieuren, Designern, Informatikern und Wirtschaftsfachleuten, beginnt seine Planungen im engen Kreis, bevor es sich mit den ersten Vorstudien an die betroffenen Abteilungen wendet.
>
> Plötzlich schlägt dem Team heftiger Gegenwind aus vielen Richtungen entgegen. Die Produktion meldet Bedenken an, da viele neue Arbeitsschritte notwendig würden. Mitarbeiter müssten geschult werden, Taktzeiten verlängerten sich. Aus der Finanzabteilung hört man, dass sich die Kosten für dieses umfangreiche Vorhaben am Markt nicht realisieren lassen würden. Das Marketing und die Verkaufsfilialen vor Ort fühlen sich übergangen und sind der Meinung, dass die Kunden ein derartiges System ablehnen würden. Kein Fahrer lässt sich gerne bevormunden, sagen die Verkäufer aus den Niederlassungen.
>
> **Letztendlich muss das Projekt aufgrund der immensen Widerstände eingestellt werden. Es sind hohe Kosten entstanden und die Chance für eine innovative Weiterentwicklung wurde vertan.**

Wie auch in diesem Fall, scheitern viele, eigentlich vielversprechende Projektideen schon in der Frühphase. Hier wurden die Befindlichkeiten der vielfach vom Projekt Betroffenen nicht beachtet. Sie wurden nicht oder nur unzureichend über die Ziele und die Konsequenzen aus dem Projekt informiert, fühlten sich übergangen und reagierten mit Ablehnung.

An diesen Widerständen scheitert das Projekt schließlich, ohne dass es eine Chance gehabt hätte, seine Erfolgschancen deutlich zu machen oder durch sinnvolle Veränderungen auf die Kritik zu reagieren.

Mit großer Wahrscheinlichkeit wäre das Projekt nicht in dieser Weise „baden" gegangen, hätte die Projektleitung das Projektumfeld analysiert und entscheidende Beteiligte eingebunden. Holt man Verantwortliche frühzeitig mit ins Boot, wird es zum „gemeinsamen Boot" und Projekte können leichter zum Erfolg geführt werden.

Als sogenannte **Stakeholder** werden alle Gruppen, Institutionen oder Einzelpersonen bezeichnet, die entweder den Projektfortschritt direkt beeinflussen können und/oder von den Veränderungen, die das Projekt mit sich bringt, direkt betroffen sind.

Mit dem Instrument der **„Stakeholder-Analyse"** (Projektumfeldanalyse), der Betrachtung des personellen und sozialen Umfeldes eines Projektes, lassen sich Probleme früher erkennen und sinnvolle Anregungen von „kritischen Freunden" frühzeitig in die Projektplanung einbeziehen.

Zielsetzungen einer Stakeholder-Analyse sind:

1. Erkennen der sachlichen und personellen Abhängigkeiten zu anderen Bereichen im Unternehmen.
2. Gliederung der betroffenen Personengruppen nach ihrer Stellung zum Projekt.
3. Ableitung der Strategien für die Projektleitung.
4. Optimieren der Beziehungen zum Projektumfeld.
5. Erweiterung der Blickwinkel durch nicht direkt Beteiligte, Vermeiden von „Betriebsblindheit".

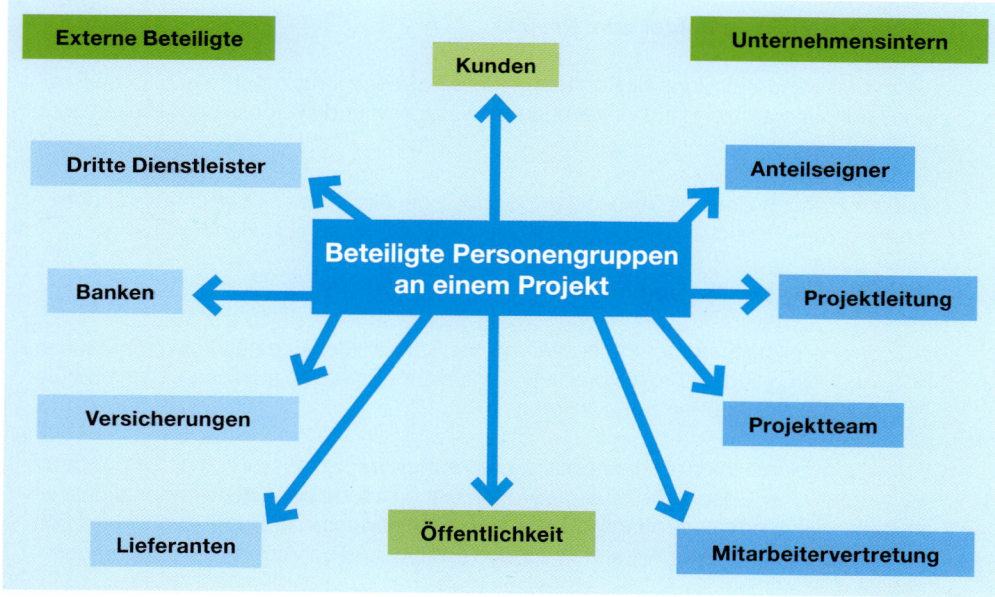

Beispielhafte Gliederung der Stakeholder

Wie aus der Grafik hervorgeht, gibt es jede Menge Anspruchsgruppen, die von einem Projekt betroffen sein können.

Ein zentraler Punkt ist nun die Identifikation und Gliederung der für das kommende Projekt maßgeblichen Stakeholder. Folgende Schritte umfasst die Stakeholder-Analyse:

1. **Identifikation der für das Projekt relevanten Stakeholder.**

    Unter Betrachtung der Projektziele sind zunächst alle internen und externen Gruppen und Personen zu identifizieren, die von den Projektergebnissen betroffen sind. Ebenso ist in die Überlegungen das weitere Projektumfeld miteinzubeziehen. Es kann durchaus Gruppen geben, die nicht direkt betroffen sind, die aber ein hohes Interesse an den Ergebnissen des Projektes haben können.

    Im Falle des Schulkalenders können dies andere Schulen sein, die, durch das Projekt angeregt, Ähnliches planen.

2. **Rangfolge der Stakeholder festlegen**

    Der folgende Schritt nimmt die Bewertung der ermittelten Stakeholder nach ihrer Bedeutung für das Projekt vor. Beispielsweise können Einflussgruppen mit einer Zahl (von „1"/„sehr wichtig" bis „4"/„weniger wichtig") belegt werden. So wird es möglich, bei den im Folgenden festzulegenden Maßnahmen das Hauptaugenmerk auf die einflussreichsten Stakeholder zu richten.

3. **Stellung der Stakeholder zum Projekt**

    Jede Stakeholder-Gruppe besitzt eine andere Positionierung zum Projekt. Diese Position kann unterstützender wie ablehnender Natur sein und sie muss dem Projektteam bekannt sein.

    Bei der Planung eines Gewerbegebietes haben die Anwohner sicherlich eine andere Stellung zum Projekt als beispielsweise die lokale Industrie- und Handelskammer.

4. **Bestimmung der Maßnahmen**

    Aus der Rangfolge und der Positionierung der Stakeholder sind nun konkrete Maßnahmen abzuleiten. Ziel ist es, die positiven Einflussmöglichkeiten auszuschöpfen und die negativen Einflussgrößen zu minimieren.

    Eine gut geplante Informationspolitik ist hier oftmals der Schlüssel zum Erfolg. Mitarbeiter werden über Gespräche oder die Firmenzeitung informiert, eigene Informationsveranstaltungen binden betroffene Gruppen ein, Multiplikatoren erzielen durch ihre Arbeit in ihrem Bereich größere Akzeptanz für das Projekt, und schriftliche Vereinbarungen schaffen Sicherheit.

5. **Dokumentation der Stakeholder-Analyse**

    Es bietet sich an, die Schritte 1. bis 4. der Stakeholder-Analyse in geeigneter Form zu dokumentieren. In einer übersichtlichen Tabelle lassen sich die gesammelten Informationen abrufbar und angemessen darstellen.

Phase 1: Projektdefinition

Am Beispiel des Schulkalenders kann das Ergebnis einer Stakeholder-Analyse wie folgt in einer Tabelle zusammengefasst werden:

Gruppe oder Person	Rangfolge	Stellung zum Projekt	Maßnahmen
Schulleitung (Unternehmensführung)	1 = sehr wichtig Besitzt großen Einfluss und hat ein ebenso großes Interesse am Gelingen des Projektes.	Möchte öffentlichkeitswirksames Projekt umsetzen und gelungene Werbematerialien erhalten. Hohe Erwartungshaltung könnte zum Problem werden.	In regelmäßigen Zeitabständen über die Projektfortschritte und Teilergebnisse informieren.
Betreuender Lehrer (direkter Vorgesetzter)	1 = sehr wichtig Besitzt großen Einfluss und hat vermutlich ein großes Interesse am erfolgreichen Abschluss des Projektes.	Funktionierende Teams sichern den Projekterfolg. Möglichst wenig Lenkungsfunktion erwünscht, hohes Interesse am Lernerfolg. Zwang zur Benotung besteht.	Regelmäßiger Kontakt der Teamleitung zum betreuenden Lehrer. Insbesondere über Probleme muss frühzeitig informiert werden. Projektdokumentation stets aktualisieren und Formalien einhalten.
Öffentlichkeit (regionale Presse, eigene und andere Schulen)	3 = mäßig wichtig Besitzt kaum Einfluss auf das Projekt, kann aber durch Informationspolitik zum wichtigen Unterstützer werden.	Begleitet und dokumentiert Entwicklungen in der Region bzw. hat Interesse an Vorgängen innerhalb der eigenen Organisation oder sucht Anregungen für eigene Projekte.	Einladung der Lokalpresse zur Projektpräsentation. Verfassen eines eigenen Artikels in der Schülerzeitung.
Projektteam (Teammitglieder ohne Teamleiter)	1 = sehr wichtig Besitzt höchsten Einfluss auf das Projektergebnis. Interesse am Projekt ist generell hoch, kann aber personenbedingt unterschiedlich ausgeprägt sein.	Bearbeitet das Projekt inhaltlich und ist ergebnisverantwortlich. Unterschiedliches Engagement und verschiedene Fähigkeiten der Mitglieder. Es besteht die Gefahr von Spannungen und Konfrontationen innerhalb des Teams.	Das Team erstellt und überwacht Teamregeln gemeinsam. Der Teamleiter hat die Aufgabe, die Arbeitsfortschritte zu überwachen und gegebenenfalls steuernd und moderierend einzugreifen.
Druckerei („Dritter Dienstleister")	2 = wichtig Hat Einfluss auf die Produktqualität (Papier, Druck und Bindung), aber kein direktes Interesse am Gelingen des Projektes.	Besitzt ein wirtschaftliches Interesse und handelt unternehmerisch. Es besteht ein Spannungsfeld zwischen dem Kostenziel (Kosten minimieren) und dem Sachziel (hohe Produktqualität).	Die Auswahl der Druckerei möglichst auf eine breite Basis stellen. Belastbare Entwürfe als Angebotsgrundlage an die Druckereien schicken. Begründete Auswahl der Druckerei unter Abwägung des aufgezeigten Spannungsfeldes

Gruppe oder Person	Rangfolge	Stellung zum Projekt	Maßnahmen
Sponsoren (Unternehmen aus der Region und mit Bezug zur Schule)	3 = mäßig wichtig Haben lediglich Einfluss auf das Erreichen des Kostenzieles. Interesse kann durch den Bezug zur Schule gegeben sein.	Erwarten als Gegenleistung für die Unterstützung eine angemessene Darstellung in den Kalendern und dadurch eine Werbewirkung. Erwartung an Qualität, Auflage und Werbewirkung kann zu hoch sein.	Firmen in der Umgebung besuchen. Vorrang haben Unternehmen mit bereits bestehenden Geschäftsbeziehungen zur Schule. Genaue Informationen bezüglich Zielsetzung und Ausgestaltung des Projektes „Schulkalender". Entwürfe und Design mit den betreffenden Unternehmen besprechen. „Absegnen" der Endfassung. Abwicklung der Zahlungen und Spendenbescheinigung über den Förderverein der Schule.

Hier noch eine abschließende Anmerkung zur Durchführung der Stakeholder-Analyse:

> Jedes Projekt besitzt eine völlig andere Struktur ihrer Stakeholder, der externen wie auch der internen. Es sollte daher kein festgelegtes Gerüst für die Stakeholder-Analyse angewendet werden, sondern vielmehr eine fantasievolle Analyse innerhalb des Teams stattfinden.
>
> Das Zeichnen eines Gesamtbildes der Stakeholder ist entscheidender als der Reichtum an Details. Aufwand und Nutzen müssen im Verhältnis stehen.
>
> Die im Maßnahmenkatalog geplanten Aktivitäten sollten so praxisrelevant wie möglich und nur so aufwendig wie nötig sein. Jede Aufgabe wird einer Person zugeordnet, die für die Erledigung dieser Aufgabe verantwortlich ist.

Phase 1: Projektdefinition

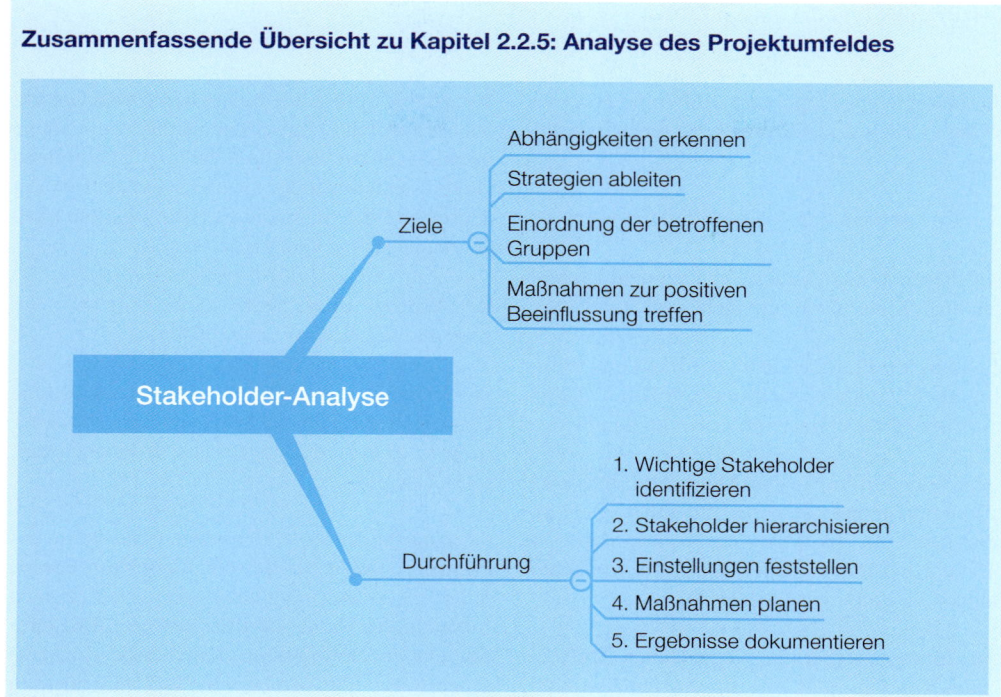

2.2.6 Teamfunktionen

Ein funktionierendes Team hat einen derart großen Einfluss auf das Gelingen eines Projektes, dass ein Blick hinter die Kulissen der Teamfunktionen und der Teambildung unverzichtbar ist.

Es folgt eine in der Tat schon biblische Geschichte, die sich aber für unsere erste Fragestellung hervorragend eignet:

Arbeitsauftrag:

Lesen Sie bitte die Geschichte vom Propheten Elias durch und machen Sie sich Notizen zu folgenden Fragestellungen:

– Worin bestehen die Vorteile eines funktionierenden Teams?
– Wie beurteilen Sie die Stellung des Einzelnen in einem wirklichen Team?

Der Prophet und die langen Löffel

Ein Rechtgläubiger kam zum Propheten Elias. Ihn bewegte die Frage nach Hölle und Himmel, wollte er doch seinen Lebensweg danach gestalten.

»Wo ist die Hölle – wo ist der Himmel?«

Mit diesen Worten näherte er sich dem Propheten, doch Elias antwortete nicht.

Er nahm den Fragesteller an der Hand und führte ihn durch dunkle Gassen in einen Palast. Durch ein Eisenportal betraten sie einen großen Saal.

Dort drängten sich viele Menschen, arme und reiche, in Lumpen gehüllte, mit Edelsteinen geschmückte. In der Mitte des Saales stand auf offenem Feuer ein großer Topf von brodelnder Suppe, die im Orient Asch heißt.

Der Eintopf verbreitete angenehmen Duft im Raum. Um den Topf herum drängten sich hohlwangige und tiefäugige Menschen, von denen jeder versuchte, sich seinen Teil Suppe zu sichern. Der Begleiter des Propheten Elias staunte, denn die Löffel, von denen jeder dieser Menschen einen trug, waren so groß wie sie selbst. Nur ganz hinten hatte der Stiel des Löffels einen hölzernen Griff. Der übrige Löffel, dessen Inhalt einen Menschen hätte sättigen können, war aus Eisen und durch die Suppe glühend heiß. Gierig stocherten die Hungrigen im Eintopf herum. Jeder wollte seinen Teil, doch keiner bekam ihn. Mit Mühe hoben sie ihren schweren Löffel aus der Suppe, da dieser aber zu lang war, bekam ihn auch der Stärkste nicht in den Mund. Gar zu Vorwitzige verbrannten sich Arme und Gesicht oder schütteten in ihrem gierigen Eifer die Suppe ihren Nachbarn über die Schultern. Schimpfend gingen sie aufeinander los und schlugen sich mit denselben Löffeln, mit deren Hilfe sie ihren Hunger hätten stillen können.

Der Prophet Elias fasste seinen Begleiter am Arm und sagte: »Das ist die Hölle!«

Sie verließen den Saal und hörten das höllische Geschrei bald nicht mehr. Nach langer Wanderung durch finstere Gänge traten sie in einen weiteren Saal ein.

Auch hier saßen viele Menschen. In der Mitte des Raumes brodelte wieder ein Kessel mit Suppe. Jeder der Anwesenden hatte einen jener riesigen Löffel in der Hand, die Elias und sein Begleiter schon in der Hölle gesehen hatten. Aber die Menschen waren hier wohlgenährt und man hörte in dem Saal nur ein leises, zufriedenes Summen und das Geräusch der eintauchenden Löffel. Jeweils zwei Menschen hatten sich zusammengetan. Einer tauchte den Löffel ein und fütterte den anderen.

Wurde einem der Löffel zu schwer, halfen zwei andere mit ihrem Esswerkzeug, so dass jeder doch in Ruhe essen konnte. War der eine gesättigt, kam der nächste an die Reihe.

Der Prophet Elias sagte zu seinem Begleiter »Das ist der Himmel!«

Aus: Peseschkian, Nossrat: Der Kaufmann und der Papagei. 29. Auflage, Frankfurt/Main: Fischer Taschenbuch Verlag, 2008, S. 141

Das Projektteam

Ein Team ist zwar auch eine Gruppe, aber nicht jede Gruppe ist ein Team.

Erst wenn das menschliche Potenzial, das ein „richtiges" Team besitzt, auch ausgespielt wird, können die Vorteile gegenüber der bloßen Gruppenarbeit überhaupt wirken.

Teams können von Gruppen anhand folgender Kriterien unterschieden werden:

1. Ein Team ist in der Regel eine Kleingruppe, bei der alle Mitglieder unmittelbar, also direkt persönlich, in Kontakt treten.
2. Sie werden als eine relativ dauerhafte oder zumindest für einen längeren Zeitraum gebildete Arbeitsgruppe definiert.
3. Es handelt sich also hierbei um eine zielorientierte Gemeinschaft.
4. Der Arbeitsstil eines Teams ist durch kooperatives Interagieren und kollektive Verantwortung gekennzeichnet.
5. Im Gegensatz zur Gruppe ist ein Team eine Arbeitsgruppe ohne strikte Hierarchie, in kleine funktionale Einheiten gegliedert.
6. Ein Team ist durch einen ausgeprägten Gemeinschaftsgeist (Teamspirit) und einen relativ starken Zusammenhalt geprägt.

Die folgende Tabelle gibt einen Überblick bezüglich der Vorteile, die eine teamorientierte Arbeit mit sich bringt:

Vorteile der Teamarbeit	
Qualitätskriterium	Hinweise und Notwendigkeiten
Komplexe, interdisziplinäre Aufgaben werden gelöst.	Erst die unterschiedlichen fachlichen Qualifikationen der Teammitglieder ermöglichen diese fächerübergreifende Kompetenz.
Hohe Qualität des erreichten Ergebnisses (Sachziele).	Das Team vermag qualitativ höhere Ergebnisse zu erzielen, als es die einzelnen Mitglieder zu leisten imstande wären. Dieser Synergieeffekt ergibt sich durch die gegenseitigen gedanklichen Anregungen der Teammitglieder.
Größere Motivation und höheres persönliches Engagement.	Da der Mensch ein durchweg soziales Wesen ist, steigt durch die Arbeit in einer Gruppe seine Motivation und sein Engagement für eine Sache.
Entscheidungen sind mehrfach abgesichert.	Da wichtige Inhalte immer innerhalb des Teams besprochen werden, bevor die Entscheidung getroffen wird, basieren diese Teamentscheidungen auf einer größeren Basis von Meinungen. Fehlerquellen werden so leichter erkannt.
Gesicherte Dokumentation.	Bedingt durch die formalen Regeln, die die Projektarbeit einem Team abverlangt, ist die Nachvollziehbarkeit aller wichtigen Abläufe im Projektordner dokumentiert. In Einzelarbeit würden diese Informationen, sofern sie überhaupt existieren, im Unternehmen verstreut versickern.

Wie bereits durch die Darstellung der Vorteile der Teamarbeit (siehe Tabelle oben) klar geworden ist, bietet diese Organisationsform viele positive Aspekte. Das Arbeiten in einem Team ist aber keineswegs immer harmonisch und unkompliziert.

Es existieren nicht nur fachlich unterschiedliche Auffassungen innerhalb des Teams, sondern vielmehr auch persönliche Unterschiede, die sich durchaus zu nicht zu unterschätzenden Schwierigkeiten ausweiten können.

Zu deren Verständnis trägt das **Phasenmodell** bei:

Die Arbeit im Team kann als Entwicklungsprozess angesehen werden, dessen Ablauf sich in vier Phasen gliedern lässt:

1. **Orientierungsphase (Forming)**
2. **Konfrontationsphase (Storming)**
3. **Kooperationsphase (Norming)**
4. **Wachstumsphase (Performing)**

Die **Orientierungsphase** ist gleichzusetzen mit der Entstehungsphase des Teams. Hier müssen die Mitglieder aufgrund bestimmter Erwartungen ihre eigenen Teamrollen finden.

In diesem Entwicklungsstadium findet das gegenseitige Kennenlernen der Teilnehmer statt. Noch bestehen keine Vertrauensverhältnisse, man übt sich in Zurückhaltung. Wichtigste Bezugspunkte sind die zu behandelnden Aufgabenstellungen und der Teamleiter.

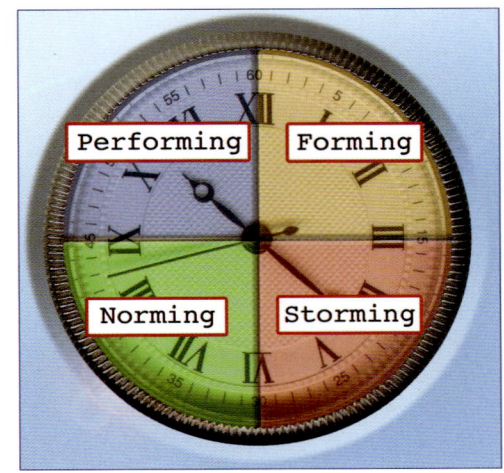

Phasenmodell („Teamuhr")

Die zweite Phase, die **Konfrontationsphase**, ist von besonderer Bedeutung, da sich hier entscheidet, ob das Team weiter besteht oder aufgrund unüberwindbarer Konflikte zerfällt. Es kommt zu Machtkämpfen, Meinungen und Gefühle gelangen an die Oberfläche.

Können diese Konflikte gelöst werden, kommt es am Ende dieser Phase zur Definition der Aufgabenrollen, es hat sich ein Grundkonsens für das gesamte Team gebildet.

Die anderen Gruppenteilnehmer werden genau beobachtet und Vergleiche werden angestellt, wodurch sich die Orientierung vom Gruppenleiter hin zum gesamten Team bewegt.

In der folgenden **Kooperationsphase** entsteht ein Wir-Gefühl.

Ideen und Gedanken werden offen ausgetauscht. Es herrscht ein freundschaftliches Klima des Vertrauens. Die Kooperation findet nun im ganzen Team statt. In dieser Phase hat das Team eine solide Arbeitsplattform gefunden und baut diese weiter aus. Das Team wächst zunehmend zusammen, wodurch der Kontakt zur Außenwelt verringert wird.

In der letzten Phase, der **Wachstumsphase**, fließt nun die gesamte Teamenergie in die Aufgabenbewältigung. Aufgrund des großen Zusammenhaltes der Gruppen sind nun auch Spitzenleistungen möglich.

Zu beachten ist, dass die einzelnen Phasen auch wiederholt durchschritten werden können, wenn ein neues Teammitglied in ein bestehendes Team eintritt oder sich eine Änderung der Aufgabenstellung ergibt.

Durch die Teilnahme an einem Team haben die Teammitglieder das Gefühl, etwas „Größeres" zu leisten und dazuzugehören. Durch dieses Gefühl steigern sich das Selbstwertgefühl und die Motivation der Mitglieder, was sich wiederum positiv auf die Arbeit auswirkt.

Bei der Entscheidung für die Zusammensetzung des Projektteams müssen die besonderen Anforderungen an die einzelnen Projektmitglieder berücksichtigt werden. In der Darstellung unten sind die notwendigen persönlichen Eigenschaften und die geforderten fachlichen und sozialen Kompetenzen dargestellt. Ebenso werden die Gefahren für die Teamarbeit aufgezeigt, die durch die falsche Auswahl der Teammitglieder möglicherweise auftreten.

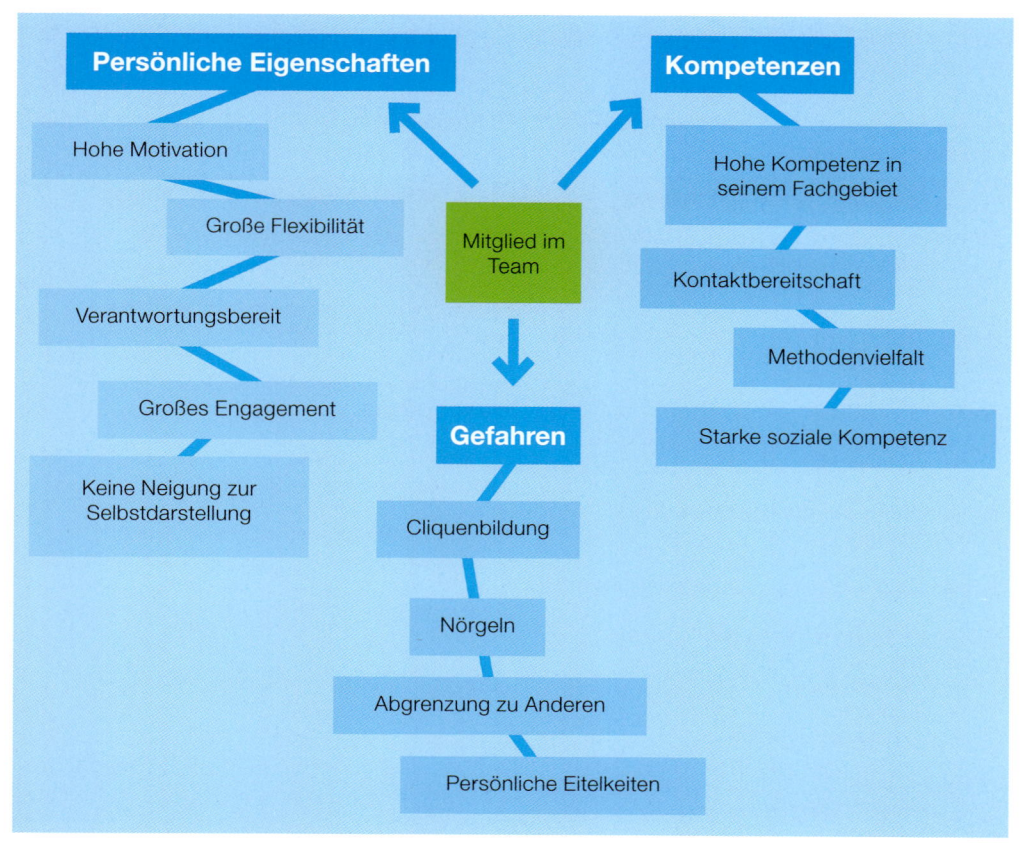

Anforderungsprofil für geeignete Teammitglieder.

Die Projektleitung

Die Verantwortung für den Erfolg des Projektes trägt natürlich das gesamte Projektteam.

Die Projektleitung nimmt jedoch in diesem Zusammenhang eine Sonderstellung ein und trägt damit eine „Gesamtverantwortung" für die in Kapitel 2.2.3, „Projektziele", formulierten Projektziele.

Oftmals sind die Teammitglieder der Projektleitung zwar fachlich unterstellt, es besteht aber keine Möglichkeit seitens der Projektleitung, disziplinarische Maßnahmen zu treffen.

Aufgrund dieses Spannungsfeldes (Projektleitung als „zahnloser Tiger") definiert sich die Rolle der Projektleitung weniger als Vorgesetzter, sondern vielmehr als verantwortlicher Moderator.

So fungiert die Projektleitung als Ansprechpartner für alle am Projekt beteiligten Gruppen und Personen. Der Kontakt zum Auftraggeber gehört ebenso zu ihren Aufgaben wie die Steuerung der einzelnen Projektmitglieder oder der Kontakt zur Öffentlichkeit bzw. zur eigenen Geschäftsführung.

So ist es absolut notwendig, dass die Projektleitung einen stetigen Überblick über den Fortschritt des Projektes besitzt.

Die Aufgaben und die Eingriffsmöglichkeiten der Projektleitung sind in der folgenden Tabelle wiedergegeben:

Aufgaben der Projektleitung	Mögliche Eingriffe in den Ablauf
Projektvorbereitung – Analyse des Auftrages – Bestimmung der Machbarkeit Kontakt und Abstimmung mit dem Auftraggeber – Lastenheft Koordinierung der Projektplanung – Zeitpläne erstellen – Meilensteine festlegen Koordinierung der Arbeitsaufgaben der Projektmitglieder Vorbereitung und Leitung der Teamsitzungen Projektsteuerung während des Projektes (Controlling) – Termintreue – Qualität – Kostenziele einhalten Dokumentation – Projektordner führen Abnahme des Projektes organisieren	Vorschlags- und Mitspracherecht bei der Teamzusammensetzung Sichern der notwendigen Projektinfrastruktur (Räume und Arbeitsmittel) Abrufen von Informationen einzelner Teammitglieder Fachliche und organisatorische Weisungsbefugnis gegenüber den Teammitgliedern Notwendige Korrekturen im Projektablauf vorschlagen Sichern der effektiven Kommunikation innerhalb des Teams Lösung von Konflikten innerhalb des Teams

Phase 1: Projektdefinition

Führt man sich die vielfältigen Aufgaben der Projektleitung vor Augen, so wird deutlich, dass die Anforderungen an die Person „Projektleiter/-in" relativ hoch sind:

Die Person soll souverän handeln und gleichzeitig in einem gewissen Maß zu Selbstkritik fähig sein. Sie soll Durchsetzungsvermögen aufweisen, andererseits aber auch flexibel und einfühlsam auf die Belange der Teammitglieder reagieren. Es wird erwartet, dass sich in dieser Person fachliche Kompetenz und soziale Fähigkeiten vereinigen.

Ein weiterer wichtiger Faktor ist die uneingeschränkte Anerkennung der Projektleitung bei dem gesamten Projektteam. Ohne diese Basis sind Konflikte mit der Leitung vorprogrammiert, die diese ja eigentlich zu lösen hat.

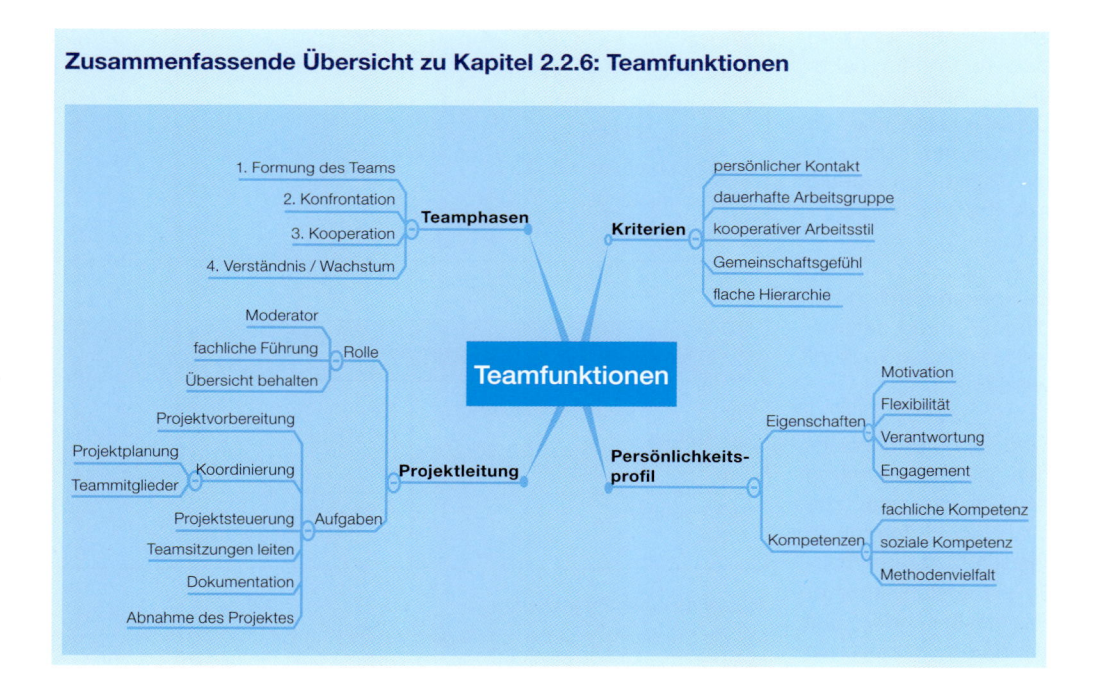

Zusammenfassende Übersicht zu Kapitel 2.2.6: Teamfunktionen

Teamfunktionen

- **Teamphasen**
  1. Formung des Teams
  2. Konfrontation
  3. Kooperation
  4. Verständnis / Wachstum

- **Kriterien**
  - persönlicher Kontakt
  - dauerhafte Arbeitsgruppe
  - kooperativer Arbeitsstil
  - Gemeinschaftsgefühl
  - flache Hierarchie

- **Projektleitung**
  - **Rolle**
    - Moderator
    - fachliche Führung
    - Übersicht behalten
  - **Aufgaben**
    - Projektvorbereitung
    - Projektplanung
    - Koordinierung
    - Teammitglieder
    - Projektsteuerung
    - Teamsitzungen leiten
    - Dokumentation
    - Abnahme des Projektes

- **Persönlichkeitsprofil**
  - **Eigenschaften**
    - Motivation
    - Flexibilität
    - Verantwortung
    - Engagement
  - **Kompetenzen**
    - fachliche Kompetenz
    - soziale Kompetenz
    - Methodenvielfalt

2.2.7 Projektauftrag

Der vorletzte Schritt in der Phase der Projektdefinition ist die Unterzeichnung des Projektauftrages.

Durch die Unterschrift der Vertragspartner erhält der Projektauftrag rechtlich verbindlichen Charakter.

Erst durch den Projektauftrag entsteht die vertragliche Bindung zwischen Auftraggeber und Auftragnehmer. Daher sollten die im Projektauftrag genannten Punkte im Vorfeld exakt recherchiert werden.

Es können nämlich nur die im Auftrag definierten Leistungen verlangt werden.

Sind die Formulierungen im Projektauftrag nicht exakt oder gar fälschlich formuliert, resultiert daraus häufig ein kostenintensiver Rechtsstreit, der das Vertrauen zwischen den Vertragsparteien zerstört und Folgeaufträge unmöglich macht.

Projekttitel	
Projektgegenstand	
1. Ausgangssituation 2. Ziele 3. Untersuchungsbereich 4. wichtige Rahmenbedingungen 5. Termine / Meilensteine 6. Projektaufbauorganisation 7. Projektleitung: - Projektteam:	
Unterschriften der Auftragspartner	
Für ... Ort, Datum _____ Auftraggeber	Für ... Ort, Datum _____ Auftraggeber

Muster für einen Projektauftrag

Quelle: Bundesministerium des Innern: Handbuch für Organisationsuntersuchungen und Personalbedarfsermittlung, unter: http://www.orghandbuch.de/cln_115/nn_471160/OrganisationsHandbuch/DE/Anhang/Praxisbeispiele/projektauftrag__text.html?__nnn=true, Zugriff am 06.05.2008

Um die Übersichtlichkeit und die Einheitlichkeit des Projektauftrages zu gewährleisten, eignet sich die Verwendung einer Vorlage (siehe obige Abbildung), die mit den spezifischen Gegebenheiten des Projektes gefüllt wird.

Die Elemente des Projektauftrages besitzen die folgenden inhaltlichen Schwerpunkte:

1. **Ausgangssituation:** Hier werden die Bedingungen beschrieben, die dazu geführt haben, dass das Projekt notwendig wurde. Oftmals ist damit eine Problembeschreibung verbunden. Im Falle unseres Schulkalenders führte die bisher ungenügende Außendarstellung zu der Notwendigkeit, geeignete Werbemittel zu beschaffen, die dieses Manko beseitigen.

2. **Ziele:** An dieser Stelle finden die bereits in Kapitel 2.2.3, „Projektziele", formulierten Zielkomponenten (Sach-, Termin- und Kostenziele) Eingang in den Projektauftrag und werden damit Vertragsbestandteil. Die Projektziele sind immer ein wesentlicher Bestandteil des Projektauftrages, da sie direkten Einfluss auf die Qualität des Ergebnisses haben.

3. **Untersuchungsbereich:** Jedes Projekt besitzt Grenzen sowohl in seinen Ergebnissen als auch in seinen Zuständigkeiten. Diese Grenzen sollten definiert werden, um Spannungen mit anderen involvierten Personen oder Abteilungen zu vermeiden. Im Falle des Schulkalenders sind die zuständigen Personenkreise genau bekannt. Es ist daher nicht ohne Rücksprache möglich, den Kunstlehrer zum Design des Kalenders heranzuziehen.

4. **Rahmenbedingungen:** Organisatorische oder gesetzliche Rahmenbedingungen müssen in jedem Fall bekannt sein, denn deren Missachtung kann erhebliche Konsequenzen haben.
Die Firmen aus der Region, die den Schulkalender mit einer Spende unterstützen, benötigen zur steuerlichen Absetzbarkeit ihrer Aufwendungen eine Bescheinigung. Rechtlich kann diese Bescheinigung aber nur von dem Förderverein der Schule und nicht von der Schule selbst ausgestellt werden. In der Konsequenz bedeutet dies, dass die Zahlungen von Beginn an über das Konto des Fördervereins abgewickelt werden müssen.

5. **Termin und Meilensteine:** Die terminliche Planung für ein Projekt besitzt häufig eine derartige Bedeutung, dass dieser Aspekt separat in den Projektauftrag übernommen wird. Nun ist es aber in dieser Phase des Projektes unmöglich, eine exakte Terminplanung vorzulegen, da noch nicht alle Details vorhergesehen werden können. Daher werden lediglich der Abgabetermin und die bis dahin bekannten Meilensteine fixiert. Die weiteren Terminziele für unseren Kalender werden im Verlauf der Terminplanung um die fehlenden Meilensteine ergänzt.

6. **Projektaufbauorganisation:** Die beteiligten Personen werden verbindlich benannt und die Verantwortlichkeiten offengelegt. Die Projektleitung und gegebenenfalls eine Stellvertretung sollten dem Auftraggeber als Ansprechpersonen zur Verfügung stehen.

7. **Unterschriften:** Mit den Unterschriften entstehen die Verpflichtungen aus dem Vertrag und sie werden mit der Abnahme des Projektergebnisses erfüllt.

2.2.8 Kick-off-Meeting

Mit dem Kick-off-Meeting wird die Phase der Projektdefinition beendet. Das Treffen ist die erste gemeinsame Sitzung des gesamten Teams und zeitlich nach der Unterzeichnung des Projektauftrages angesiedelt.

Der Projektleiter führt in die Zielsetzungen und Rahmenbedingungen des Projektes ein und gibt jedem Teammitglied die Möglichkeit, sich auf die kommende gemeinsame Arbeit einzustimmen.

Am Ende der Sitzung sind alle Teilnehmer auf dem gleichen Informationsstand.

Auf der inhaltlichen Ebene wird beim Kick-off-Meeting noch nicht gearbeitet. Vielmehr werden an diesem Termin folgende Punkte geklärt bzw. den Teammitgliedern folgende Möglichkeiten eingeräumt:

1. Sollten sich die Projektbeteiligten noch nicht genauer kennen, so wäre eine **Vorstellungsrunde** angebracht. Jeder erhält die Gelegenheit, sich zu seiner Person, seinen Fachkenntnissen, aber auch zu seinen Wünschen und Bedenken bezüglich des Projektes zu äußern. Hier beginnt schon die bereits in Kapitel 2.2.6, „Teamfunktionen", beschriebene Orientierungsphase (Forming).
Da sich die Schüler untereinander schon jahrelang kennen, entfällt für unseren Kalender die eben beschriebene „Kennenlernfunktion". Dennoch sollten aber alle weiteren Funktionen des Kick-off-Meetings beachtet werden.

2. Entsprechend seinen spezifischen Fähigkeiten sollte auch für jedes Teammitglied eine **Rolle** innerhalb des Projektes definiert werden. Kann jemand mit einem professionellen Bildbearbeitungsprogramm umgehen, so bietet es sich an, diese Fähigkeit bei der späteren Verteilung der Aufgaben (in den Arbeitspaketen) zu berücksichtigen.
In diesem Zusammenhang können ebenfalls die fachlichen Grenzen oder Defizite deutlich werden. Gegebenenfalls müssen dann während der Projektdurchführung externe Fachleute herangezogen werden.

3. Um die Spannungen und Reibungsverluste innerhalb eines Teams möglichst klein zu halten, sollten **Regeln** formuliert und schriftlich festgehalten werden. Die in der Vorstellungsrunde geäußerten Erwartungen der Teammitglieder sollten hier einfließen und sich in den Regeln wiederfinden.
Wichtig ist, dass die gemeinsamen Spielregeln von allen Teammitgliedern getragen und vom gesamten Team verabschiedet werden. So können Abläufe für den Konfliktfall festgelegt, Rednerlisten eingeführt oder Regeln für den Informationsfluss festgeschrieben werden.

4. Soweit die Anforderungen schon bekannt sind, die sich aus dem Projekt ergeben, sollte hier schon eine Zuordnung von konkreten **Aufgaben** oder übergreifenden Aufgabenbereichen vorgenommen werden.
Diese Abstimmung findet natürlich im gegenseitigen Einvernehmen unter Berücksichtigung der Qualifikationen und Neigungen der Beteiligten statt. Sind in Punkt 2 fachliche Defizite im Team erkannt worden, so können gleich Qualifizierungsmaßnahmen geplant werden.

2.2.9 Schulprojekt „Vernissage" (Teil 1)

Bei einer Umfrage zur Zufriedenheit der Schüler mit ihrer Schule, der Rudolf-Ruck-Schule (gewerblich-technische Schule mit dem Profil „Technik und Management" am Technischen Gymnasium), zeigten sich überwiegend positive Ergebnisse.
Das Schüler-Lehrer-Verhältnis wurde als angenehm beschrieben, die Benotung wird als nachvollziehbar und gerecht empfunden, nur die Atmosphäre der Räumlichkeiten und Flure wird als unangenehm und als zu karg bezeichnet.

Daraufhin beschließt die Schulleitung, zusammen mit den entsprechenden Kollegen etwas gegen die unangenehme Atmosphäre zu unternehmen. Die Flure werden mit einem freundlichen Anstrich farblich neu gestaltet, und der Schulleiter bittet den Fachlehrer des Projektmanagements, die Flure und Klassenräume im Rahmen seines Unterrichts durch Bilder und Ausstellungsstücke „aufzupeppen".

Die weiteren Überlegungen führen zu dem Plan, in der Schule Objekte (Bilder und Skulpturen) von Künstlern aus der Region auszustellen und diesen so eine Plattform in der Öffentlichkeit zu bieten. Außerdem sollen die Besucher die Möglichkeit haben, die ausgestellten Kunstobjekte zu kaufen, wodurch eine Preisauszeichnung notwendig wird.
Ein Prospekt wird gestaltet, gedruckt und ausgelegt. In diesem wird jeder Künstler mit einem Bild vorgestellt und sein Werdegang kurz umrissen.

Die Eröffnung der Ausstellung soll zu Beginn des neuen Schuljahres in Form einer Vernissage stattfinden, bei der sämtliche Künstler anwesend sind und für Fragen und Gespräche zur Verfügung stehen.
An diesem Abend sollen Sekt und Orangensaft ausgeschenkt und kleine Häppchen zum Essen angeboten werden.
Die lokale Presse sollte informiert sein – mit bebilderten Artikeln in Zeitungen über die Vernissage und das gesamte Projekt kann daher gerechnet werden.

Die Objekte sollen nach Künstlern sortiert und thematisch geordnet im Gebäude verteilt sein.

Um gegen eventuellen Diebstahl und Vandalismus abgesichert zu sein, müssen Überlegungen zu einer Versicherung der Kunstobjekte angestellt werden. In diesem Punkt ist die Kostenseite von entscheidender Bedeutung.

Des Weiteren kann die Schule auf diese Weise Öffentlichkeitsarbeit leisten und sich als fest in der Region verankerte Institution darstellen.

Die gesamte Schule und das Profil „Technik und Management" erzielt über die Berichterstattung in den Tageszeitungen eine größere Bekanntheit und wird positiv wahrgenommen, sodass sich in Zukunft die Anmeldezahlen noch steigern lassen.

Die Lehrer für bildende Kunst wollen die Möglichkeit nutzen, die ausgestellten Objekte thematisch in den Unterricht einzubinden und später vielleicht selbst eine eigene Ausstellung mit Schülerarbeiten zu organisieren.

Arbeitsaufträge zu dem Projekt „Vernissage":

- Formulieren Sie die wichtigsten Fragestellungen an den Auftraggeber, die im Rahmen des geplanten Projektes auftauchen. Von den betroffenen Personen (Schulleiter/Lehrer) erhalten Sie die notwendigen Informationen, die Sie in Tabellenform dokumentieren.
- Die sich aus dem Auftrag ergebenden Projektziele müssen strukturiert, ausformuliert und in grafischer Form dargestellt werden.
- Erstellen Sie ein Lastenheft, aus dem die Anforderungen des Auftraggebers hervorgehen.
- Führen Sie eine Stakeholder-Analyse bezüglich Ihres Projektumfeldes durch und sammeln Sie Ihre gewonnenen Erkenntnisse in einer Tabelle. Planen Sie Maßnahmen, um die Widerstände und Probleme zu minimieren.
- Entwerfen Sie ein Formular, das sich für dieses Vernissage-Projekt als Projektauftrag eignet. Da für das Projekt nur ein Projektauftrag sinnvoll ist, muss dieser von der ganzen Klasse erstellt werden. Mit der Unterschrift zwischen Auftraggeber und Auftragnehmer sind die Angaben verbindlich.
- Definieren Sie im Klassenverband unterschiedliche Aufgabenbereiche (z. B. Künstler/Catering/Öffentlichkeitsarbeit), die sich aus dem Projektauftrag ergeben. Bilden Sie für jeden Aufgabenbereich (Teilprojekte) ein Projektteam, bestimmen Sie den Projektleiter und bereiten Sie gemeinsam das Kick-off-Meeting vor.
- Führen Sie das Kick-off-Meeting Ihres Teams durch und verteilen Sie die Aufgaben auf verantwortliche Personen. Geben Sie Ihrem Team verbindliche Regeln und halten Sie diese schriftlich fest.

Aufgaben zur Übung und Vertiefung

1. Beschreiben Sie die Probleme, die durch eine unzureichend durchgeführte Machbarkeitsstudie entstehen können. Gehen Sie dabei insbesondere auf die Notwendigkeit der Risikoabschätzung ein.

2. **Fall 1:** Der Friseursalon „Haarige Zeiten" möchte sein Dienstleistungsangebot erweitern und plant die Einrichtung eines Nagelstudios. Die Inhaberin kommt mit folgenden Vorstellungen zum Architekten (Projektleiter): Wir wollen unseren Kunden auch die Möglichkeit der Nagelmodulation bieten. Dafür brauchen wir ein paar Sitzgelegenheiten und die dazu notwendige Einrichtung. Wir müssten dann noch irgendwie die Räumlichkeiten schaffen; vielleicht trennen wir einen Teil des Salons einfach mit einer Trockenbauwand ab.
Die Materialien kann ich mir wahrscheinlich aus dem Netz bestellen und bekomme sie dann direkt geliefert. Mit dem Personal muss ich klären, wer von meinen Mitarbeiterinnen so etwas schon einmal gemacht hat. Wenn Sie eine Planung haben, sehen wir ja, ob mein finanzieller Rahmen für die Erweiterung des Salons ausreicht.
   - Sortieren Sie die Ziele der Inhaberin nach den drei Zielkomponenten.
   - Vergleichen Sie die in diesem Fall genannten Projektziele mit den in Kapitel 2.2.3, „Projektziele", angegebenen Zielfunktionen. Überprüfen Sie die Brauchbarkeit der von der Inhaberin formulierten Ziele.
   - Formulieren Sie die Projektziele für dieses Vorhaben neu und in korrekter Form.

3. **Fall 2:** Im Projektteam herrscht angespannte Stimmung. Es kommt immer öfter zu Machtkämpfen zwischen zwei Teilnehmern, die sogar in lautstarken Streit ausarten. Intrigen spielen sich hinter den Kulissen ab, inzwischen scheint das gesamte Team dadurch gelähmt zu sein.
   - In welchem Entwicklungsprozess (Phasenmodell) befindet sich das Team?
   - Beschreiben Sie die Probleme in dieser Phase mit eigenen Worten.
   - Versetzen Sie sich in die Rolle des Projektleiters und erstellen Sie einen Maßnahmenkatalog, um mit dieser Situation fertig zu werden.

4. Erläutern Sie kurz die fachliche und die rechtliche Bedeutung des Projektauftrages für Auftraggeber und Auftragnehmer.

2.3 Projektplanung

▶ **Um welche Probleme geht es in diesem Kapitel?**

Das „Handwerkszeug" für die Planung von Projekten steht im Zentrum der folgenden Betrachtungen, beginnend bei der Formulierung einer Aktivitätenliste, ihrer sinnvollen Zusammenfassung in eigenständige Arbeitspakete und ihrer Einordnung in einen Projektstrukturplan.

Bei der anschließenden Terminplanung werden der Zeitbedarf und die sachlogischen Abhängigkeiten jedes Arbeitspaketes berücksichtigt. Im Gantt-Diagramm und mithilfe der Netzplantechnik werden diese Abhängigkeiten grafisch dargestellt. Die Erstellung eines Kostenplanes rundet das Kapitel ab.

Es war einmal ein renommiertes Projekt ...

Das erklärte Ziel des Bundesverkehrsministeriums war es, aus der Tatsache einen finanziellen Profit zu ziehen, dass die Bundesrepublik ein ausgewiesenes Transitland für den Lastverkehr ist. Im Zentrum der erweiterten EU ist für Deutschland auch weiterhin ein stetig steigender Schwerlastverkehr prognostiziert, sodass von einer Lkw-Maut eine lenkende Wirkung erhofft wurde.

Ein Konsortium aus renommierten europäischen Firmen bildete daraufhin ein Unternehmen mit dem Namen „Toll Collect".

Toll-Collect-Kontrollbrücke

Das Projekt war anspruchsvoll: Es sollte ein weltweit einmaliges, technisch hochkomplexes System zur digitalen Erfassung der gefahrenen Strecken auf deutschen Autobahnen entwickelt werden. Grundlage hierfür war die satellitengesteuerte Navigation.

Nach einem kurzen Planungsprozess begannen die Arbeiten. Die Systeme zur Datenerfassung wurden entwickelt und in Auftrag gegeben.

Die Montagearbeiten der Erfassungssysteme auf den Autobahnen (siehe Bild) waren nahezu abgeschlossen, als sich folgende Schwierigkeiten zeigten:

Die „On-Board-Units" (Empfangsgeräte an Bord der Lkws) erwiesen sich als nur bedingt zuverlässig und funktionierten nur mit erheblichen Fehlerquoten.

Die firmenintern entwickelte Software war der Datenflut in keiner Weise gewachsen und stürzte regelmäßig ab.

Es wurden aufwendige Nacharbeiten bei Forschung und Entwicklung notwendig, die eine erhebliche Zeitverzögerung um nahezu zwei Jahre nach sich zogen. Der Einnahmeverlust für die Bundesrepublik durch diese Verzögerung war enorm. Es folgten umfangreiche Prozesse um Regressforderungen, in deren Zuge das gesamte Projekt in Gefahr geriet.

Projektplanung

> Bei den beteiligten Unternehmen wuchs der Finanzbedarf, es mussten weitere Darlehen aufgenommen werden – aus dem geplanten Gewinn wurde ein die Existenz gefährdender Verlust. Letztendlich gingen durch die unzureichende Planung zu Beginn des Projektes Milliardenbeträge aufseiten des Auftraggebers und des Auftragnehmers verloren. Das Image der beteiligten Firmen litt erheblich und der Technologiestandort Deutschland wurde mit Häme der ausländischen Konkurrenz bedacht.
> Seit dem 01. Januar 2005 funktioniert das System reibungslos und es wird heute sogar von anderen Ländern angefragt.

Nicht nur bei derartig umfangreichen Projekten unterlaufen Fehler in der Planungsphase.

Auch bei kleineren Projekten in der alltäglichen Praxis vieler Unternehmen kommt es vor, dass unzureichend geplante Projekte sich verzögern, den anvisierten Kostenrahmen sprengen oder zu qualitativ unbefriedigenden Ergebnissen führen.

Planung ersetzt Zufall durch Irrtum

Mit solchen oder ähnlichen spöttischen Sätzen wird ein oftmals nicht unerheblicher Planungsaufwand bedacht. Bei genauer Betrachtung aber wäre sogar dieser Tausch nicht ungünstig, da aus Irrtümern gelernt werden kann und eine Planung mit größerer Wahrscheinlichkeit schneller und besser zum Ziel führt als der Zufall.

Somit kann keinem Projekt eine systematische und zielgerichtete Planungsphase erspart bleiben.

Der Begriff „Planung" lässt sich wie folgt definieren:

> **Systematischer Prozess zur Erkennung und Lösung von Zukunftsproblemen. Menschen streben nach Sicherheit und wollen Probleme lösen. Die Planung soll i. S. eines laufenden Prozesses im Gegensatz zu einer Einmalhandlung systematisch, d. h. nicht zufällig oder ad hoc, zur Erkennung der Probleme beitragen und Lösungskonzepte aufzeigen. Die Planung stellt ein funktionales Element der Führung, d. h. des Führungsprozesses, dar. An die Planung kann sich die Realisation der Pläne, die Kontrolle der Ergebnisse und eine Abweichungsanalyse zur Feststellung von Abweichungsursachen anschließen.**

Quelle: Schneck, Ottmar: Lexikon der Betriebswirtschaft. Version 4.0 (CD-ROM). Vahlen Verlag

Die Inhalte, die das Projektmanagement der Planung beimisst, gehen jedoch über die allgemeine Definition hinaus.

Der Planungsprozess innerhalb des Projektmanagements wird in festgelegte Komponenten zerlegt und standardisiert. Er unterliegt genauen Spielregeln, die sich auf jedes Projekt anwenden lassen und durch die die Projektplaner im Team sich auf stets wiederkehrende Prozesse verlassen können.

Ein weiterer Aspekt der Projektplanung ist der vermeintliche **Anspruch auf die vollständige, unveränderte Umsetzung** in der Durchführung. Die Praxis zeigt aber, dass eine Projektplanung oftmals den Gegebenheiten angepasst werden muss und steten Änderungen unterworfen ist.

> Projektplanung ist somit keine exakte Beschreibung einer späteren Wirklichkeit, sondern vielmehr ein Instrument zur zielgerichteten Beschleunigung einer Entwicklung.

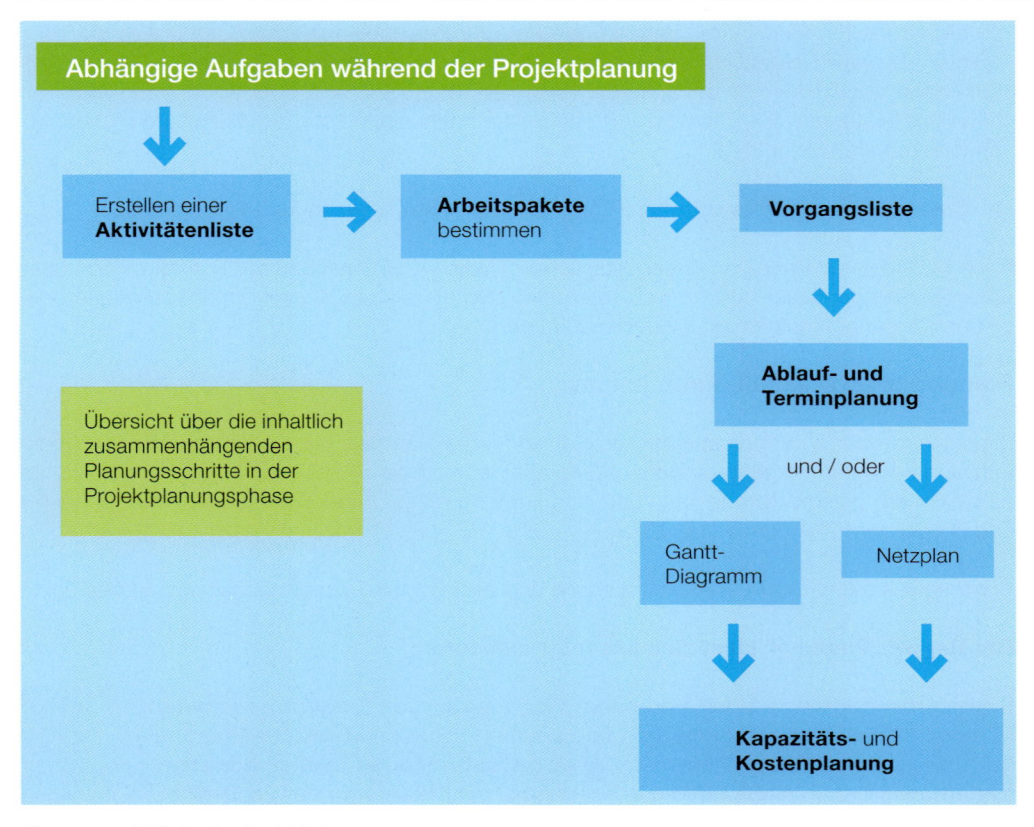

Abhängige Aufgaben während der Projektplanung

Erstellen einer **Aktivitätenliste** → **Arbeitspakete** bestimmen → **Vorgangsliste** → **Ablauf- und Terminplanung** → (und / oder) **Gantt-Diagramm** / **Netzplan** → **Kapazitäts- und Kostenplanung**

Übersicht über die inhaltlich zusammenhängenden Planungsschritte in der Projektplanungsphase

Planungsschritte in der Projektplanung

Diese festgelegten Komponenten der Projektplanung werden in den folgenden Kapiteln vorgestellt und anhand unseres Projektes „Schulkalender" verdeutlicht.

2.3.1 Aktivitätenliste

Im ersten Schritt sind alle für die Erledigung der notwendigen Aufgaben erforderlichen Tätigkeiten zu ermitteln.

In aller Regel sammelt das Team gemeinsam (beispielsweise mithilfe von Brainstorming oder per Mindmap) die notwendigen Aktivitäten und bringt sie in eine zeitlich geordnete Listenform.

Wichtig ist hierbei, dass möglichst alle Tätigkeiten erfasst werden und die Ausformulierung exakt ist. Hinweise ergänzen die Aktivitäten um Punkte, die in Zusammenhang mit dieser Aktivität noch erledigt oder beachtet werden müssen.

Wie aus dem Schema „Planungsschritte in der Projektplanung" bereits hervorgeht, basieren alle weiteren Planungsschritte auf der Aktivitätenliste.

Projektplanung

In der folgenden Tabelle sind die möglichen Aktivitäten aufgelistet, die bei dem Projekt Schulkalender auftauchen:

Nr.	Aktivität	Hinweis
1	Kalenderthema finden	Keine Beleidigungen, Gewalt etc.
2	Geeignete Bildmotive finden	
3	Bilder machen	Gute Kamera nutzen
4	Bilder auswählen	
5	Bilder bearbeiten	Geeignete Software finden
6	Texte schreiben	Keine Unterschiede im Schreibstil
7	Schriftarten festlegen	Auf späteres Layout achten
8	Kalenderformat bestimmen	Feedback und Fehleranalyse
9	Datumsvorlage entwickeln	Existiert eventuell eine Vorlage?
10	Layout Kalenderblätter	Geeignete Software finden
11	Layout Deckblatt	Geeignete Software finden
12	Kommunikation mit Auftraggeber	Projektleitung
13	Sponsorenliste erstellen	Unternehmen mit Bezug zur Schule haben Priorität
14	Sponsoren werben	Persönliches Erscheinen
15	Endkontrolle	Eventuell Korrekturbedarf?
16	Angebotsvergleich Druckerei	Telefonisch bzw. per Mail
17	Sponsorengelder einziehen	Über das Konto des Fördervereins
18	Spendenbescheinigungen ausstellen	
19	Interne Abschlusspräsentation	Feedback und Fehleranalyse
20	Übergabe der Kalender an den Kunden	Eventuell eigene kurze Produktpräsentation entwickeln

Die Hinweisspalte ist nicht zwingend notwendig, erleichtert aber im folgenden Schritt, dem Erstellen der Arbeitspakete, das Erkennen der Bedingungen und Abhängigkeiten einzelner Aktivitäten.

2.3.2 Arbeitspakete

Der folgende Schritt bündelt die Aktivitäten in sogenannte Arbeitspakete.

Ein Arbeitspaket ist eine inhaltlich in sich geschlossene Aufgabe innerhalb eines Projektes und taucht in folgendem Projektstrukturplan als einzelnes Element auf.

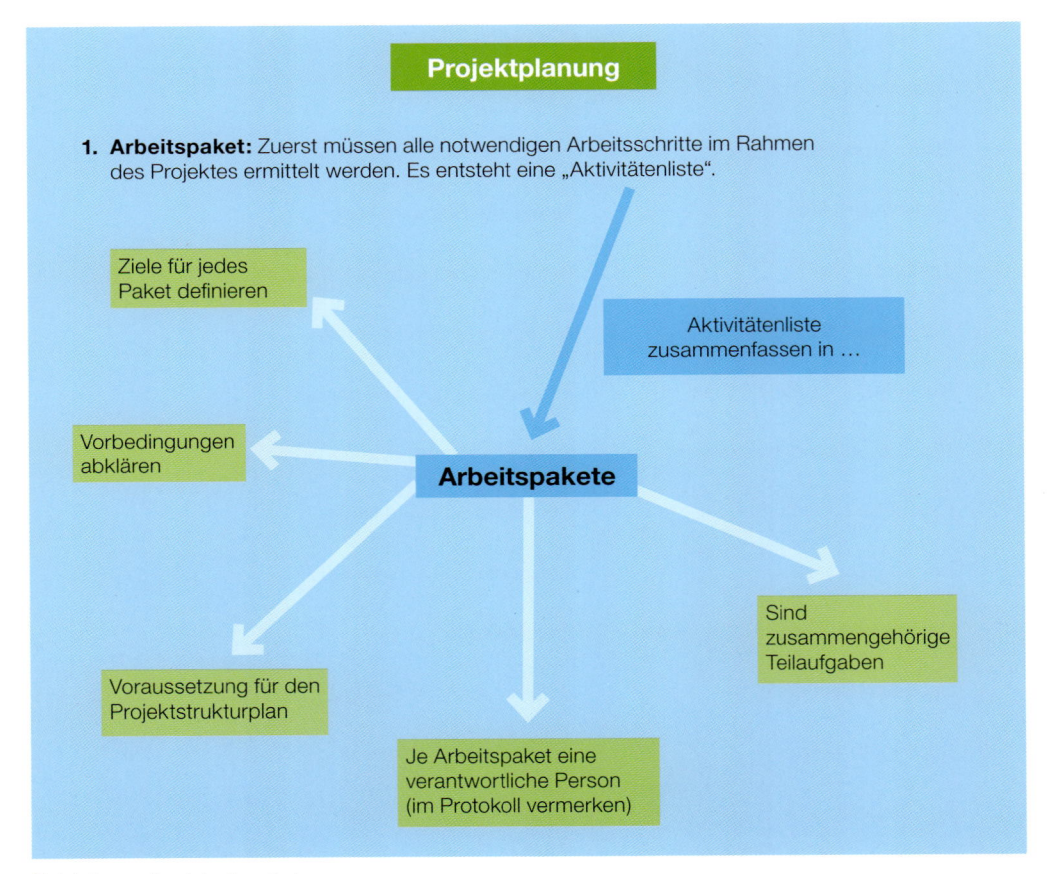

Projektplanung

1. **Arbeitspaket:** Zuerst müssen alle notwendigen Arbeitsschritte im Rahmen des Projektes ermittelt werden. Es entsteht eine „Aktivitätenliste".

- Ziele für jedes Paket definieren
- Aktivitätenliste zusammenfassen in …
- Vorbedingungen abklären
- **Arbeitspakete**
- Sind zusammengehörige Teilaufgaben
- Voraussetzung für den Projektstrukturplan
- Je Arbeitspaket eine verantwortliche Person (im Protokoll vermerken)

Entstehung der Arbeitspakete

Im Prinzip verhält sich ein Arbeitspaket wie ein kleines Projekt innerhalb des gesamten Projektes. Es lassen sich für jedes Arbeitspaket Ziele definieren und eine Person überwacht den zeitlichen Ablauf und die Qualität des Ergebnisses.

Das heißt keinesfalls, dass die verantwortliche Person die Arbeit, die in dem Paket steckt, auf sich allein gestellt erledigen sollte. Dies würde dem bereits behandelten Teamaspekt zuwiderlaufen.

Die Hauptfunktion der verantwortlichen Person eines Arbeitspaketes liegt in der Überwachung und Steuerung „ihres" Arbeitspaketes. Sie initiiert den termingerechten Beginn und berichtet dem Projektleiter über Fortschritt und Probleme. Die Arbeitsaufgaben, die im Paket stecken, werden vom Verantwortlichen zusammen mit anderen kompetenten Teammitgliedern erledigt.

Die verantwortliche Person wird somit zu einem „Projektleiter" für ihre Arbeitspakete.

Projektplanung

Für das Projekt „Schulkalender" können beispielsweise folgende **Arbeitspakete** festgelegt werden (vgl. Nummerierung in der Aktivitätenliste, Seite 50):

- Kalenderthema (Nr.1)
- Bilder (Nr. 2–5)
- Texte (Nr. 6–7)
- Kalenderformat (Nr. 8)
- Datumsvorlage (Nr. 9)
- Layout (Nr. 10–11)
- Kommunikation (Nr. 12)
- Sponsoren gewinnen (Nr. 13 und 14)
- Endkontrolle (Nr. 15)
- Druckerei (Nr. 16)
- Sponsoren einbinden (Nr. 17, 18)
- Abschlusspräsentation (Nr. 19)
- Übergabe (Nr. 20)

Für jedes dieser 13 Arbeitspakete müssen zuerst die gewünschten Ergebnisse formuliert werden. Diese Ergebnisse sollen ebenso wie das Gesamtprojekt überprüfbar und sinnvoll sein, um spätere Rückfragen und das Projekt-Controlling zu vereinfachen.

Arbeitspaketbeschreibung

Projektname: Tischkalender	AP Nummer: 1.6	AP-Bezeichnung: Layout
Beginn des AP:	Ende des AP:	AP Verantwortliche/r: Monika Mustermann

Ergebnisse (oder: was genau soll dabei herauskommen?):
- Übersichtlich und Ansprechend
- Farbenfroh
- Text, Bilder und Kalender ergeben ein harmonisches Ganzes
- Abwechslungsreich

Tätigkeiten (oder: was genau muss in diesem Arbeitspaket getan werden?):
- Bilder, Struktur, Deckblatt, Text zusammenfügen
- Werbung einbringen (falls bereits vorhanden)

Voraussetzungen (oder: welche Arbeitspaketergebnisse und Ressourcen benötigen wir?):
- 1.2 Bilder
- 1.3 Struktur
- 1.4 Deckblatt
- 1.5 Text
- 2.5 Werbung der Sponsoren (teilweise)

Unterschrift Projektleiter/in:	Unterschrift Arbeitspaket-Verantwortliche/r:

Beispiel für das Arbeitspaket „Kalenderlayout"

Die Tätigkeiten, die mit der Erledigung der Aufgaben verbunden sind, ergeben sich aus der Aktivitätenliste und werden festgehalten.

In einem weiteren Schritt sind die Vorbedingungen herauszufiltern, die zwingend erfüllt sein müssen, um dieses Arbeitspaket zu beginnen.

Die Felder, die zeitliche Aspekte betreffen (Beginn und Ende des Arbeitspaketes), müssen zu diesem Zeitpunkt noch leer bleiben, da die exakte Terminplanung erst in den folgenden Planungsschritten durchgeführt wird. Sobald die Terminplanung erledigt ist, werden Beginn und Ende des Arbeitspaketes in der Vorlage nachgetragen.

Mit ihren Unterschriften signalisieren Projektleiter und Arbeitspaketverantwortlicher die Kenntnis und die Zustimmung zu den Inhalten des Arbeitspaketes.

In obigem Bild ist ein mögliches Formblatt für Arbeitspakete am Beispiel Kalenderlayout dargestellt.

In der weiteren Projektplanung stellen die Arbeitspakete die Grundlage für die folgenden Planungsschritte dar:

1. Gliederung des gesamten Projektes in einer grafischen Darstellung, ähnlich einem Organigramm, dem **Projektstrukturplan** (PSP).
2. Ermitteln der **Dauer** für jedes Arbeitspaket.
3. Aufzeigen der sachlogischen Abhängigkeiten zwischen den Arbeitspaketen. Die wichtige Fragestellung ist hier: Welches Arbeitspaket muss zwingend beendet sein, damit das betrachtete Arbeitspaket starten kann? Diese Überlegungen münden in die sogenannte **Vorgangsliste**.
4. Jedem Arbeitspaket müssen die personellen und sachlichen Ressourcen zugeordnet werden, die es zur erfolgreichen Erledigung benötigt. Daraus entsteht ein **Kapazitätsplan**, der einen Überblick bezüglich des benötigten Personals und der Sachmittel (z. B. Software) gibt.
5. Die Kosten für jedes Arbeitspaket sollten so genau wie möglich ermittelt werden, woraus sich der **Kostenplan** für das gesamte Projekt ableitet.

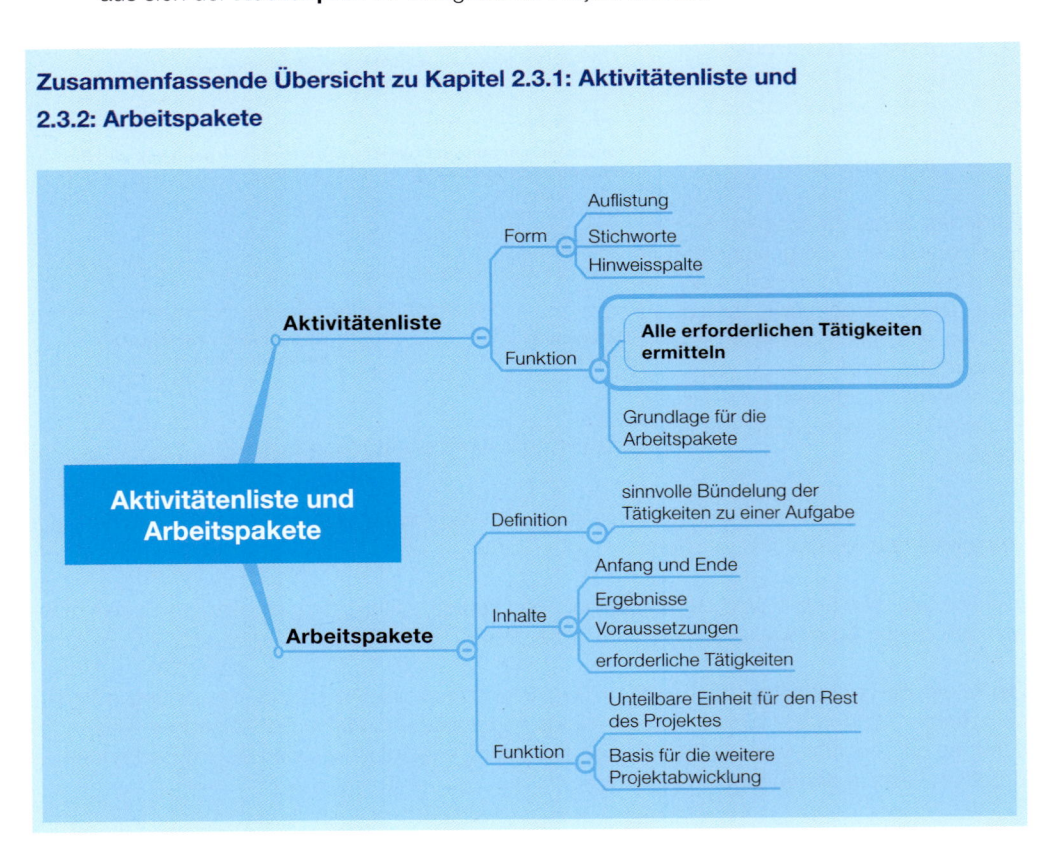

Zusammenfassende Übersicht zu Kapitel 2.3.1: Aktivitätenliste und 2.3.2: Arbeitspakete

Aktivitätenliste und Arbeitspakete

- **Aktivitätenliste**
  - Form
    - Auflistung
    - Stichworte
    - Hinweisspalte
  - Funktion
    - Alle erforderlichen Tätigkeiten ermitteln
    - Grundlage für die Arbeitspakete

- **Arbeitspakete**
  - Definition
    - sinnvolle Bündelung der Tätigkeiten zu einer Aufgabe
  - Inhalte
    - Anfang und Ende
    - Ergebnisse
    - Voraussetzungen
    - erforderliche Tätigkeiten
  - Funktion
    - Unteilbare Einheit für den Rest des Projektes
    - Basis für die weitere Projektabwicklung

2.3.3 Projektstrukturplan (PSP)

Der PSP greift die zuvor aus der Aktivitätenliste gebildeten Arbeitspakete auf, bringt diese in eine logische zeitliche Abfolge und stellt die Zusammenhänge in einem Baumdiagramm grafisch dar.

Somit lassen sich vom Projektteam sämtliche Arbeitspakete auf einen Blick erfassen. Selbst komplexe Strukturen erschließen sich auf den ersten Blick und niemand wird mehr sagen können: „Ich konnte aber doch gar nicht wissen, dass wir die Bildbearbeitung für den Kalender selbst machen müssen."

Der PSP beinhaltet grundsätzlich drei Gliederungsebenen:

1. Die oberste Ebene (Titelebene) enthält die Projektbezeichnung.
2. In der zweiten Ebene finden sich sinnvolle Oberbegriffe für abgrenzbare Einheiten innerhalb des Projektes (Teilprojektebene). Die Bezeichnungen dieser Oberbegriffe dürfen aber nicht identisch bzw. zu ähnlich mit den folgenden Arbeitspaketbezeichnungen sein, damit Verwechslungen möglichst vermieden werden. Daher sollten sich beispielsweise die Arbeitspakete „Bilder", „Texte" und „Layout" nicht unter dem Oberbegriff „Layout" befinden, sondern der exaktere Oberbegriff wäre „Kalenderherstellung".
3. In der dritten Ebene befinden sich dann die einzelnen Arbeitspakete, die den Oberbegriffen sachlogisch zugeordnet wurden.

Für die Einhaltung der zeitlichen Struktur innerhalb des PSP gilt: Die Oberbegriffe werden im Zeitablauf von links nach rechts angeordnet, die darunter stehenden Arbeitspakete von oben nach unten.

Die folgende Abbildung liefert einen Überblick über Regeln und Struktur des PSP.

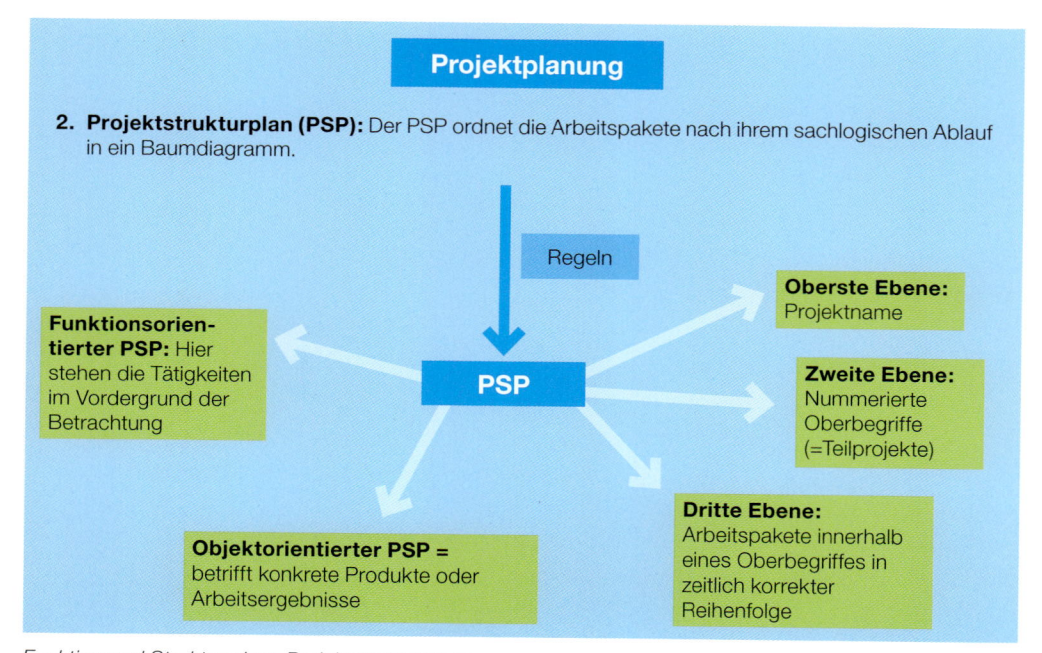

Funktion und Struktur eines Projektstrukturplans

In der Praxis haben sich zwei unterschiedliche Gliederungsarten von Projektstrukturplänen durchgesetzt:

1. **Objektorientierter Projektstrukturplan:**
   Eine deutlichere Bezeichnung für diese Gliederungsart wäre „erzeugnisorientierter" oder „produktorientierter" PSP, da die Arbeitspakete in diesem Fall konkrete Gegenstände oder Teilprodukte darstellen. Die Produktorientierung dieses PSP bedingt es auch, dass seine Struktur stark an die technische Struktur des Produktes angelehnt ist. Diese Art des PSP wird daher häufig bei Projekten im Maschinen- oder Anlagenbau verwendet (vgl. unten stehende Abbildung).

2. **Funktionsorientierter Projektstrukturplan:**
   Im Gegensatz zur Produktorientierung sind die Arbeitspakete hier als Tätigkeiten formuliert, die sich innerhalb des Projektes ergeben. Diese Art des PSP bietet sich stets an, wenn es sich um weniger produktlastige Projekte handelt, wie beispielsweise bei der Entwicklung einer neuen Software für kleinere Architekturbüros (vgl. unten stehende Abbildung).

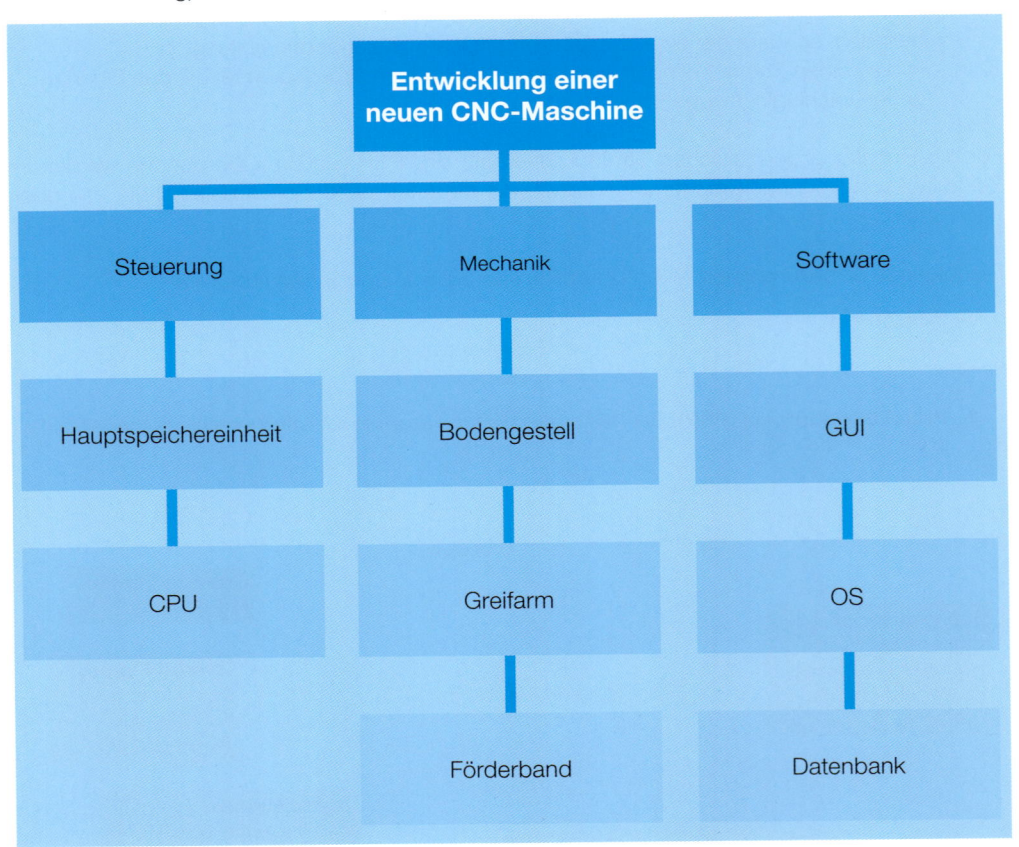

Beispiel für einen objektorientierten Projektstrukturplan

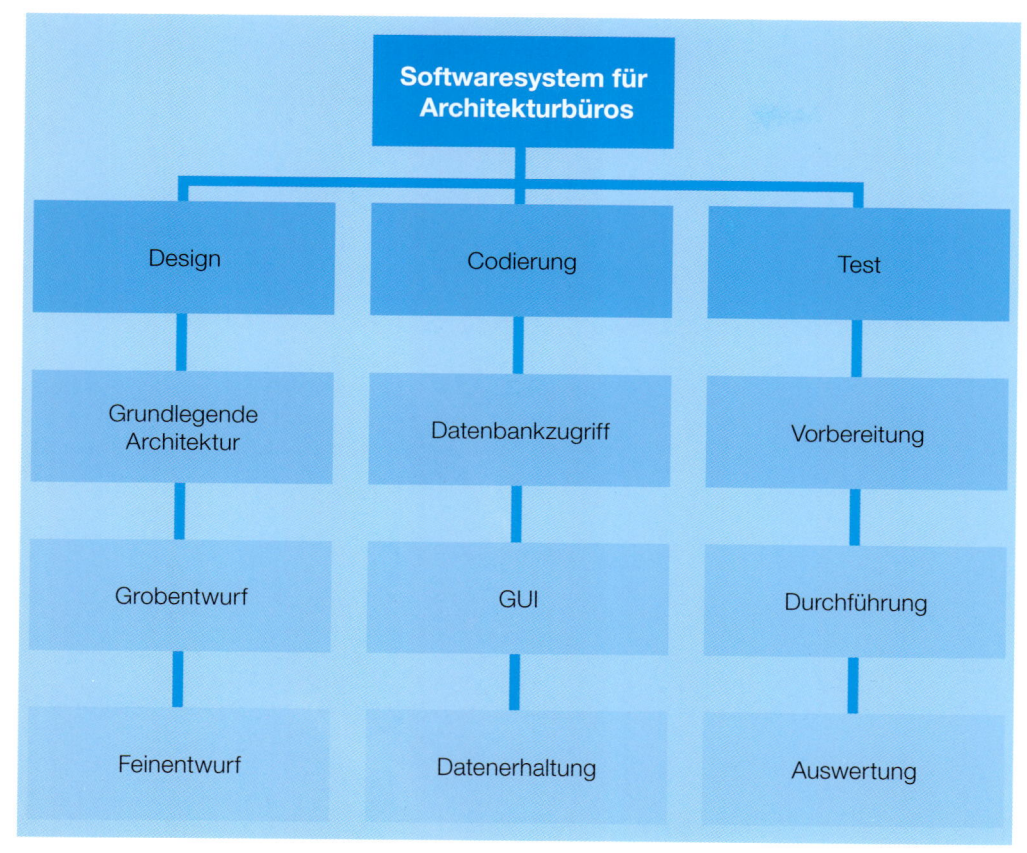

Projektplanung

```
                    Softwaresystem für
                      Architekturbüros
                             |
        ┌────────────────────┼────────────────────┐
      Design              Codierung              Test
        |                    |                    |
   Grundlegende        Datenbankzugriff       Vorbereitung
   Architektur
        |                    |                    |
   Grobentwurf              GUI               Durchführung
        |                    |                    |
   Feinentwurf         Datenerhaltung          Auswertung
```

Beispiel für einen funktionsorientierten Projektstrukturplan

In den beiden Abbildungen auf den Seiten 54 und 55 finden sich die jeweiligen Reinformen des PSP wieder.

In der Praxis der Unternehmen werden jedoch häufig Mischformen aus beiden Gliederungsarten gebildet. Einige Arbeitspakete sind dann deutlich produktorientiert, andere hingegen spiegeln die Prozesse im Projekt wider.

In der folgenden Abbildung ist der mögliche PSP für unser Projekt des Schulkalenders dargestellt:

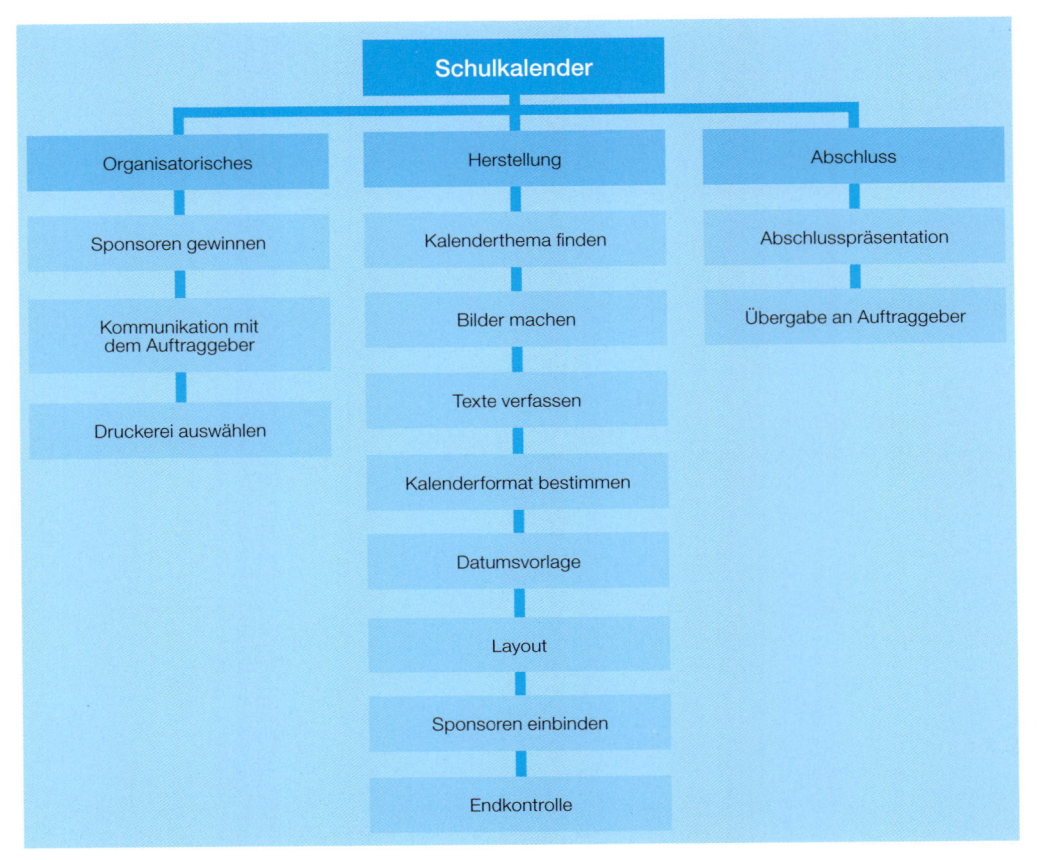

Projektstrukturplan für den Schulkalender

```
                          Schulkalender
        ┌──────────────────────┼──────────────────────┐
  Organisatorisches        Herstellung              Abschluss
        │                      │                      │
  Sponsoren gewinnen      Kalenderthema finden   Abschlusspräsentation
        │                      │                      │
  Kommunikation mit       Bilder machen          Übergabe an Auftraggeber
  dem Auftraggeber             │
        │                 Texte verfassen
  Druckerei auswählen          │
                          Kalenderformat bestimmen
                               │
                          Datumsvorlage
                               │
                          Layout
                               │
                          Sponsoren einbinden
                               │
                          Endkontrolle
```

Projektstrukturplan für den Schulkalender

Zusammenfassende Übersicht zu Kapitel 2.3.3: Projektstrukturplan (PSP)

Projektstrukturplan (PSP)

- **Definition**: zeitliche und sachlogische Übersicht über das Gesamtprojekt
- **Ebenen**:
  1. Titelebene
  2. Oberbegriffe
  3. Arbeitspakete
- **Arten**:
  - Funktionsorientiert
  - Produktorientiert
- **Form**: Baumdiagramm
  - Oberbegriffe zeitlich von links nach rechts
  - Arbeitspakete sachlogisch von oben nach unten

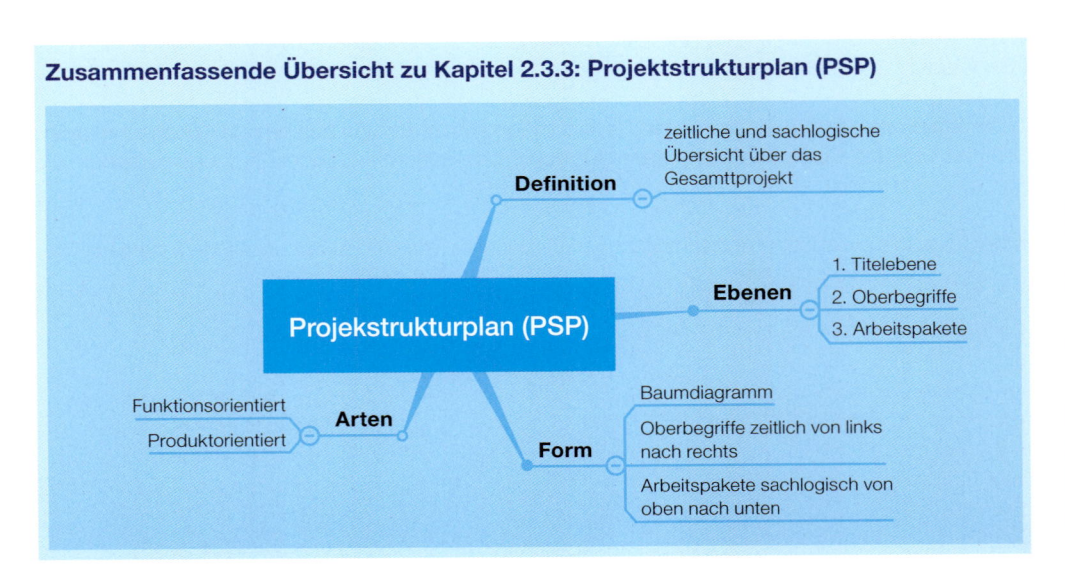

2.3.4 Projektablaufplan als Vorgangsliste

Nachdem die sachlogischen Überlegungen zu den Arbeitspaketen im PSP grafisch dargestellt wurden, gilt es nun, dem Projektverlauf die zeitliche Komponente hinzuzufügen.

Zu diesem Zweck wird der Projektablaufplan erstellt. Die Ablaufplanung kann sowohl in grafischer als auch in tabellarischer Form (als Vorgangsliste) dargestellt werden, wobei hier aufgrund der besseren Strukturierung lediglich die Vorgangsliste behandelt wird.

Basis für die Erstellung eines Projektablaufplans stellen die Arbeitspakete und der darauf aufbauende Projektstrukturplan dar.

Um einen Projektablaufplan zu erstellen, müssen die bereits vorhandenen Arbeitspakete um zwei weitere wichtige Aspekte ergänzt werden:

1. Ermitteln der logischen Abhängigkeiten:

- Eine wichtige Fragestellung in diesem Zusammenhang lautet: *Welche Arbeitspakete müssen mit zwingender Notwendigkeit abgeschlossen sein, damit das betrachtete Arbeitspaket beginnen kann?* Damit ist die Grundlage für die folgende Terminplanung gelegt, arbeitslogische Kollisionen werden somit vermieden.
- Es gibt aber auch Arbeitspakete, die parallel zueinander bearbeitet werden können. Übersieht das Projektteam derartige Überschneidungen, so verlängert sich die Projektdauer.

2. Ermittlung der Dauer:

- Jedem Arbeitspaket muss eine Dauer zugeordnet werden. Das Projektteam sollte für die Ermittlung der Dauer eines Arbeitspaketes den Anteil der vorgenommenen Schätzung möglichst klein halten, da hierbei die Fehleranfälligkeit naturgemäß relativ hoch ist. Vielmehr sollten alle Beteiligten auf bereits durchgeführte, vergleichbare Arbeitsabläufe zurückgreifen und auf diese Weise die Dauer genauer ermitteln. Kommt das Team um eine reine Schätzung nicht herum, so sollten die Tätigkeiten innerhalb des Arbeitspaketes (vgl. Kapitel 2.3.1, „Aktivitätenliste") einzeln geschätzt werden. **Im Zweifelsfall ist in diesem Stadium der Planungsphase ein zeitlicher Puffer einzuplanen, da dies zu einem späteren Zeitpunkt nicht mehr möglich ist.**

In diesem Zusammenhang ist der Unterschied zwischen Vorgangsdauer und Arbeitsdauer zu beachten.

Oder mit anderen Worten: „Mit neun Frauen schafft man es nicht, ein Kind innerhalb eines Monats auf die Welt zu bringen."

Die Vorgangsdauer eines Arbeitspaketes beschreibt die Zeit, die dieses Paket mit dem gegebenen Ressourceneinsatz benötigt. Beispielsweise kann ein dreiköpfiges Malerteam eine Wohnung von 80 m² in zwei Tagen tapezieren (dies entspricht einer Arbeitszeit von 48 Stunden).

Somit wäre die Arbeitsdauer 48 Stunden.

> Mit dem Einsatz von sechs Mitarbeitern könnte die Wohnung aber in nur einem Tag tapeziert werden. Die Vorgangsdauer halbiert sich, die Arbeitsdauer bleibt identisch.
>
> Dieser Effekt lässt sich allerdings nicht beliebig steigern, da die Malergesellen sich wegen des mangelnden Platzes ab einem gewissen Punkt gegenseitig behindern. Außerdem sind Arbeitsabläufe, wie beispielsweise Wartezeiten beim Einkleistern der Tapetenbahnen, diesem Effekt abträglich.
>
> Somit schließt sich der Kreis und die Aussage mit den neun Frauen erlangt ihre Bedeutung.

Da hier der Projektablaufplan in tabellarischer Form als Vorgangsliste dargestellt wird, folgen einige Hinweise für die Entwicklung eines Projektablaufplans aus einem bereits bestehenden Projektstrukturplan:

1. Für jeden Vorgang (Arbeitspaket) enthält die Vorgangsliste eine Spalte mit folgenden Daten
   - Vorgangsnummer
   - Vorgangsbezeichnung
   - Vorgangsdauer (hier sind dem Projekt angepasste Zeiteinheiten, Stunden, Tage, Wochen oder Monate zu wählen)
   - der oder die Vorgänger des betreffenden Vorgangs
2. Die zeitliche Reihenfolge der Vorgänge ist bereits bei der Erstellung der Tabelle zu berücksichtigen.

Für das Projekt des Schulkalenders wurde folgende Vorgangsliste erstellt:

\multicolumn{4}{c}{Vorgangsliste „Schulkalender"}			
Nr.	Vorgangsbezeichnung	Dauer in Wochen	Vorgänger
1	Kalenderthema finden	1	----
2	Bilder machen	2	1
3	Texte verfassen	2	2
4	Kalenderformat bestimmen	1	2
5	Datumsvorlage	1	2
6	Layout	2	3, 4, 5
7	Sponsoren gewinnen	5	6
8	Sponsoren einbinden	2	7
9	Kommunikation mit dem Auftraggeber	2	6
10	Endkontrolle	1	8
11	Druckerei	4	10
12	Abschlusspräsentation	2	9, 10
13	Übergabe an Kunden	1	11, 12

Projektplanung

Mithilfe dieser Vorgangsliste kann nun die exakte Terminplanung in Form eines Gantt-Diagramms und/oder eines Netzplans begonnen werden (siehe Kapitel 2.3.6, „Terminplanung mit dem Gantt-Diagramm", und 2.3.7, „Netzplan").

2.3.5 Meilensteine

Nicht nur die Projektmanager von heute setzen eifrig Meilensteine. Schon lange vor Christus wurden diese Wegmarkierungen genutzt, um dem Reisenden an wichtigen Punkten die Entfernung zum angestrebten Ziel zu zeigen.

Die Meilensteine im Projekt sind zwar lediglich virtuell, erfüllen aber den gleichen Zweck wie ihre historischen Vorgänger.

Laut DIN 69900 ist ein Meilenstein im Projektmanagement ein Ereignis von besonderer Bedeutung. Der Meilenstein wird an den zentralen Punkten im Projektablauf gesetzt und dient der Überprüfung von Zwischenzielen. Erst wenn die an ein Zwischenziel gestellten Anforderungen erfüllt sind, kann mit dem weiteren Projektablauf fortgefahren werden.

Auf diese Weise dient ein Meilenstein dem Projektteam auch als Orientierung innerhalb des Projektes: „Haben wir zum geplanten Zeitpunkt die definierten Ziele erreicht oder müssen wir gegebenenfalls umplanen?"

Es war einmal ...

Schon der assyrische König Sargon II. veranlasste zwischen 721 und 705 vor Christus an den Straßenrändern seines Reiches die Errichtung von Steinen mit Entfernungsangaben.

Diese praktische Erfindung setzte sich nach und nach in aller Welt durch.
In England standen auf der Straße zwischen London und Oxford ebenfalls Distanzsäulen, Lapides genannt.

Nach der Einführung des metrischen Systems wurden statt Meilensteinen Kilometersteine aufgestellt. Teilweise wurden dazu auch die alten Meilensteine umgesetzt und als Kilometersteine verwendet.

Regeln zur Auswahl von Meilensteinen

- Meilensteine sind keine Zeiträume, sondern sie definieren vielmehr einen Zeitpunkt, an dem ein überprüfbarer Stand im Projektablauf erreicht sein sollte. Daher liegt ein Meilenstein meist am Ende eines zentralen Arbeitspaketes.
- Meilensteine sind stets wichtige Ereignisse innerhalb des Projektes. Beispielsweise münden mehrere Arbeitspakete in einen abschließenden Vorgang und stellen somit den Abschluss eines ganzen Abschnittes des Projektes dar.
- Um die Controlling-Funktion von Meilensteinen zu gewährleisten, können diese auch ein konkretes Zwischenergebnis (z. B. bis dahin angefallene Kosten) beinhalten.
- Wechseln innerhalb eines Projektes beispielsweise die verantwortlichen Personen oder ist ein Punkt erreicht, an dem die Weiterführung des ganzen Projektes überprüft werden soll, so ist hier ein Meilenstein zu setzen.

Römischer Meilenstein

Auswahl und Verteilung der Meilensteine am Beispiel des Kalenderprojektes:

Meilensteine	Begründung
Layout	Im Layout münden die gestalterischen Elemente Bilder, Texte und Datumsformat. Damit ist das Ende des Vorganges „Layout" ein geeigneter Zeitpunkt, um die Qualitätskriterien zu überprüfen. In einer eigenen Teamsitzung sollte das Layout gemeinsam an den bereits definierten Projektzielen (vgl. Sachziele) gemessen werden. Daraufhin können eventuell notwendige Änderungen beschlossen werden.
Endkontrolle	In dieser Phase sind die Sponsorenlogos eingebunden und dem Auftraggeber wurde der fertige Kalender vorgelegt. Hier ist der letzte mögliche Zeitpunkt, um Änderungswünsche von Auftraggeber und Sponsoren noch zu integrieren. Im Anschluss geht der Kalender in Druck.

Zusammenfassende Übersicht zu Kapitel 2.3.4: Projektablaufplan als Vorgangsliste und 2.3.5: Meilensteine

Die wichtigste Bedeutung der **Vorgangsliste** besteht darin,

- die sachlogischen Abhängigkeiten zwischen den Arbeitspaketen herauszufinden,
- jedem Arbeitspaket eine geschätzte Dauer zuzuordnen,
- die Zusammenhänge in einer Liste darzustellen.

Somit ist die Vorgangsliste die Basis, auf der die Zeitplanung aufbaut. Gantt-Diagramm und/oder Netzplan werden mithilfe der Vorgangsliste erstellt.

Meilensteine sind die Orientierungsanker innerhalb des Projektes und besitzen daher folgende Eigenschaften:

- Sie nennen den Zeitpunkt, an dem ein wichtiger und überprüfbarer Stand im Projekt erreicht werden sollte.
- Sie erleichtern das Erkennen von zeitlichen Problemen innerhalb des Projektfortschrittes und sind damit Grundlage für die späteren Controlling-Maßnahmen.

2.3.6 Terminplanung mit dem Gantt-Diagramm

Im Jahr 1917 erfand der amerikanische Maschinenbauingenieur Henry Laurence Gantt (1861–1919) das später nach ihm benannte Planungsinstrument, ein Balkendiagramm mit eigenem Regelwerk.

Bald schon setzte sich diese grafische Methode der Terminplanung durch. Sie wurde unter anderem beim Bau des Hoover-Staudammes und des amerikanischen Autobahnnetzes eingesetzt.

Das Gantt-Diagramm als Variante des Balkendiagramms ermöglicht es, eine Vielzahl von Planungsinformationen auf kleinem Raum sehr anschaulich darzustellen. In der Senkrechten sind die Vorgänge (Arbeitspakete) untereinander angeordnet, in der Horizontalen befindet sich die Zeitachse.

Henry Laurence Gantt

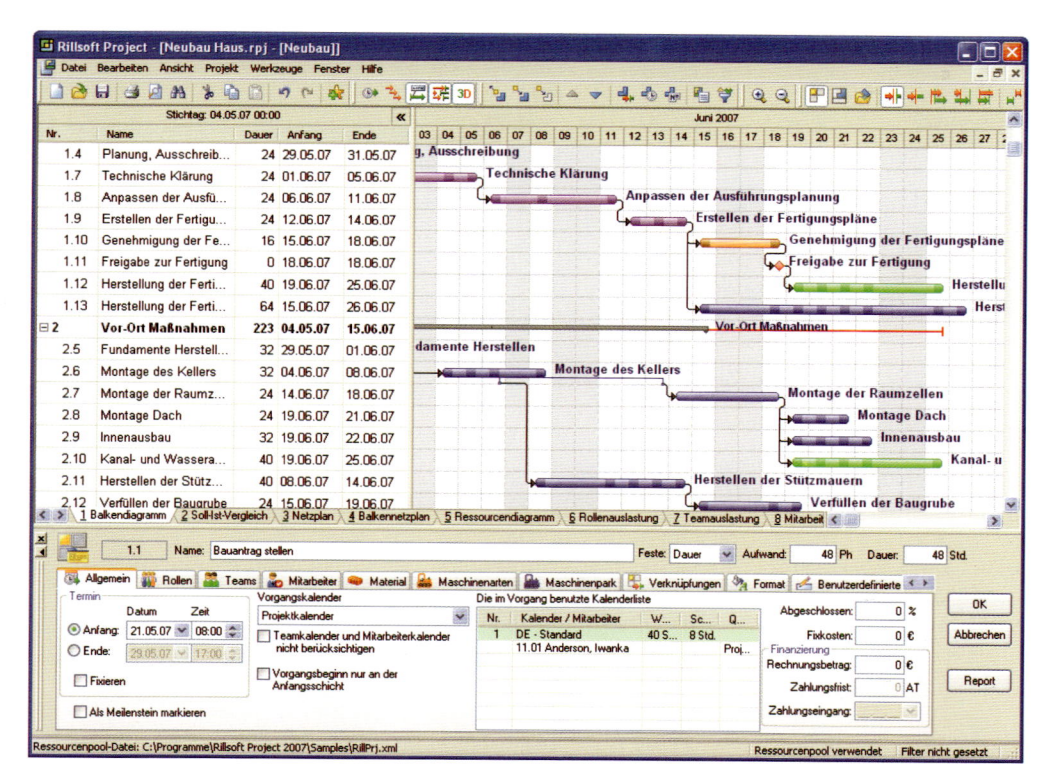

Ansichtsbeispiel (Gantt-Diagramm) für eine komplexere Projektplanung.
Quelle: www.rillsoft.de/gantt-diagramm.htm, Zugriff am 16.03.2008

Die horizontale Ausdehnung der Balken entspricht somit der Dauer der einzelnen Vorgänge (Proportionalität). Die Pfeile, die die Balken miteinander verbinden, verdeutlichen die logischen Abhängigkeiten zwischen den Vorgängen.

Lücken zwischen den verknüpften Balken zeigen einen zeitlichen Puffer an, um den sich ein Vorgang verzögern kann, ohne dass sich der geplante Anfangstermin des folgenden Vorgangs verschiebt und möglicherweise der Endtermin des Gesamtprojektes gefährdet wird.
Im Umkehrschluss zeigen direkte, lückenlose Übergänge, dass es sich um „harte" Abhängigkeiten zwischen den Vorgängen handelt. In diesem Fall hätte eine Verzögerung automatisch die Verschiebung des folgenden abhängigen Vorgangs zur Folge. Befinden sich in einem solchen Fall im Projektfortschritt nur harte Abhängigkeiten, so kann der geplante Endtermin des Projektes nicht mehr gehalten werden, es sei denn, die Planungen werden rückwirkend angepasst (Projekt-Controlling).

In der folgenden Abbildung ist das Gantt-Diagramm für den Schulkalender dargestellt. Die Meilensteine „Layout" und „Endkontrolle des Kalenders" sind darin gelb markiert.

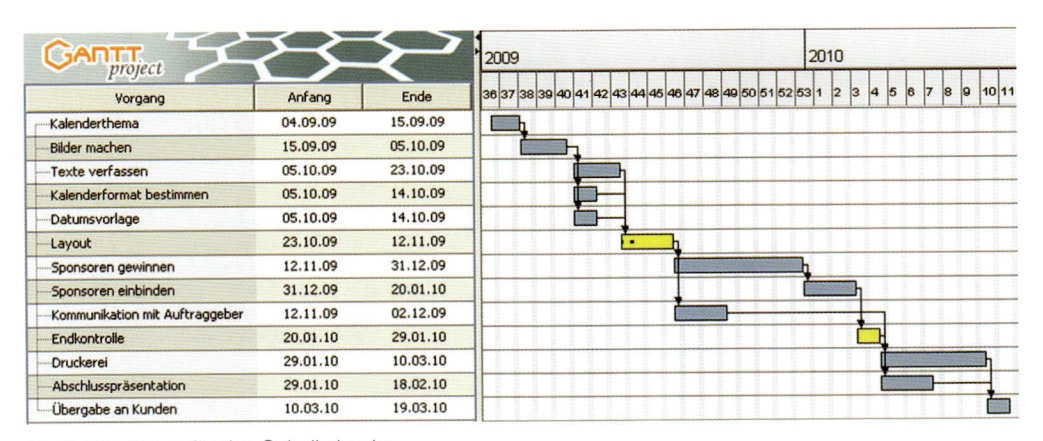

Vorgang	Anfang	Ende
Kalenderthema	04.09.09	15.09.09
Bilder machen	15.09.09	05.10.09
Texte verfassen	05.10.09	23.10.09
Kalenderformat bestimmen	05.10.09	14.10.09
Datumsvorlage	05.10.09	14.10.09
Layout	23.10.09	12.11.09
Sponsoren gewinnen	12.11.09	31.12.09
Sponsoren einbinden	31.12.09	20.01.10
Kommunikation mit Auftraggeber	12.11.09	02.12.09
Endkontrolle	20.01.10	29.01.10
Druckerei	29.01.10	10.03.10
Abschlusspräsentation	29.01.10	18.02.10
Übergabe an Kunden	10.03.10	19.03.10

Gantt-Diagramm für den Schulkalender

Im Vergleich zu anderen Darstellungsformen der Terminplanung (Netzplan) weist das Gantt-Diagramm allerdings auch einige Nachteile auf:

1. Umfangreiche Projekte mit vielen Vorgängen lassen sich nicht ohne Weiteres übersichtlich darstellen. Besitzt ein Balken beispielsweise die Dauer von fünf Monaten, die meisten anderen Vorgänge benötigen jedoch nur einige Tage, so wird durch die zeitlich proportionale Darstellung das gesamte Diagramm unübersichtlich – es werden womöglich wichtige Details übersehen.

2. Bestehen zahlreiche komplexe Abhängigkeiten zwischen den Vorgängen, so ist das Gantt-Diagramm zunehmend ungeeignet, mit seinen Pfeilen diese Abhängigkeiten sauber aufzuzeigen. Beziehungen zwischen den Vorgängen können dann vom Betrachter übersehen werden und so verloren gehen.

Projektplanung

2.3.7 Netzplan

Die Netzplantechnik ist neben dem bereits behandelten Gantt-Diagramm eine weitere Methode zur Terminplanung von Projekten. Mithilfe eines Netzplanes können auch komplexere Projekte mit einer Vielzahl von Arbeitspaketen geplant, gesteuert und überwacht werden, für die das klassische Gantt-Diagramm zu unübersichtlich wäre.

Voraussetzung für die Erstellung eines Netzplanes sind ebenfalls die Vorgangsliste und alle darauf aufbauenden Arbeitsschritte der Planungsphase. Somit kann ein Projektteam entscheiden, ob es ein Gantt-Diagramm oder einen Netzplan zur Planung nutzt.

Unter Umständen wird das Team auch beide Planungsmethoden anwenden, da viele Softwarelösungen mit wenig Aufwand beide Verfahren anbieten.

Es gibt verschiedene Ausprägungen von Netzplänen. In den Unternehmen am häufigsten genutzt wird der sogenannte Vorgangsknoten-Netzplan. Die folgenden Darstellungen beschränken sich daher auf diese meistgenutzte Art des Netzplanes.

Jedem Arbeitspaket (Vorgang) wird im Netzplan ein Vorgangsknoten zugeordnet, für den sich unterschiedliche Gestaltungsregeln vereinbaren lassen. In nebenstehendem Schema ist der für alle weiteren Netzpläne verwendete Vorgangsknoten dargestellt.

Frühester Anfangszeitpunkt	Dauer	Frühester Endzeitpunkt
Vorgangsnummer und Vorgangsbezeichnung		
Spätester Anfangszeitpunkt	Puffer	Spätester Endzeitpunkt

Vorgangsknoten im Netzplan

- Der früheste Anfangszeitpunkt (FAZ) benennt den Zeitpunkt, an dem das Arbeitspaket unter Berücksichtigung seiner Vorgänger frühestens beginnen kann. (siehe Netzplan S. 66)
- Der früheste Endzeitpunkt (FEZ) ist somit der früheste Anfangszeitpunkt plus die Dauer des Vorgangs.
- Der späteste Anfangszeitpunkt (SAZ) beschreibt den letztmöglichen Beginn eines Arbeitspaketes, ohne dass der nachfolgende Vorgang und somit eventuell das gesamte Projekt betroffen ist.
- Analog ist der späteste Endzeitpunkt (SEZ) wieder der späteste Anfangszeitpunkt plus Dauer.
- Mit „Puffer" wird in diesem Fall der sogenannte Gesamtpuffer bezeichnet, der die Zeitspanne zwischen frühestem und spätestem Endzeitpunkt eines Vorganges angibt.

Eine wichtige Regel beim Erstellen eines Netzplanes betrifft die Anordnung der Vorgangsknoten:

Die Vorgangsknoten werden in sachlogisch-zeitlicher Reihenfolge von links nach rechts aufgetragen, die Abhängigkeiten der einzelnen Vorgänge sind durch Pfeile gekennzeichnet.

Ein Netzplan darf keine Schleifen enthalten, da sonst die Zeitrechnung unmöglich wäre. Vom Projektbeginn (erster Vorgang) bis zum Projektende (Zielvorgang) muss ein ununterbrochener Verlauf gegeben sein.

Es gibt zahlreiche mögliche Beziehungen zwischen mehreren Vorgängen, abhängig von deren sachlogischen Zusammenhängen. Diese Zusammenhänge sind aus der bereits erstellten Vorgangsliste zu entnehmen.

Hier die möglichen Beziehungsvarianten in der Übersicht:

Beziehungen (Erläuterung)	Entsprechende Darstellung
Vorgang B kann erst beginnen, wenn Vorgang A abgeschlossen ist.	A → B
Hat ein Vorgang A unmittelbar mehrere Nachfolger (B bis D), so können diese erst nach Ende des Vorgangs A beginnen.	A → B, A → C, A → D
Besitzt ein Vorgang (D) unmittelbar mehrere Vorgänger (A bis C), so kann er erst beginnen, wenn alle Vorgänger beendet sind.	A → D, B → D, C → D
Viele Vorgänge können auch parallel bearbeitet werden. In diesem Fall kann Vorgang D gleichzeitig mit den Vorgängen B und C abgewickelt werden.	A → B → C → E, A → D → E
Die Vorgänge A und B können gleichzeitig ablaufen. Vorgang C kann allerdings erst beginnen, wenn die Vorgänge A und B beendet sind, Vorgang D ist dagegen lediglich von Vorgang B abhängig.	A → C, B → D, B → C

Projektplanung

Eine weitere Verknüpfungsebene der Vorgänge bezieht sich auf deren Verhältnis von Anfang und Ende zueinander.

Die meisten Verknüpfungen beruhen auf dem Prinzip der „Ende-Anfang"-Verknüpfung, wobei der Vorgänger erst beendet sein muss (Ende-Bedingung), bevor der Nachfolger beginnen kann (Anfang-Bedingung).

Eine Übersicht über die drei möglichen Vorgangsverknüpfungen liefert die folgende Tabelle:

Verknüpfung	Erläuterung
Ende-Anfang (EA)	Der Vorgang kann erst dann begonnen werden, wenn der Vorgänger vollständig abgeschlossen wurde. **Beispiel:** Erst wenn alle Bilder angefertigt und ausgewählt wurden, kann das Layout beginnen.
Anfang-Anfang (AA)	Die Anfangszeitpunkte zweier paralleler Vorgänge sind verknüpft, sodass beide zum gleichen Zeitpunkt beginnen müssen. **Beispiel:** Die Inbetriebnahme und der Probelauf einer Papiermaschine beginnen zum selben Zeitpunkt, wobei der Probelauf kürzer dauert und Teil der Inbetriebnahme ist.
Ende-Ende (EE)	In diesem Fall ist das Ende des einen Vorgangs an das Ende des parallel laufenden Vorgangs gekoppelt. **Beispiel:** Das Ende der Durchforstungsarbeiten in einem Wald wird mit dem Ende des Holztransports verknüpft. Der Holztransport (Dauer bekannt) beginnt so, dass er mit Ende der Fällarbeiten ebenfalls beendet ist.

Da die Erstellung eines Netzplanes ein recht kompliziertes Unterfangen sein kann, empfiehlt es sich, folgende Abläufe einzuhalten:

1. Vorwärtsrechnung:

- Das Projekt beginnt immer mit einem einzelnen Vorgangsknoten. Der früheste Anfangszeitpunkt wird = 0 gesetzt, unabhängig davon, ob als Zeiteinheit Stunden, Tage, Wochen oder Monate gewählt wurden.
- Daraus ergibt sich der früheste Endzeitpunkt: **FAZ + Dauer = FEZ**
- Alle folgenden Vorgänge erhalten als FAZ den FEZ des Vorgängers:
  $FEZ_{Vorgänger} = FAZ_{Folgeknoten}$.
- Sollten mehrere Vorgänge in einen einzigen Nachfolger münden, ist dessen FAZ der späteste FEZ aller Vorgänger.

2. Rückwärtsrechnung:

- Im Zielknoten des Projektes endet die Vorwärtsrechnung und die Rückwärtsrechnung beginnt. Der erste Schritt ist die Übertragung des FEZ des Zielknotens auf den SEZ des Zielknotens. FEZ und SEZ des Zielknotens sind identisch. Somit wird davon ausgegangen, dass das Projekt zu diesem Zeitpunkt beendet sein muss.
- Ausgehend vom SEZ des Zielknotens werden nun die SAZ der Vorgänge ermittelt.
  Es gilt: **SAZ = SEZ - Dauer**
- Alle Vorgänger erhalten als SEZ den SAZ des nachfolgenden Vorgangs.
  SEZ$_{Vorgänger}$ = SAZ$_{Folgeknoten}$.
- Besitzt ein Vorgang mehrere Nachfolger, so ist dessen SEZ der früheste SAZ aller Nachfolger.

Sind Vorwärts- und Rückwärtsrechnung korrekt durchgeführt, muss auch der SAZ des Startknotens = 0 sein. Somit sind FAZ und SAZ des Startknotens identisch beim Wert = 0.

3. Bestimmung von Puffer und kritischem Weg:

- Der Gesamtpuffer (GP) eines Vorgangs errechnet sich mit: GP = SEZ - FEZ. Ergibt sich hier der Wert = 0, besitzt dieser Vorgang keinerlei zeitliche Reserve und muss als besonders kritisch eingestuft werden. In der Projektdurchführung muss diesen Vorgängen besondere Aufmerksamkeit zukommen, da eine Verzögerung hier schnell zu weitreichenden Folgen führt.
- Kritische Wege sind die Vorgänge, die vom Startknoten bis zum Zielknoten keinen Puffer aufweisen. Verzögert sich einer dieser Vorgänge, verschiebt sich unweigerlich das gesamte Projekt.

In den folgenden Bildern ist der Netzplan für den Schulkalender gezeichnet:

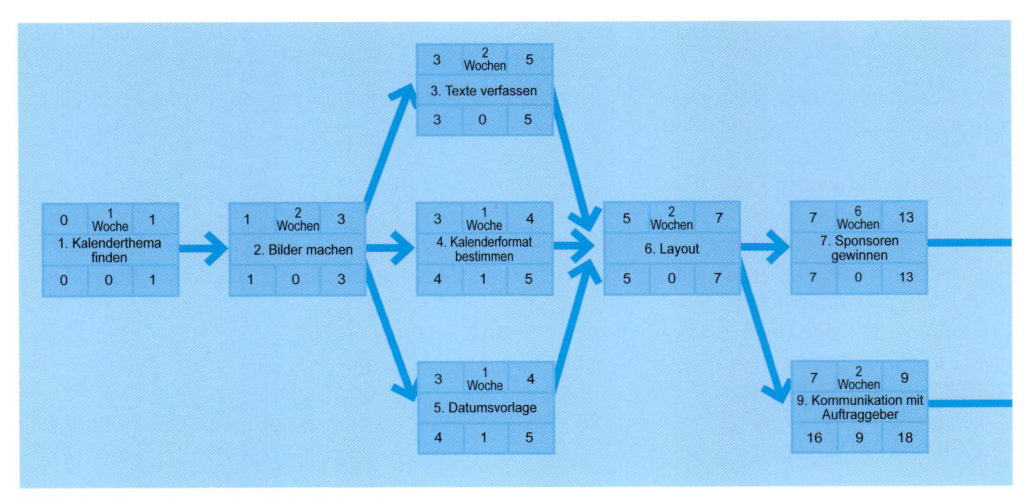

Teil 1 des Netzplanes des Schulkalenders

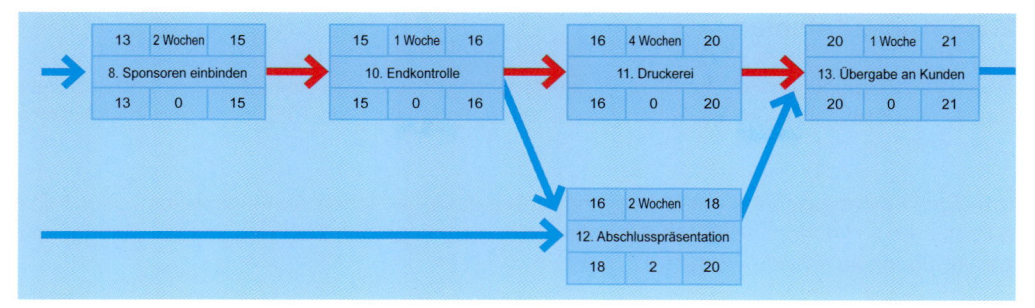

Projektplanung

Teil 2 des Netzplanes des Schulkalenders

Der kritische Weg ist durch die roten Verknüpfungen dargestellt.

Betrachtet man den Terminplan des Kalenders, so zeigt sich, dass es nur einige unkritische Arbeitspakete gibt, bei denen eine zeitliche Reserve vorhanden ist. Lediglich bei den Arbeitspaketen „Kalenderformat" und „Datumsvorlage" ergibt sich eine Woche Pufferzeit. Die Abschlusspräsentation (zwei Wochen Pufferzeit) und die Kommunikation mit dem Auftraggeber (neun Wochen Pufferzeit) weisen dagegen einen deutlich größeren Spielraum auf.

Mithilfe des Planungswerkzeugs „Netzplan" erhält das Projektteam wertvolle Hinweise für die später folgende Phase der Projektdurchführung und eine Grundlage für das Projekt-Controlling.

In aller Regel wird die Terminplanung (Gantt-Diagramm und/oder Netzplantechnik) von Projekten mithilfe einer geeigneten Software durchgeführt, die dem Benutzer die Berechnung (Puffer/kritischer Weg) abnimmt. Gerade komplexere Projekte würden sonst zu viele Ressourcen für die Terminplanung binden.

Zusammenfassende Übersicht zu Kapitel 2.3.6: Terminplanung mit dem Gantt-Diagramm und 2.3.7: Netzplan

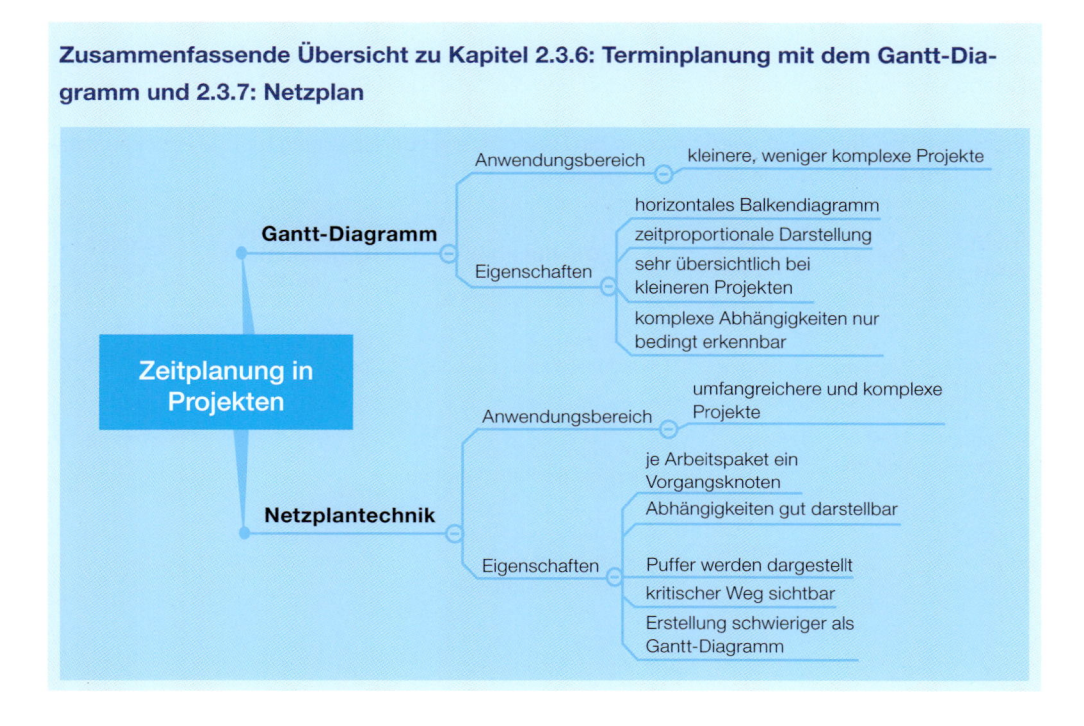

Zeitplanung in Projekten

- **Gantt-Diagramm**
  - Anwendungsbereich: kleinere, weniger komplexe Projekte
  - Eigenschaften:
    - horizontales Balkendiagramm
    - zeitproportionale Darstellung
    - sehr übersichtlich bei kleineren Projekten
    - komplexe Abhängigkeiten nur bedingt erkennbar

- **Netzplantechnik**
  - Anwendungsbereich: umfangreichere und komplexe Projekte
  - Eigenschaften:
    - je Arbeitspaket ein Vorgangsknoten
    - Abhängigkeiten gut darstellbar
    - Puffer werden dargestellt
    - kritischer Weg sichtbar
    - Erstellung schwieriger als Gantt-Diagramm

2.3.8 Kapazitätsplan

Zu diesem Zeitpunkt im Projektablauf ist die Planungsphase schon weit fortgeschritten und viele Details, wie beispielsweise die Arbeitspakete, die darin anfallenden Tätigkeiten und ihre zeitliche Lage, sind bekannt.

Um diese Planungsschritte mit all ihren zeitlichen und logistischen Abhängigkeiten reibungslos durchführen zu können, ist es absolut notwendig, die entsprechenden Ressourcen punktgenau zur Verfügung zu haben.

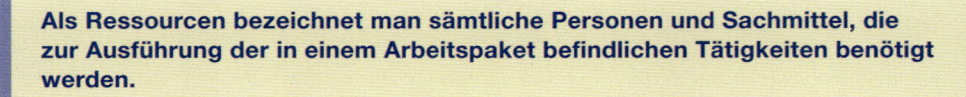

> **Als Ressourcen bezeichnet man sämtliche Personen und Sachmittel, die zur Ausführung der in einem Arbeitspaket befindlichen Tätigkeiten benötigt werden.**

> **Im ersten Schritt wird der Bedarf an notwendigen Ressourcen ermittelt, woraufhin die Einsatzplanung Personal und Sachmittel zeitlich und räumlich plant.**
>
> **Ergeben sich Engpässe, beispielsweise durch zu wenig Personal während der Urlaubszeit, ist mit einem Kapazitätsausgleich gegenzusteuern.**

Diese vier Schritte sind Standard für das Erstellen eines Kapazitätsplanes:

1. Ermittlung der notwendigen Ressourcen
2. Personalplanung (zeitlich und räumlich)
3. Planung der erforderlichen Sachmittel (z. B. Computer, Programme und Maschinen)
4. Eventuell Durchführung eines Kapazitätsausgleiches (abhängig vom Ergebnis der Schritte 1 bis 3)

Das Ergebnis der Ressourcenbedarfsplanung sollte eine vollständige, nach Arbeitspaketen gegliederte Übersicht über den Personalbedarf und die benötigten Sachmittel sein.

In der folgenden Tabelle ist auszugsweise die Ressourcenbedarfsplanung für drei Arbeitspakete aus dem Projekt des Schulkalenders dargestellt:

Arbeitspaket	Dauer	Anzahl Mitarbeiter	Qualifikation	Sach- und Organisationsmittel	Raumbedarf
2. Bilder machen	2 Wochen	K. Lienhard D. Singler	Handhabung Bildkomposition	Digitalkamera inkl. Speicher	-----
3. Texte verfassen	2 Wochen	T. Ficht	Sprachverständnis, Formulierungsfähigkeit, fehlerfreie Rechtschreibung	Computer	Computerraum
5. Sponsoren gewinnen	5 Wochen	E. Zeifang M. Doll	Kommunikationsfähigkeit, Überzeugungskraft, angenehmes Auftreten	Sponsorenliste, Kalendermuster	-----

Aufbauend auf die hier dargestellte Bedarfsplanung findet anschließend die Ressourceneinsatzplanung statt. In diesem Zusammenhang wird geprüft, ob die Mitarbeiter in dem vorgesehenen Rahmen auch verfügbar sind (Personaleinsatzplanung). So kann es durchaus sein, dass ein Mitarbeiter des Projektteams diesem nicht zu 100 Prozent zur Verfügung steht, da er noch andere Aufgaben innerhalb des Unternehmens wahrzunehmen hat.

An dieser Stelle innerhalb der Planung ist es ratsam, die vorhandenen Qualifikationen der Mitarbeiter mit den Ansprüchen aus der Bedarfsplanung abzugleichen.

Treten Qualifikationslücken auf, so kann der Mitarbeiter diese bis zum Start des Arbeitspaketes beseitigen, sich Hilfe bei Kollegen suchen oder aber noch an einer Schulungsmaßnahme teilnehmen.

Für die Bewältigung von Projekten im schulischen Alltag stellt die Personaleinsatzplanung sicherlich nicht das Hauptproblem dar, da von regelmäßigen Anwesenheitszeiten auszugehen ist. Für die Sach- und Organisationsmittel und den Raumbedarf sind die Unternehmen in aller Regel besser gerüstet. Es ist daher wichtig, dass das schulische Projektteam sich rechtzeitig um die Verfügbarkeit von technischem Equipment (Digitalkamera) und die Reservierung der Räume bemüht.

Nur so können spätere Probleme vermieden werden, die zwangsläufig zu Verschiebungen führen.

Treten nun Engpässe während der Kapazitätsplanung auf, so ist darauf mit einem **Kapazitätsausgleich** zu reagieren. Folgende Möglichkeiten bieten sich an, um Überlastungen zu begegnen:

1. **Arbeitspakete zeitlich verschieben,** sofern sie einen Puffer aufweisen. Beispielsweise kann sich das freiwerdende Personal durch die Verschiebung des Arbeitspaketes Nr. 4 (Kalenderformat bestimmen) um eine Woche mit der Fertigstellung des Arbeitspaketes Nr. 5 (Datumsvorlage entwerfen) befassen. Allerdings erweitert sich dadurch auch der kritische Weg um ein Arbeitspaket – das geplante Ende des Projektes wird nun schwieriger zu erreichen sein.
2. **Arbeitspakete zeitlich strecken,** wodurch weniger Ressourcen verbraucht werden. In unserem Kalenderbeispiel könnten die Arbeitspakete Nr. 4 und Nr. 5 um jeweils eine Woche, nämlich die Länge ihres Puffers, gestreckt werden. Dadurch würden alle parallel verlaufenden Arbeitspakete zum kritischen Weg werden.
3. **Größerer personeller Einsatz:** Aus anderen Abteilungen oder durch externe Fachkräfte können Arbeitsspitzen ausgeglichen werden.

2.3.9 Kostenplan

Der Begriff des Kostenplans im Projektmanagement ist in der entsprechenden DIN leider nicht sehr aussagekräftig als „Darstellung der voraussichtlich für das Projekt anfallenden Kosten" definiert.

Aber gerade in privatwirtschaftlichen Unternehmen ist der Kostenaspekt von enormer Bedeutung und da Projekte gemäß ihrer Definition einmalig sind, gestaltet sich die genaue Kostenermittlung so schwierig.

Die Ziele, die mit einem Kostenplan verfolgt werden, lassen sich wie folgt kategorisieren:

1. **Ermittlung der Gesamtkosten:** Jede Unternehmensführung benötigt eine Gesamtkostenaufstellung vor dem eigentlichen Projektbeginn, um diese in die Finanzplanung des Unternehmens zu integrieren.
2. **Alternativbetrachtung:** Projekte können auch an Drittfirmen vergeben werden. Der Kostenplan kann daher zum Vergleich für eine Ausschreibung oder das Angebot einer Fremdfirma verwendet werden. Ist die Fremdfirma günstiger, so müsste das Projekt, sofern möglich, außer Haus vergeben werden.
3. **Grundlage des Controllings:** Ohne eine exakte Kostenermittlung lassen sich während der Projektdurchführung keine Abweichungen (Kostenexplosion) erkennen und eine rückblickende Betrachtung wird ebenfalls unmöglich.

In dem folgenden Schema sind die drei gängigen Verfahren zur Kostenermittlung in Projekten dargestellt. Die Überschriften lassen vermuten, dass es sich bei der Vollkostenrechnung um kein Schätzverfahren handelt, es also auch keine unsicheren Zahlen liefern würde.

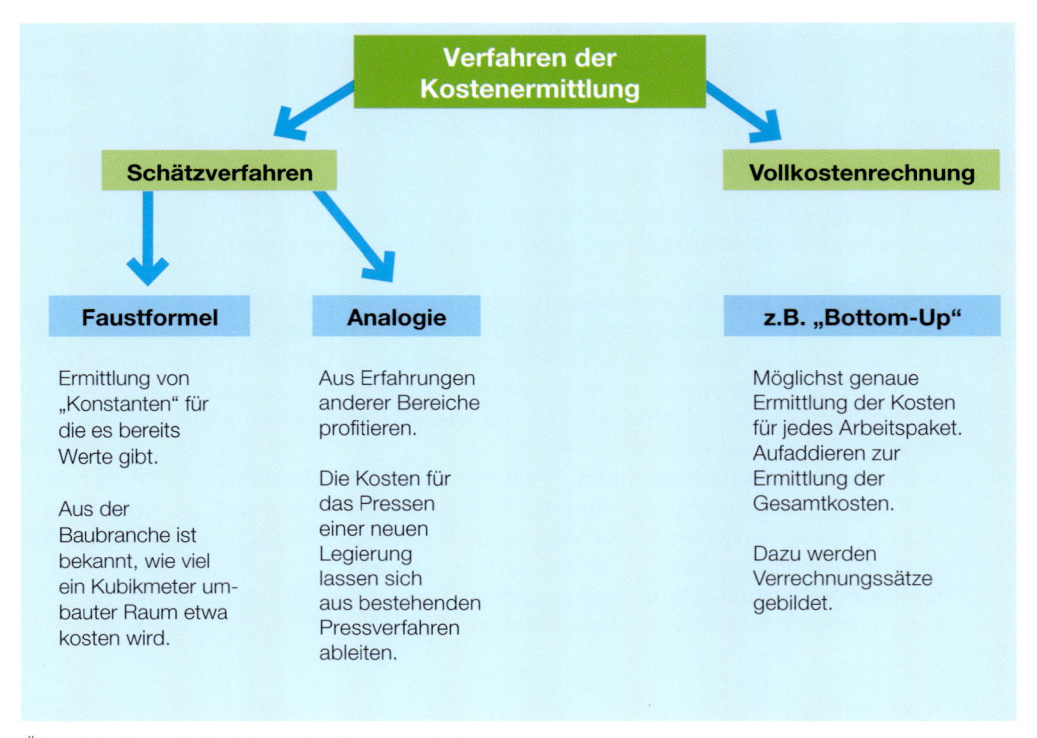

Verfahren der Kostenermittlung

- **Schätzverfahren**
  - **Faustformel**: Ermittlung von „Konstanten" für die es bereits Werte gibt. Aus der Baubranche ist bekannt, wie viel ein Kubikmeter umbauter Raum etwa kosten wird.
  - **Analogie**: Aus Erfahrungen anderer Bereiche profitieren. Die Kosten für das Pressen einer neuen Legierung lassen sich aus bestehenden Pressverfahren ableiten.
- **Vollkostenrechnung**
  - **z.B. „Bottom-Up"**: Möglichst genaue Ermittlung der Kosten für jedes Arbeitspaket. Aufaddieren zur Ermittlung der Gesamtkosten. Dazu werden Verrechnungssätze gebildet.

Übersicht über die Verfahren der Kostenermittlung.

In Wirklichkeit besitzt auch das **Bottom-up-Verfahren** einen nicht unerheblichen Anteil an geschätzten Werten, die sich lediglich mehr im Detail verstecken und daher einen genaueren Näherungswert liefern.

Wird bei der **Faustformel** mit den bekannten Kosten aus verschiedenen am Projekt beteiligten Branchen gearbeitet, so profitiert man beim **Analogie-Schätzverfahren** von Erfahrungen aus ganz anderen Bereichen. Bei beiden Verfahren liegt die Unsicherheit bei der Übertragung auf der Hand. Bei der Renaturierung eines Baches durch ein Wohngebiet treten beispielsweise ganz

Projektplanung

andere Schwierigkeiten auf, als wenn das Gewässer auf freiem Feld renaturiert wird. Entsprechend unsicher sind die bekannten „Konstanten" für die Kosten je Meter Renaturierung, wenn sie übernommen werden.

Die beiden Schätzverfahren werden hauptsächlich zu Beginn der Kostenplanung verwendet, um das Projektbudget zu ermitteln. Die Methode der Vollkostenrechnung wird in aller Regel während aller Projektphasen eingesetzt und ist das weitaus bedeutendere Verfahren in der Praxis.

Das Bottom-up-Verfahren beginnt von „unten" beim Detail und endet „oben" beim Gesamtprojekt. Grundlage ist hier der Projektstrukturplan mit seinen Arbeitspaketen. Für jedes Arbeitspaket müssen die Kosten möglichst genau ermittelt werden, um über das spätere Aufaddieren zu den Gesamtprojektkosten zu gelangen.

Die Kosten für die Arbeitsstunde eines Mitarbeiters werden beispielsweise in einem Stundenverrechnungssatz zusammengefasst.

Neben dem einfach zu erfassenden Stundenlohn fällt aber auch eine Vielzahl von weiteren Lohnnebenkosten an, die ebenfalls berücksichtigt werden müssen.

In der folgenden Tabelle sind zwei Beispiele für derartige zu berücksichtigende Kosten aufgeführt:

Kostenart	Einzelbestandteile	Verrechnungsart
Personalkosten	– Bruttostundenlohn – Sozialversicherungsbeiträge (Arbeitgeberanteil) – Lohnfortzahlung bei Urlaub und Krankheit – Kosten des Arbeitsplatzes (u. a. Büromöbel/Schulungen) – Prämien	Stundenverrechnungssatz
Materialkosten	– Einzelkosten, z. B. Material laut Stückliste – Gemeinkosten, z. B. Büromaterial	Direkt Umlageverfahren

Für die Kostenplanung mit Verrechnungssätzen eignet sich ein Tabellenkalkulationsformular, wie es in den Beispielen unten (IT-Projekt) für Personal- und Materialkosten dargestellt ist.

Mitarbeiter	Anzahl	Kosten pro Jahr (12,5 Monatsgehälter)	Kosten pro Tag (176 Arbeitstage)	Gesamtkosten pro Jahr
Projektleiter	1	86.000 EUR	489 EUR	86.000 EUR
Entwickler Datenbank	1	51.000 EUR	290 EUR	51.000 EUR
Entwickler Webdesign	1	49.000 EUR	278 EUR	49.000 EUR
Entwickler Content	2	49.000 EUR	278 EUR	98.000 EUR
Assistenz	0,5	36.000 EUR	205 EUR	18.000 EUR
Summe	5,5		1.540 EUR	302.000 EUR

Arbeitspaket	Material	Mobilität	Beratung	Gesamtkosten AP
AP 01	430 EUR			430 EUR
AP 02	1.230 EUR	1.100 EUR		2.330 EUR
AP 03	860 EUR		760 EUR	1.620 EUR
AP 04	4.300 EUR			4.300 EUR
AP 05	250 EUR	320 EUR		570 EUR
Summe	7.070 EUR	1.420 EUR	760 EUR	9.250 EUR

Gerade das Umlageverfahren zur Berücksichtigung der Gemeinkosten erweist sich in der Praxis als schwierig und aufwendig. Es birgt daher die Gefahr der Ungenauigkeit.

Somit sind die beim Bottom-up-Verfahren verwendeten Verrechnungssätze zwar wesentlich exakter als die reinen Schätzverfahren, sie beinhalten aber ebenfalls Schätzwerte und vermitteln nach außen das nicht haltbare Versprechen der Genauigkeit.

Eine weitere Möglichkeit der Finanzplanung von Projekten ist das **Top-down-Verfahren**, das im Gegensatz zum Bottom-up-Verfahren steht.

Beim Top-down-Verfahren wird ein fester Budgetrahmen auf die Arbeitspakete verteilt.

Der Vorteil liegt darin, dass sich mit der Verteilung der Mittel Prioritäten auf das zu erreichende Projektziel setzen lassen. Auf der anderen Seite wird der zur Verfügung stehende Budgetrahmen in der Regel nicht ausreichen und es besteht die Gefahr, dass Arbeitspakete unterfinanziert werden und somit die Qualität des gesamten Projektes leidet.

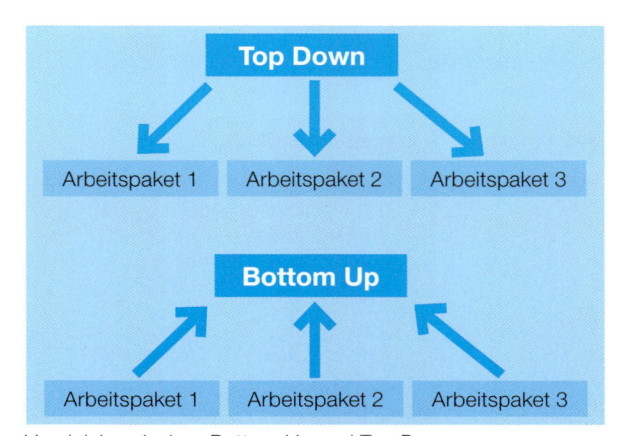

Vergleich zwischen Bottom Up und Top Down

In Unternehmen wird oft eine Kombination der beiden Verfahren angewendet, um die jeweiligen Vor- und Nachteile zu nutzen, die sogenannte Gegenstromplanung. Im Top-down-Verfahren wird dabei ein Entwurf für eine Rahmenplanung erstellt, der im Bottom-up-Verfahren (Rücklauf) auf Grundlage der inhaltlich überarbeiteten Arbeitspakete wieder zu einem Gesamtbudget zusammengeführt wird.

Projektplanung

Zusammenfassende Übersicht zu Kapitel 2.3.8: Kapazitätsplan und 2.3.9: Kostenplan

Kapazitäts- und Kostenplan
- Kapazitätsplan
  - Funktion
    - Ressourcenplanung
      - Zeitlich
      - Personell
    - Bereitstellung der Sach- und Personalmittel
  - Durchführung
    - tabellarische Darstellung
    - einzelne Ermittlung für jedes Arbeitspaket
    - bei erkennbaren Problemen Kapazitätsausgleich durchführen
- Kostenplan
  - Verfahren
    - Schätzverfahren
      - Analog
      - Faustformel
    - Vollkostenrechnung
      - Top Down
      - Bottom Up
  - Ziele
    - Ermittlung der Kosten
      - Material
      - Personal
    - Finanzielle Kontrolle

2.3.10 Schulprojekt „Vernissage" (Teil 2)

Die Beschreibung der Situation zu diesem Projekt finden Sie in Kapitel 2.2.9, „Schulprojekt 'Vernissage' (Teil 1)".
In der ersten Arbeitsphase, der Projektdefinition, wurden bereits die folgenden Schritte durchgeführt:

1. Fragestellungen an den Auftraggeber formuliert
2. Projektziele definiert
3. Lastenheft erstellt
4. Stakeholder-Analyse durchgeführt
5. Projektauftrag unterschrieben
6. Team hat sich formiert und Aufgaben verteilt
7. Kick-off-Meeting hat stattgefunden

Die nun folgenden Arbeitsschritte der Projektplanung bauen systematisch auf den Ergebnissen der Projektdefinition (Kapitel 2.2) auf und beziehen sich ausschließlich auf Kapitel 2.3.

Identifizierung der Arbeitspakete

Zuerst hat das Team die Aktivitäten, die bei der Organisation der Vernissage anfallen, aufzulisten. Sämtliche anfallenden Maßnahmen müssen dabei berücksichtigt werden. Sinnvollerweise sammelt das Team mithilfe der Moderation des Projektleiters alle Maßnahmen, die den Teilnehmern einfallen, und dokumentiert sie auf einem Flipchart.

Arbeitsauftrag:

Vervollständigen Sie die vorliegende Liste der bis dahin ermittelten Aktivitäten um das gesamte Vernissage-Projekt und bündeln Sie die Aktivitäten zu sinnvollen, zusammengehörigen Arbeitspaketen. Jedes Arbeitspaket (vgl. Kapitel 2.3.2, „Arbeitspakete") erhält einen Verantwortlichen, die Auswahl erfolgt nach Qualifikationskriterien. Durch die Unterschrift zwischen Projektleiter und verantwortlichem Teammitglied wird der verbindliche Charakter unterstrichen.

Nr.	Aktivität	Hinweis
1	Künstler suchen	Kontakte von Lehrern nutzen
2	Kontakte zu den Künstlern aufnehmen	?
3	Idee/Konzept vermitteln	Konzeptpapier vorher aufsetzen
4	Kunstobjekte auswählen	Rücksprache mit der Schule
5	Ansprechpartner in der Schule festlegen	?
6	…	?

Projektstrukturplan (PSP) erstellen

Vorrangiges Ziel des PSP ist es, die Ordnung der Arbeitspakete herzustellen und in eine übersichtliche Form zu bringen. Die Gliederung in Gruppen und die gewählten neutralen Oberbegriffe (Überschrift Gruppen) erleichtern diese Aufgabe (vgl. Kapitel 2.3.3, „Projektstrukturplan [PSP]").

Arbeitsauftrag:

Erstellen Sie aus den Arbeitspaketen einen funktionsorientierten Projektstrukturplan und stellen Sie ihn in einem Organigramm dar. Achten Sie dabei auf die sinnvolle Gliederung der gebildeten Gruppen und formulieren Sie einen zutreffenden Oberbegriff für jede Gruppe.

Vorgangsliste anfertigen

Die Grundlage für die Vorgangsliste ist wiederum der PSP. Es muss genau überlegt werden, welche Arbeitspakete abgeschlossen sein müssen, damit ein anderes beginnen kann, bzw. welche Arbeitspakete auch parallel ablaufen können (vgl. Kapitel 2.3.4, „Projektablaufplan als Vorgangsliste"). Ein weiteres wichtiges Kriterium ist die Dauer eines jeden Arbeitspaketes. Hier sollte das Team möglichst auf Erfahrungen im Umfeld zurückgreifen und/oder fundierte Schätzungen vornehmen. Zu schnelles und unüberlegtes Handeln, beispielsweise das Ignorieren von zeitlichen Sicherheitszugaben, führt später zwangsläufig zu Problemen.

Arbeitsauftrag:

Fertigen Sie die Vorgangsliste für das Vernissage-Projekt in Form einer Liste an. Ermitteln Sie vorher die logischen Abhängigkeiten und die Dauer der Arbeitspakete.

Terminplanung

Da es sich hier um ein Schulprojekt handelt, hat jedes Team für die Arbeit pro Woche lediglich die zwei Stunden im Fach „Projektmanagement" zur Verfügung. Aus diesem Grund ist jeder zur Verfügung stehende Termin mit einer Arbeitswoche gleichzusetzen, was beim Gantt-Diagramm und dem Netzplan beachtet werden muss. Des Weiteren müssen bei der Terminplanung natürlich Ferien, Feiertage und die weitere schulfreie Zeit (z. B. Klassenfahrten) berücksichtigt werden. Es ist daher zwingend notwendig, einen entsprechenden Jahresplaner zur Hilfe zu nehmen.

Arbeitsauftrag:

Führen Sie eine Terminplanung des Projektes durch, indem Sie ein Gantt-Diagramm und einen Netzplan erstellen. Nutzen Sie dazu, wenn möglich, geeignete Software wie beispielsweise GanttProject oder MS Project. Definieren Sie die Meilensteine Ihres Projektes und kennzeichnen Sie diese in der Terminplanung (vgl. Kapitel 2.3.5, „Meilensteine", bis 2.3.7, „Netzplan").

Kapazitätsplanung

Um Engpässe bei Personal und/oder Sachmitteln zu vermeiden, bedarf es einer Ressourcenplanung. Es darf kein Teammitglied überbeansprucht oder mit parallel laufenden Arbeitspaketen belastet sein. Ebenso kann schon zu diesem Zeitpunkt die Verfügbarkeit der Projektplanungssoftware überprüft werden. Der Kapazitätsplan deckt solche Problembereiche auf und eröffnet die Möglichkeit, schon frühzeitig gegenzusteuern.

Arbeitsauftrag:

Führen Sie eine Ressourcenplanung für das Projekt „Vernissage" durch, indem Sie jedem definierten Arbeitspaket die Sach- und Personalmittel zuweisen. Nutzen Sie dabei die unten stehende Tabellenform.

Arbeitspaket	Dauer	Anzahl Mitarbeiter	Qualifikation	Sach- und Organisationsmittel	Raumbedarf

Erledigen Sie alle spätestens jetzt deutlich gewordenen notwendigen organisatorischen Tätigkeiten, wie beispielsweise die Raumreservierung und das technische Equipment. Sollten sich Engpässe ergeben, so führen Sie im Team einen Kapazitätsausgleich durch. Beachten Sie dabei die Hinweise aus Kapitel 2.3.8, „Kapazitätsplan".

Kostenplanung

Die Hauptaufgabe der schulischen Kostenplanung wird stets die Ermittlung der Gesamtkosten sein. Da in aller Regel keine Personalkosten anfallen und sämtliche Kosten des geplanten Projektes die Sachmittel (Büromaterial, Telefonkosten, Lebensmittel und Getränke) sind, bietet sich eine Bottom-up-Kostenanalyse an. Je nach Schule ist aber auch das Top-down-Modell denkbar, bei dem von einem festen Budget für das gesamte Projekt ausgegangen wird.

Arbeitsauftrag:

Klären Sie, welche Kostenplanungsmethode (Bottom-up oder Top-down) für Ihre Rahmenbedingungen die geeignete ist und führen Sie diese durch.

Dokumentieren Sie Ihre Kostenplanung in Tabellenform (siehe Kapitel 2.3.9, „Kostenplan").

Aufgaben zur Übung und Vertiefung

1. Die Projektplanung beginnt bei den Aktivitäten, die mit dem Projekt verbunden sind.
   - Beschreiben Sie den Zusammenhang, in dem die formulierten Aktivitäten zu der Gesamtplanung stehen.
2. Die Arbeitspakete sind die Fundamente, auf denen die weitere Planung ruht. Sie sind daher von besonderer Bedeutung.
   - Erläutern Sie, wie ein Arbeitspaket sinnvollerweise gebildet wird.
   - Geben Sie die wichtigsten Inhalte eines Arbeitspaketes an und zeigen Sie deren Bedeutung auf.
   - Begründen Sie, warum jedem Arbeitspaket eine verantwortliche Person zugeordnet wird und definieren Sie deren Aufgaben.
3. Der Projektstrukturplan ist die erste grafische Gesamtansicht des Projektes. Er wird als der „Plan der Pläne" bezeichnet.
   - Beschreiben Sie die drei Gliederungsebenen eines Projektstrukturplanes.
   - Unterscheiden Sie einen objekt- und einen funktionsorientierten Projektstrukturplan anhand seiner Inhalte.
   - Bewerten Sie die Bedeutung eines Projektstrukturplanes für das Gelingen des gesamten Projektes.
4. Die zeitliche Komponente ergänzt die sachlogische Struktur des Projektstrukturplanes und drückt sich in der Vorgangsliste aus.
   - Zeigen Sie die Bedeutung der Spalte „Vorgänger" in der Vorgangsliste für die nachfolgende Terminplanung auf.
   - Unterbreiten Sie einen Vorschlag für folgendes Problem: Ein Arbeitspaket besitzt eine zu lange Vorgangsdauer, das geplante Projektende wäre dadurch gefährdet. Reduzieren Sie die Vorgangsdauer, ohne die Arbeitsdauer zu verändern.
5. Welche der unten stehenden Aussagen treffen auf die Terminplanung mit dem Gantt-Diagramm bzw. dem Netzplan zu?
   - Im Gantt-Diagramm wird der kritische Pfad deutlich.
   - Der Netzplan zeichnet sich durch eine bessere Übersichtlichkeit gegenüber dem Gantt-Diagramm aus.
   - Ein komplexes, langes Projekt sollte vorzugsweise mit einem Netzplan terminiert werden.
   - Nur im Netzplanknoten wird der Puffer für diesen Vorgang deutlich.
6. Beschreiben Sie, warum die Projektleitung dem kritischen Weg in der Planung besondere Aufmerksamkeit widmen sollte. Klären Sie in diesem Zusammenhang die Bedeutung der Meilensteine.
7. Die Kosten eines Projektes sind oftmals sein limitierender Faktor. Daher sind viele kritische Augen, gerade die der Geschäftsführung, auf diesen Projektteil gerichtet.
   - Trennen Sie die möglichen Kostenarten, die in einem Projekt auftauchen, inhaltlich (Verursacher).
   - Führen Sie Gründe an, warum es sinnvoll ist, zuerst mit dem Top-down-Verfahren die Kosten zu verteilen und im Umkehrschluss mit der Bottom-up-Analyse die Kosten je Arbeitspaket zu ermitteln.

Projektplanung

Weiterführende Fragestellungen und Probleme

1. Situation:

Die IT-Klasse der Gewerblichen Schule Offenburg wird von dem Abteilungsleiter der Elektroabteilung beauftragt, die Homepage der Schule neu zu konzipieren, zu programmieren und anschließend ins Netz zu stellen. Beim ersten Treffen wurden bereits die Arbeitspakete definiert und die Vorgangsliste wurde aufgestellt.

- Ordnen Sie die 18 Arbeitspakete auf Seite 78 den übergeordneten Begriffen im Projektstrukturplan unten zu.

- Erstellen Sie einen Netzplan. Die Knoten sollen den FAZ, den FEZ, den SAZ, den SEZ, die Vorgangsnummer, die Bezeichnung, die Dauer sowie den Gesamtpuffer enthalten. Skizzieren Sie den kritischen Weg.

Schul-Homepage-Projektstrukturplan				
Entwurf	Text	Bild & Button	Programmierung und Schulung	Provider und Browser

Vorgangs-nummer	Vorgangsbezeichnung	Dauer in Tagen	Vorgänger
1	Struktur der Homepage	3	---
2	Festlegung Design der Homepage	3	1
3	Infos einholen	3	2
4	Schulung HTML	4	2
5	Schulung Grafiksoftware	5	2
6	Zugang zum Provider sicherstellen	4	2
7	Fotografieren	2	2
8	Texte schreiben	3	2,3
9	Buttons erstellen	6	5,7
10	Scannen von analogen Bildern, Dokumenten, Logos etc.	2	2,5
11	Frames Erstellung	3	2,4
12	Gestaltung von Bildern und Hintergründen	6	5,7
13	Einfügen Text in HTML-Seiten	4	4,8
14	Einfügen Bilder (Bilder / Buttons / Hintergründe)	1	8,9,10
15	Links erstellen	1	11,13
16	Design Kontrolle (einheitliche Gestaltung)	2	11,12,13,14
17	Testlauf über Browser (offline)	2	16
18	Publikation und Testlauf (online)	2	16,17

Projektplanung

2. Situation:

Die Firma „Hagnau Maschinenbau" plant die Herstellung einer Spezialmaschine zur Fertigung von Pipeline-Rohren. Beim ersten Treffen wurden bereits die Arbeitspakete definiert und die Vorgangsliste wurde aufgestellt.

- Erstellen Sie einen Netzplan. Die Knoten sollen den FAZ, den FEZ, den SAZ, den SEZ, die Vorgangsnummer, die Bezeichnung, die Dauer sowie den Gesamtpuffer enthalten.
- Skizzieren Sie den kritischen Weg.
- Beurteilen Sie die Auswirkungen folgender zeitlicher Änderungen auf den Projektverlauf:
  - Vorgang 4 dauert zwei Zeiteinheiten länger
  - Vorgang 4 dauert drei Zeiteinheiten länger
  - Vorgang 5 dauert eine Zeiteinheit länger
  - Vorgang 3 verkürzt sich um eine Zeiteinheit

Nr.	Tätigkeit	Dauer in Wochen	Vorgänger
1	Planung	3	---
2	Materialbeschaffung	2	1
3	Fertigung Teil A	3	2
4	Fertigung Teil B	1	2
5	Funktionsprüfung	1	3,4
6	Transport	1	5
7	Montage	2	6
8	Probelauf	1	7
9	Abnahme	1	8

Vorgangsliste zur Herstellung der Spezialmaschine.

3. Situation:

Die Klasse 12 TGTM der Gewerblichen Schule Singen plant die Organisation eines Skitages über die Fastnachtstage.

Im Vorfeld fanden bereits Treffen zur Organisation der Fahrt statt. In einem ersten Schritt wurden alle notwendigen Aktivitäten gesammelt (Aktivitätenliste) und daraus die Arbeitspakete definiert.

Im folgenden Arbeitsgang hat die Klasse bereits einige Abhängigkeiten herausgearbeitet, die Dauer für jedes Arbeitspaket berechnet und einen ersten Entwurf für die Vorgangsliste aufgestellt, der allerdings noch unvollständig ist.

- Übertragen Sie die Vorgangsliste unten in Ihr Heft und vervollständigen Sie diese. Achten Sie dabei besonders auf die logischen Abhängigkeiten die sich aus der Planung zwangsläufig ergeben.

- Erstellen Sie einen aus der vollständigen Vorgangsliste einen Netzplan. Die Knoten sollen den FAZ / FEZ / SAZ / SEZ, die Vorgangsnummer, die Bezeichnung, die Dauer sowie den Gesamtpuffer enthalten.

- Skizzieren Sie den kritischen Weg.

Vorgangs-nummer	Vorgangsbezeichnung	Dauer in Tagen	Vorgänger
1	Angebote für Bus einholen	6	
2	Reiseziel festlegen	4	8
3	Geld einsammeln	2	5
4	Kosten pro Person berechnen	1	
5	Informationsblatt für Mitschüler erstellen	1	
6	Begleitpersonen auswählen	4	2
7	Preise für Skipass ermitteln	1	2
8	Erlaubnis der Schulleitung einholen	3	---
9	Busunternehmen auswählen	1	
10	Getränke für die Busfahrt organisieren	1	3
11	Teilnehmerzahl bestimmen	3	2
12	Abfahrt	---	

Projektplanung

4. Situation:

Die Firma „Reflux GmbH" ist auf die Fertigung elektrischer Rasenmäher für den privaten Endkunden spezialisiert.

Für den kommenden Arbeitstag liegen drei unterschiedliche Aufträge vor (A, B und C), die auf den Maschinen M1 bis M3 gefertigt werden müssen.

Während ein Auftrag auf einer Maschine gefertigt wird, darf es keine Unterbrechung geben. Die Reihenfolge der Fertigungsstufen (siehe Tabelle) muss eingehalten werden. So kann beispielsweise der Auftrag B nur gefertigt werden wenn er zuerst die Maschine 1 für zwei Stunden belegt, dann auf der Maschine 3 für drei Stunden bearbeitet wird, bevor im letzten Arbeitsgang die Maschine 2 (zwei Stunden) folgt. Mit den Aufträgen A und C ist analog zu verfahren.

Der Reflux GmbH stehen für diesen Arbeitstag zwei Schichten mit jeweils acht Stunden zur Verfügung.

- Organisieren Sie die Zuordnung der Aufträge mithilfe eines Balkendiagramms (Gantt-Diagramm). Dabei sollen die Leerlaufzeiten der Maschinen minimal und die Aufträge innerhalb eines Arbeitstages abgearbeitet sein.

- Vergleichen Sie im Anschluss die erzielten Ergebnisse, da es mehrere mögliche Lösungen gibt und entscheiden Sie sich für die optimale Konstellation.

Auftrag	Arbeitsgang		
	Stufe 1	Stufe 2	Stufe 3
A	M2 = 3 Std.	M3 = 2 Std.	M1 = 1 Std.
B	M1 = 2 Std.	M3 = 3 Std.	M2 = 2 Std.
C	M3 = 2 Std.	M2 = 2 Std.	M1 = 3 Std.

2.4 Projektdurchführung

▶ **Um welche Probleme geht es in diesem Kapitel?**

In dieser Phase sind die Definition und die Planung bereits abgeschlossen, die Grundlagen für eine erfolgreiche Durchführung des Projektes sind jetzt gelegt. Trotzdem ist der Erfolg des Projektes nicht garantiert. Die wesentlichen Tätigkeiten neben der Herstellung des Produktes („Bilderkalender") sind nun die Kerntätigkeiten der Projektsteuerung:

– Teamorganisation
– Projekt-Controlling
– Dokumentation des Projektfortschrittes im Ordner

Das Hauptaugenmerk in diesem Kapitel liegt auf dem Projekt-Controlling und seinen Maßnahmen, wie beispielsweise dem Regelkreis und der Soll-Ist-Analyse. Sollten Abweichungen vom geplanten Projektablauf festgestellt werden, sind geeignete Korrekturmaßnahmen einzuleiten und zu dokumentieren.

Murphys Gesetz

Die Geschäftsführung des Autohauses Schmalck plant seit nunmehr einem halben Jahr das Einweihungsfest zur Eröffnung der neu errichteten Filiale im Gewerbegebiet.

Das Projektteam hat die bisher erforderlichen Phasen der Projektdefinition und der Projektplanung erfolgreich durchlaufen und übergibt der Geschäftsführung und den Mitarbeitern die vorliegenden Planungsunterlagen zur Eröffnungsfeier.
Der Start verläuft vielversprechend, alle gehen mit Enthusiasmus an die Vorbereitungen.
Kurz vor der großen Eröffnungsfeier erfährt der Projektleiter, dass nicht genügend Vorführwagen für Probefahrten zur Verfügung stehen. Der verantwortliche Mitarbeiter hat es versäumt, dem Team Rückmeldung über die Lieferverzögerung zu geben.
Dafür sind aber zwei Hüpfburgen und zwei Clowns für den Kinderspielpark unter Vertrag genommen worden. Mangelnde Kommunikation war dafür verantwortlich, dass zwei Mitarbeiter an ein und derselben Sache gearbeitet haben, ohne voneinander zu wissen.
Des Weiteren sind die Lose für die Tombola noch nicht angekommen, da versäumt wurde, die schriftliche Bestellung abzuschicken, die Musiker haben alte Schlager statt fetziger Popmusik im Programm usw.
Der Projektleiter ist aufgrund der plötzlich auftauchenden Probleme sehr verärgert. Auf Rückfragen hört er von den Mitarbeitern, dass er oft gar nicht erreichbar gewesen sei und es an regelmäßigen Treffen der Arbeitsgruppe gemangelt hätte. So sei die Motivation für die Vorbereitung des Events stetig gesunken und es hätte sich Frust breitgemacht.
Entnervt gibt der Projektleiter seinen Job ab und die Geschäftsführung versucht zu retten, was zu retten ist.

Projektdurchführung

So wie dem Autohaus Schmalck ergeht es sicherlich nicht wenigen Unternehmen, die ein Projekt zwar exakt vorbereiten, aber in der Durchführungsphase weitgehend auf Kontrollmechanismen verzichten.

Die Überschrift bezieht sich auf ein vielfach zitiertes „Gesetz", Murphys Law, das Edward A. Murphy, einem ehemaligen Ingenieur der US Air Force, zugeordnet wird.

In ihrer bekanntesten Formulierung lautet die nicht gerade optimistisch stimmende Regel:

„Alles, was schiefgehen kann, wird auch schiefgehen." („Anything that can go wrong, will go wrong.")

Auf die Originalfassung des Satzes kam Murphy, als bei einem von ihm geleiteten Beschleunigungstest sämtliche Messsonden um 90° verdreht an den Testpersonen befestigt wurden und der gesamte Versuch damit unbrauchbar wurde. Daraufhin formulierte er den etwas umfangreicheren Satz, der in seiner Kurzfassung später um die ganze Welt ging:

„Wenn es mehrere Möglichkeiten gibt, eine Aufgabe zu erledigen, und eine davon in einer Katastrophe endet oder sonstwie unerwünschte Konsequenzen nach sich zieht, dann wird es jemand genau so machen." („If there is more than one possible outcome of a job or task, and one of those outcomes will result in disaster or an undesirable consequence, then somebody will do it that way.")

Einige bekannte Beispiele aus dem Alltag, um das „Gesetz" zu verdeutlichen:
- Beim Fußball fällt immer dann ein Tor, wenn man sich gerade ein Bier holt.
- Ein Toast fällt immer mit der Marmeladenseite auf den Boden.
- Die Ausfallwahrscheinlichkeit eines Bauteils ist umgekehrt proportional zu dessen Erreichbarkeit im Gerät, dessen Kosten und dessen Verfügbarkeit.

Im Bewusstsein dieser Möglichkeit erklärt sich die Notwendigkeit einer steten Kontrolle des Projektablaufes von allein. Nur durch das Projekt-Controlling lassen sich frühzeitig Verzögerungen oder Kostenabweichungen feststellen und entsprechende Gegenmaßnahmen einleiten.

2.4.1 Teamaufgaben während der Durchführungsphase

Dem Projektleiter kommt in dieser Projektphase eine besondere Rolle zu. Er hat den Kontakt zu den einzelnen Teammitgliedern zu halten, sich in angemessenen Abständen Informationen über Fortgang und Probleme jedes Einzelnen zu beschaffen und so den Überblick über den Projektfortschritt zu behalten.

> „Keiner darf sich alleingelassen fühlen, jeder hat die Wertschätzung seiner Arbeit zu erfahren."
>
> So lautet die einfache Grundregel, um die Motivation der Mitarbeiter während der arbeitsreichen Projektdurchführung am Leben zu erhalten.

Ohne ausreichende Motivation des gesamten Teams bleibt dem Projektleiter eine weitgehend erfolglose Position, denn Projektziele können nur gemeinsam erreicht werden.

Die Ergebnisse einer gelungenen Mitarbeitermotivation lassen sich in aller Kürze aufzählen:

1. Es herrscht ein Klima gegenseitiger Wertschätzung und Akzeptanz, die Projektziele werden als gemeinsame Ziele erfahren, denen die persönlichen Belange weitgehend untergeordnet werden. Die Stimmung wäre der einer funktionierenden Mannschaft im Sport ähnlich.
2. Bedingt durch das positive Umfeld und Klima überwiegt der Spaß an der Arbeit, die Tätigkeiten für das Projekt werden nicht als belastend wahrgenommen.
3. In gleichem Maße wie die Mitarbeiter akzeptiert werden, wird auch der Projektleiter vom gesamten Team in seiner Funktion anerkannt und geschätzt, gerade aufgrund seiner fachlichen und sozialen Kompetenzen.

Die folgende Tabelle zeigt, durch welche Maßnahmen und Verhaltensweisen der Projektleiter die Motivation des Teams positiv beeinflussen kann:

Motivationsförderung durch die Projektleitung	
Maßnahme/Verhalten	**Folge**
Kooperativer Führungsstil: Jedes Teammitglied wird ernst genommen, es gibt kein autoritäres Auftreten. Auch wenn verbindliche Entscheidungen getroffen werden, sind diese freundlich und transparent zu vermitteln.	Jeder fühlt sich angenommen und verspürt keine Angst im Umgang mit der Projektleitung. Nur so können auch Fehler offen angesprochen werden.
Kommunikatives Verhalten: Entscheidungen und Veränderungen werden möglichst umfassend und früh kommuniziert, Mitarbeiter werden in Planungsprozesse eingebunden.	Jeder fühlt sich ausreichend informiert, es tritt kein Frust ein, wenn man z. B. eine Entwicklung erst viel später erfährt. Eigene Ideen und Vorstellungen werden gehört und finden eventuell Eingang in den Prozess.
Soziale Kompetenz: Konflikte und Missstimmungen unter den Mitarbeitern werden wahrgenommen und es wird sofort gehandelt. Klärung mit den Betroffenen selbst, Sach- und Beziehungskonflikte werden getrennt.	Es finden keine „Kleinkriege" innerhalb des Teams statt. Streit auf der Sach- und der Beziehungsebene wird angesprochen und verdeutlicht. Absprachen helfen, die Funktionsfähigkeit des Teams zu erhalten.

Der Projektleiter kann Einzelgespräche führen, Gruppengespräche mit den Verantwortlichen für ein Arbeitspaket durchführen oder aber das gesamte Projektteam zu einer Besprechung einladen.

Oftmals werden Besprechungen von den Teilnehmern als lästige Pflicht oder gar Zeitverschwendung empfunden. Dies ist vor allem dann der Fall, wenn die Sitzungen zu häufig stattfinden und zudem schlecht vorbereitet sind.

Daher sollte sich jeder Projektleiter der Ziele einer Teamsitzung bewusst sein.

> **Mögliche Ziele einer Teamsitzung**
>
> - Stand der Entwicklung aufnehmen. Alle Teammitglieder erhalten einen generellen Überblick über die Projektentwicklung der einzelnen Bereiche. Probleme sollten dabei offen angesprochen werden dürfen. Schuldzuweisungen sollten möglichst unterbleiben.
> - Für auftauchende Probleme sollten noch in dieser Sitzung Lösungen oder zumindest Lösungsansätze mit verbindlicher Wiedervorlage entwickelt werden.
> - Nach der Sitzung sollte die Motivation für die Arbeit und die Identifikation mit den Projektzielen größer sein als zu Beginn.

Projektdurchführung

Um diese Ziele zu erreichen, gehört es zu den wichtigsten Aufgaben des Projektleiters, sich gut auf die Sitzung vorzubereiten und die gängigen Moderationsregeln zu beherrschen.

In der folgenden Tabelle ist ein möglicher Moderationszyklus mit Zweck, Methoden und Aktivitäten dargestellt:

Phase	Zweck	Methodenvorschlag	Aktivitäten
Beginn	Schaffung einer angenehmen Atmosphäre. Inhalt und Ablauf ankündigen.	Einführungsrunde, Flipchart, Mindmap	Begrüßung und Dank für die geleistete Arbeit. Tagesordnung und Pausen bekannt geben. Stimmungsbild abfragen. Erledigte Arbeiten aus der letzten Sitzung abfragen. Protokollant benennen.
Orientierung	Herausarbeiten, welche Themen bearbeitet werden sollen (Sammlung).	Kartenabfrage, freie Themensammlung	Zielsetzung der Sitzung und feste Themen angeben (Projektleiter). Weitere Themen sammeln.
Themenauswahl	Rangfolge der Themen nach ihrer Bedeutung bestimmen.	Konsensprinzip, Abstimmung, Punkteabfrage	Themenkatalog aufstellen und Prioritäten festlegen. Problembearbeitungsstrategien gemeinsam abstimmen.
Problembearbeitung	Festgelegte Probleme bearbeiten und Lösungen entwickeln	Brainstorming Ursache-Wirkungs-Analyse, Fishbone	In Arbeitsphasen Problemlösungen entwickeln und dabei Zielsetzung, Arbeitsform, Dokumentation und Zeitrahmen angeben.
Problemlösung	Verbindliche Verabredung, wer welche Aufgabe bis wann erledigt.	Maßnahmenplan	Lösungsansätze dokumentieren. Zukünftige Aufgaben festhalten (Wer macht was bis wann?).
Abschluss	Reflexion der Arbeit. Ausblick auf kommende Aufgaben. Abschluss positiv gestalten.	Stimmungsbild, Blitzlicht (Rück- und Vorschau).	Termin für das Protokoll angeben. Themen und Termin für die nächste Sitzung abstimmen. Feedback.

Hinweise zu den Phasen im Moderationszyklus

1. Zu **Beginn** der Sitzung geht es hauptsächlich um die Einstimmung der Gruppe auf die kommende Sitzung und einen gelungenen Einstieg. Eine angemessene Begrüßung mündet in die Standortbestimmung der Projektarbeit. Hierbei kann mithilfe eines Plakates oder Flipcharts die Visualisierung stattfinden. Mit einer Punkteabfrage können Schwerpunkte vonseiten der Teilnehmer gesetzt werden.

2. In der **Orientierungsphase** werden die später zu bearbeitenden Themen definiert. Der Projektleiter hat in der Tagesordnung sicherlich Themenbereiche vorgegeben. Weitere Themen aus dem Teilnehmerkreis ergänzen die Aufstellung. Wird die Themenfindung anhand einer Kartenabfrage organisiert, sollte ein Moderator die Karten inhaltlich sor-

tieren und thematischen Überbegriffen zuordnen (sog. „Clustern" aus der Moderationstechnik). Die so gefundenen Themenschwerpunkte mit den zugeordneten Stichworten sind nun die Grundlage für die nächste Phase der Sitzung.

3. Das wichtigste Ziel der **Themenauswahl** ist die Einigung der gesamten Gruppe auf eine Rangfolge der Wichtigkeit der zu bearbeitenden Themen (Prioritätenliste). Sollte die Zeit der Sitzung nicht für sämtliche Themen ausreichen, sind die weniger dringlichen Punkte auf die nächste Sitzung zu vertagen. Es ist besser, einen Teil der Probleme vollständig gelöst, als alle Probleme lediglich angerissen zu haben. Die Auswahl kann sowohl in einer offenen Diskussion, per Abstimmung (Mehrheitsprinzip), als auch mit Punktevergabe getroffen werden.

4. Die eigentliche Arbeit geschieht während der **Problembearbeitung**. Je nach Situation kann die ganze Gruppe gemeinsam arbeiten oder auch in Teilgruppen zu Lösungen kommen. In jedem Fall muss vor Arbeitsbeginn Klarheit über die Zeit, die Ergebnissicherung und die Arbeitsform herrschen. So kann beispielsweise am Beginn der Arbeitsphase eine Ursachenanalyse für die aufgetretenen Probleme mithilfe der Fishbone-Analyse stehen (weitere Informationen unter: www.qm-infocenter.de). Hier sind die Vorbereitung und das Timing des Projektleiters gefordert.

5. Konkrete und direkt umsetzbare Ergebnisse stehen während der **Problemlösung** im Vordergrund. Können Lösungen nicht gleich vor Ort befriedigend gelöst werden, ist ein verbindlicher Maßnahmenkatalog zu erstellen. Persönliche Verantwortlichkeiten und ein zeitlicher Rahmen müssen dabei festgehalten werden und dienen als Aufgabenkatalog für das nächste Treffen.

6. Zum **Abschluss** sind noch die letzten organisatorischen Fragen zu klären, beispielsweise Termine für die nächste Sitzung oder die Abgabe des Protokolls. Als Feedbackmethode eignet sich ein Stimmungsbild oder ein kurzes Blitzlicht, bei dem jeder Teilnehmer in einem Satz seine Stellungnahme zu den erreichten Ergebnissen dieser Sitzung abgibt. Eine Kommentierung dieser Stellungnahmen unterbleibt möglichst. Das letzte Wort sollte dann der Projektleiter haben, der die Ergebnisse zusammenfasst und einen Ausblick auf kommende Aufgaben gibt. Ein abschließender Dank für die geleistete Arbeit sollte nicht fehlen.

Projektdurchführung

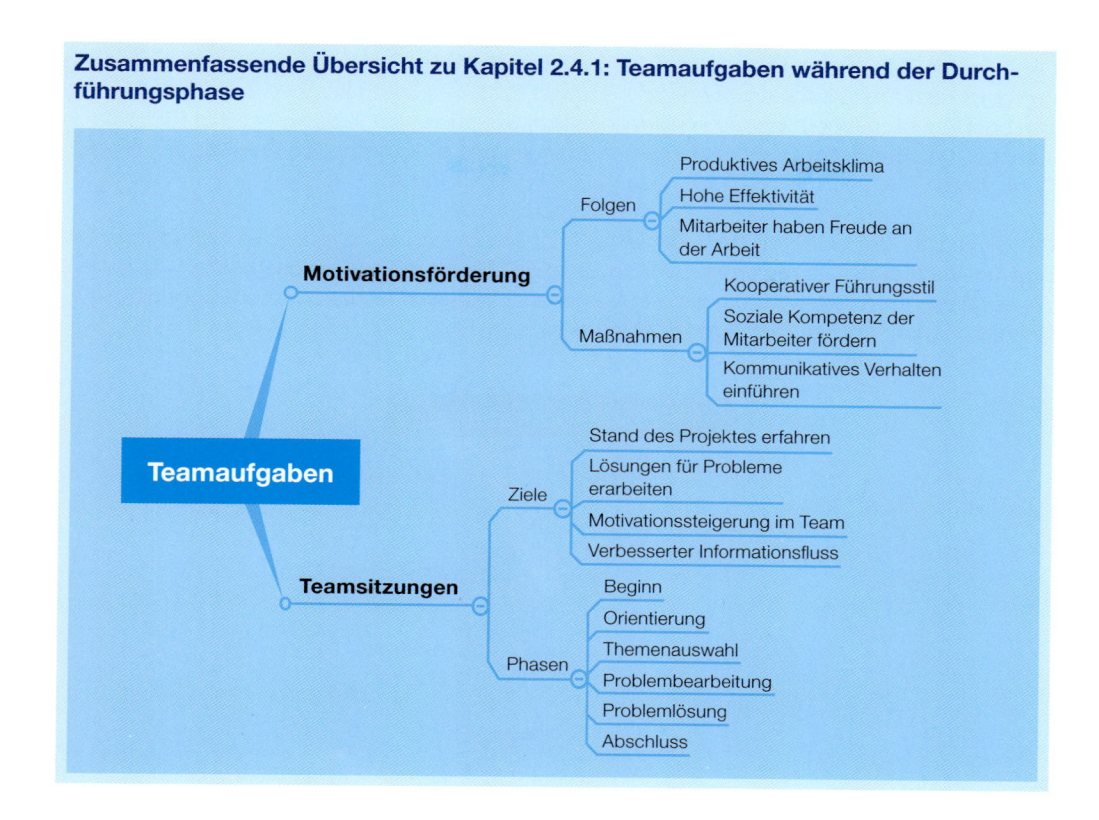

Zusammenfassende Übersicht zu Kapitel 2.4.1: Teamaufgaben während der Durchführungsphase

Teamaufgaben
- **Motivationsförderung**
  - Folgen
    - Produktives Arbeitsklima
    - Hohe Effektivität
    - Mitarbeiter haben Freude an der Arbeit
  - Maßnahmen
    - Kooperativer Führungsstil
    - Soziale Kompetenz der Mitarbeiter fördern
    - Kommunikatives Verhalten einführen
- **Teamsitzungen**
  - Ziele
    - Stand des Projektes erfahren
    - Lösungen für Probleme erarbeiten
    - Motivationssteigerung im Team
    - Verbesserter Informationsfluss
  - Phasen
    - Beginn
    - Orientierung
    - Themenauswahl
    - Problembearbeitung
    - Problemlösung
    - Abschluss

2.4.2 Projekt-Controlling

Controlling wird im Allgemeinen mit „Kontrolle" gleichgesetzt und ist daher bei Mitarbeitern im Unternehmen häufig mit negativen Empfindungen gekoppelt.

Neben der Kontroll- oder Überwachungsfunktion besitzt das Controlling jedoch eine wichtige Steuerungsfunktion für Abläufe.

Vielleicht lässt sich das Controlling am besten mit Fahrradfahren vergleichen. Der Fahrradfahrer muss ständig seine Lage im Raum und seine Fahrtrichtung kontrollieren, will er nicht stürzen, sondern wohlbehalten an seinem Ziel ankommen. Stellt er Abweichungen vom Sollwert fest, muss er umgehend lenkend eingreifen (steuern). Nur so kann er das Gleichgewicht halten.

Mit dieser Beschreibung wird deutlich, dass die Kontrolle kein Selbstzweck ist, sondern vielmehr dazu dient, ständig Daten (Istwerte) zu sammeln, sie mit der Planung (Sollwerte) zu vergleichen und bei Abweichungen steuernd einzugreifen.

Das Bild des Fahrradfahrens in eine wirtschaftliche Definition übersetzt, liest sich wie folgt:

> **Controlling ist eine Teilfunktion der Unternehmensführung. Mit den Controlling-Methoden werden die Planungs-, Kontroll- und Steuerungsaufgaben wahrgenommen, um die Entscheidungsträger mit den notwendigen Informationen zur Steuerung des Unternehmens zu versorgen.**

Ohne ein funktionierendes Controlling sind die termingerechte Fertigstellung und die Einhaltung des geplanten Kostenrahmens mehr oder weniger Zufall. Es treten immer wieder Verschiebungen oder Abweichungen von der vorliegenden Projektplanung auf. Diese möglichst frühzeitig zu erkennen und geeignete Gegenmaßnahmen zu ergreifen, ist die wichtigste Aufgabe des Projekt-Controllings.

Die wichtigste Methode, um der Controlling-Funktion gerecht zu werden, ist der sogenannte **Soll-Ist-Vergleich**. Dabei werden die Planvorgaben ständig mit den realen Abläufen verglichen. Wegen dieser sich stets wiederholenden Vorgehensweise wird auch von einem Controlling-Regelkreis gesprochen (vgl. die folgende Abbildung).

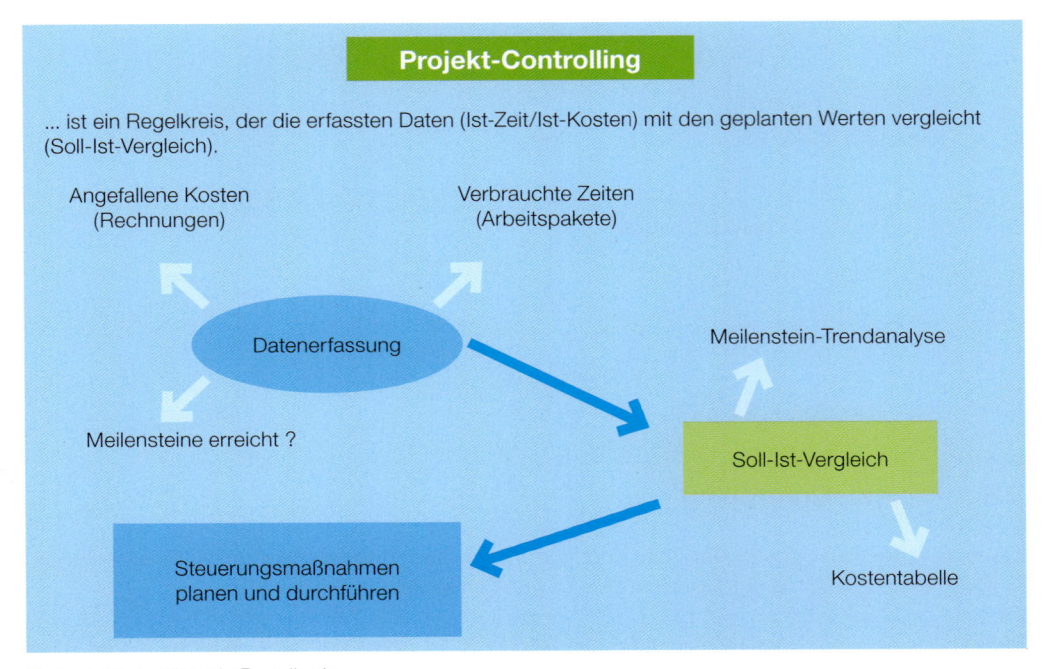

Projekt-Controlling

... ist ein Regelkreis, der die erfassten Daten (Ist-Zeit/Ist-Kosten) mit den geplanten Werten vergleicht (Soll-Ist-Vergleich).

- Angefallene Kosten (Rechnungen)
- Verbrauchte Zeiten (Arbeitspakete)
- Datenerfassung
- Meilensteine erreicht ?
- Meilenstein-Trendanalyse
- Soll-Ist-Vergleich
- Steuerungsmaßnahmen planen und durchführen
- Kostentabelle

Projekt-Controlling als Regelkreis

Die Datenaufnahme erfordert eine entsprechende Organisation. So müssen beispielsweise Rechnungen nach den verursachenden Arbeitspaketen sortiert werden, um deren exakte Kosten zu erfassen.
Grundlage für die Zeiterfassung sind ebenfalls die Verantwortlichen der jeweiligen Arbeitspakete, die eine genaue Vorgabe entsprechend der Terminplanung (vgl. Kapitel 2.3, Seite 57, „Terminplanung") besitzen.

Eine genauere Darstellung bezüglich der Lage des Projekt-Controllings im Ablauf des Projektes gibt das folgende Schema:

Projektdurchführung

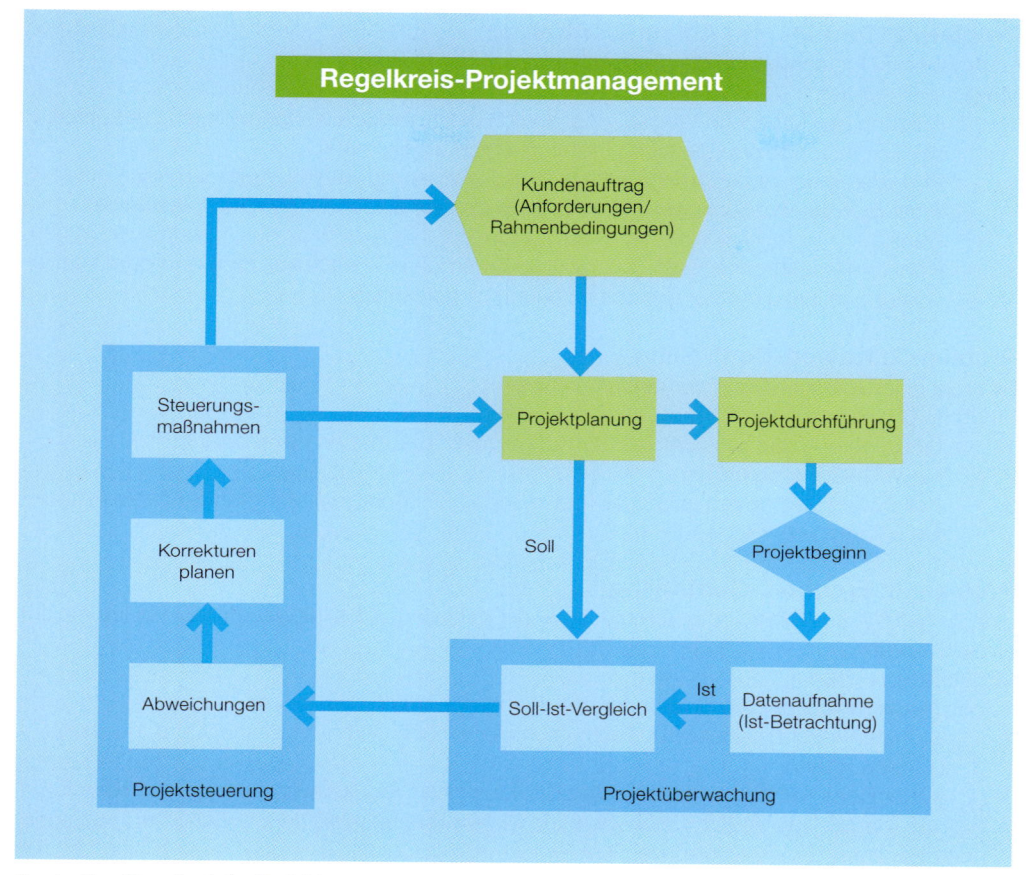

Regelkreis-Projektmanagement

- Kundenauftrag (Anforderungen/Rahmenbedingungen)
- Projektplanung → Projektdurchführung
- Projektbeginn
- Datenaufnahme (Ist-Betrachtung)
- Soll-Ist-Vergleich
- Abweichungen
- Korrekturen planen
- Steuerungsmaßnahmen

Projektsteuerung | Projektüberwachung

Controlling-Regelkreis im Projektmanagement

Es zeigt sich, dass die Sollwerte ausschließlich aus der Projektplanung stammen. In dieser Phase wurden die rechtlich verbindlichen Zusagen gegenüber dem Auftraggeber abgegeben, beispielsweise bezüglich der Termineinhaltung und eventuell fälligen Konventionalstrafen. In der Planungsphase wurden aber auch die Kostenziele definiert, deren Nichteinhaltung den wirtschaftlichen Erfolg des gesamten Projektes gefährden würde.

Sobald das Projekt nun beginnt, sind Daten als Istwerte (Zeiten und Kosten) vorhanden, die in regelmäßigen Abständen mit den Sollwerten abgeglichen werden müssen.

Werden Abweichungen festgestellt, müssen umgehend Korrekturen geplant und Steuerungsmaßnahmen eingeleitet werden.

Für unser Projekt „Bilderkalender" bedeutet das Prinzip der steten Kontrolle einen kurzen Soll-Ist-Vergleich nach jeder Unterrichtseinheit gemeinsam im Team („Controlling-Periode").

In der folgenden Aufstellung sind die möglichen Fehler inhaltlich aufgelistet, und es werden Vorschläge unterbreitet, wie Defizite im Projektablauf mit Steuerungsmaßnahmen korrigiert werden können:

Problem 1: Termin- und Ablauf-Controlling

Es droht eine Überschreitung der Termine und/oder der Meilensteine.
Mögliche Lösungen
1. Kürzung des kritischen Weges, z. B. durch Eliminieren von Abhängigkeiten, Verkürzen der Zeitabstände oder Nutzung leistungsfähigerer Hilfsmittel.
2. Reduzieren der Anforderungen. Einfachste Realisierung wählen, Anforderungen möglichst reduzieren oder komplexe Anforderungen vereinfachen (geht oft zulasten der Qualität).
3. Höherer Ressourceneinsatz. Teammitglieder erhöhen ihren Arbeitsaufwand oder kaufen Leistungen hinzu (Achtung: Kostenplanung ist gefährdet).

Problem 2: Kosten-Controlling

Es droht eine Überschreitung der geplanten Kosten.
Mögliche Lösungen
1. Günstigere Ausführung wählen (Achtung: Qualitätseinbußen wahrscheinlich).
2. Neue Geldquellen prüfen.
3. Kalkulation überprüfen, eventuell Preise anpassen (Achtung: Marktfähigkeit des Produktes könnte gefährdet sein).

Problem 3: Ergebnis-Controlling

Eine zu geringe Leistung wird befürchtet bzw. die geforderte Qualität des Produktes kann nicht erreicht werden.
Mögliche Lösungen
1. Neuorganisation/Umverteilung der Aufgaben innerhalb des Teams.
2. Höherer Ressourceneinsatz. Teammitglieder erhöhen ihren Arbeitsaufwand, machen „Überstunden".
3. Unter Berücksichtigung des Kostenaspektes sind Produktverbesserungen durchzuführen, beispielsweise durch höherwertige Materialien, bessere Verarbeitung bei Produkten oder zusätzliche Features bei EDV-Projekten.

Je nachdem, welcher der oben dargestellten Problembereiche auftritt, existieren unterschiedliche **Arten des Projekt-Controllings**, um die Abweichungen und Steuerungselemente darzustellen.

Beim **Termin- und Ablauf-Controlling** wird im Projektfortschritt überprüft, inwieweit die Zeiten des Projektablaufplanes eingehalten werden. Es werden sowohl die einzelnen Arbeitspakete betrachtet als auch die zuvor gesetzten Meilensteine kontrolliert.

Eine einfache Form des Termin-Controllings ist die Überwachung mithilfe einer Tabelle, auf der die Arbeitspakete/Meilensteine chronologisch erfasst werden.

Arbeitspaket Meilenstein	Datum	Soll-Ist-Vergleich		Abweichung (Zeiteinheit)	Beurteilung
		Soll	Ist		
Kalenderthema	20. Sep.	09. Sep.	18. Sep.	9 Tage	Thematische Ähnlichkeiten mit anderen Gruppen führten zu Verzögerungen
Layout (Deckblatt)	10. Jan.	15. Dez.	28. Dez.	13 Tage	Schwierigkeiten beim Umgang mit der Software

Projektdurchführung

Arbeitspaket Meilenstein	Datum	Soll-Ist-Vergleich		Abweichung (Zeiteinheit)	Beurteilung
		Soll	Ist		
Layout (Kalenderblatt)	10. Jan.	15. Dez.	09. Jan.	25 Tage	Zu viele Kalenderblätter auf einmal zu bearbeiten
Druckerei	04. Feb.	19. Jan	27. Jan.	8 Tage	Angebote gingen verspätet ein. Nachfassen bei Druckereien war nötig

Da die Abfolge des Termin-Controllings in Tabellenform in zeitlich geordneter Reihenfolge erfolgt, kann es durchaus vorkommen, dass ein Arbeitspaket mehrfach auftaucht. In dem obigen Beispiel „Bilderkalender" macht das Arbeitspaket Layout gleich mehrfach durch Terminverzögerungen auf sich aufmerksam.

Die Ursachen für die Verzögerungen sind allerdings unterschiedlich, sodass die Steuerungsmaßnahmen zur Problembehebung ebenfalls unterschiedlich sein müssen.

Im Fall des Deckblattes könnte auf eine einfachere Software umgestiegen werden oder die Teammitglieder müssten besser geschult werden (Problem 1).

Die Problematik bei den Kalenderblättern liegt vielmehr in der zu geringen Leistung für den vorgesehenen Zeitraum (Problem 3). Hier wäre ein erhöhter zeitlicher Arbeitsaufwand der verantwortlichen Teammitglieder nötig oder aber das ganze Team bewältigt diese Arbeitsspitze in der geplanten Zeit.

Sollen die zeitlichen Abweichungen übersichtlich in grafischer Form dargestellt werden, so bietet sich die Variante der **Meilenstein-Trend-Analyse** an (vgl. die folgende Abbildung).

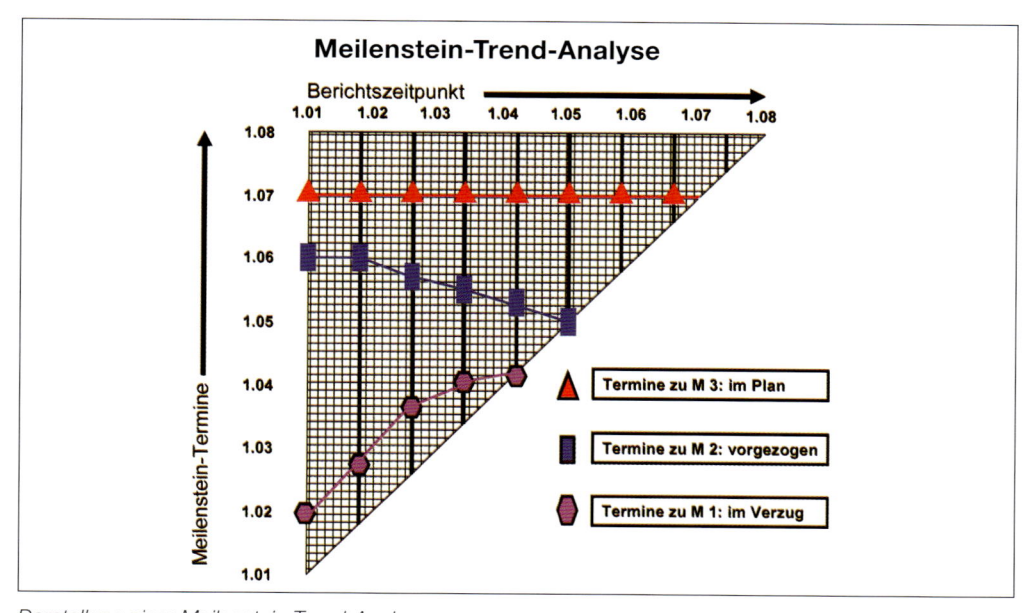

Darstellung einer Meilenstein-Trend-Analyse

Autorenteam: Projektmanagement-Fachmann. RKW-Edition, 9. Auflage 2008 (Link zum Buch: http://www.rkw.de/02_loesung/publikationen/PNB_Produktion_Technik/EDITION_08_Projektmanagement.html)

In der Senkrechten befinden sich die ursprünglich geplanten Termine der Meilensteie, auf der Waagerechten sind die Berichtszeitpunkte eingetragen, in denen der Projektleiter seinen Statusbericht verfasst.

Zu diesen Zeitpunkten laufen die Istdaten ein und sie werden mit den Sollwerten verglichen. Ist dabei eine notwendige Verschiebung abzusehen, trägt der Projektleiter den korrigierten Meilensteintermin in die Grafik ein.

Eine positive Steigung signalisiert nun einen Verzug des entsprechenden Arbeitspaketes. Ist die Steigung gleich null, befindet sich das Arbeitspaket genau im Soll, eine negative Steigung bedeutet, dass der Istwert sogar vor dem Sollwert liegt.

Gerade bei umfangreichen Projekten bietet diese Darstellung den Vorteil der Übersichtlichkeit auf einen Blick. Es lassen sich so beispielsweise Personalressourcen von verfrühten Arbeitspaketen auf verspätete umschichten, um auch dort eine termingerechte Erledigung zu ermöglichen.

Gerade die häufig auftauchenden Schlagzeilen, dass sich die Kosten der vom Steuerzahler zu finanzierenden öffentlichen Bauprojekte gegenüber der Planung vervielfacht haben, zeigen die Bedeutung eines effektiven **Kosten-Controllings**.

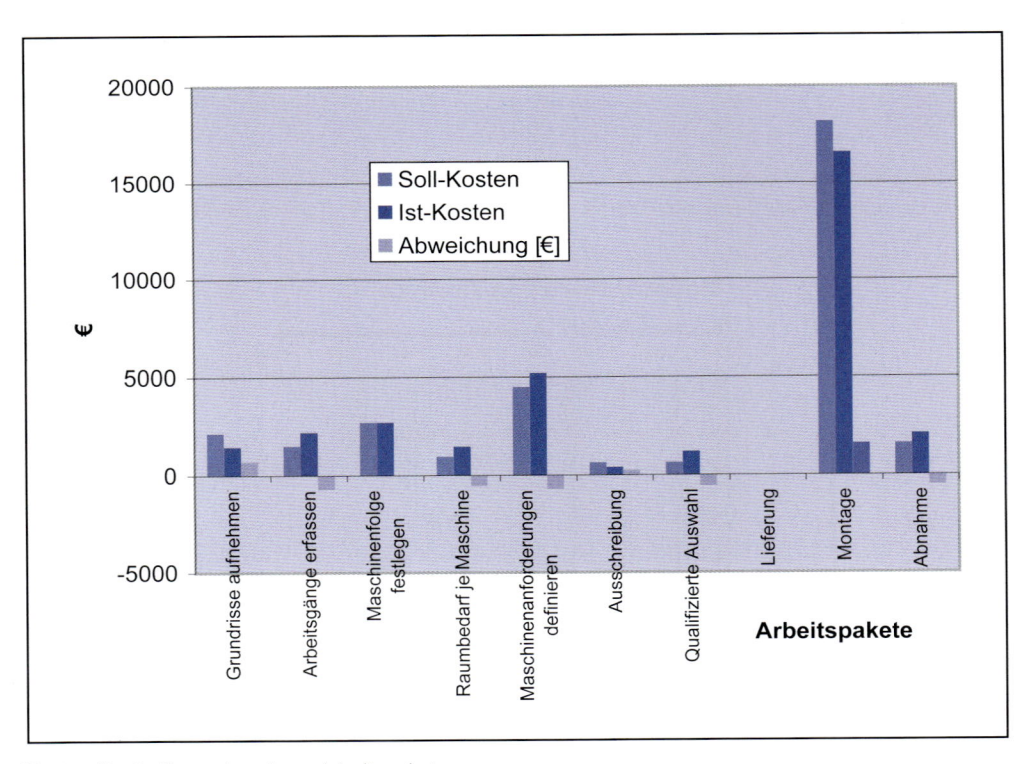

Kosten-Controlling anhand von Arbeitspaketen

Bei der Überwachung der Kosten werden an definierten Zeitpunkten die bislang angefallenen Kosten mit den Plankosten verglichen. Auf diese Weise erhält die Projektleitung frühzeitig Anhaltspunkte, ob eine Kostenüberschreitung droht.

Projektdurchführung

Zum einen können die Kosten der Arbeitspakete als Basis für das Kosten-Controlling dienen. Voraussetzung dafür ist aber die vorangehende Schätzung der Kosten für jedes einzelne Arbeitspaket in seinem Zeitverlauf. Dies wird sicherlich bei umfangreichen und teuren Projekten von den Unternehmen so gehandhabt.

Im Beispiel der oben stehenden Abbildung soll der Maschinenraum eines mittelständischen Fensterbaubetriebes völlig neu geplant werden. Es werden die Arbeitsabläufe analysiert, der entstehende Raumbedarf wird ermittelt und die optimale Maschinenanordnung bestimmt. Auf dieser Datengrundlage können die Anforderungen an die Maschinen formuliert, die Ausschreibung vorgenommen und die letztendliche Maschinenauswahl getroffen werden.

Mit der Lieferung, Montage und Abnahme wäre das Projekt abgeschlossen.

Der Grafik oben liegt eine Tabellenkalkulation zugrunde. Neben den Soll- und Istkosten sind die Abweichungen in EUR zu erkennen. Deren Ursachen müssen einer gesonderten Analyse unterzogen werden.

In der folgenden Abbildung sind die Abweichungen nochmals in Prozent ausgedrückt, um zu erkennen, welche Arbeitspakete erheblich von den Plankosten abweichen. Bei extrem starken Abweichungen (≥ 50 %) bedarf es einer gesonderten Betrachtung, um derartige Fehlplanungen für zukünftige Projekte zu vermeiden.

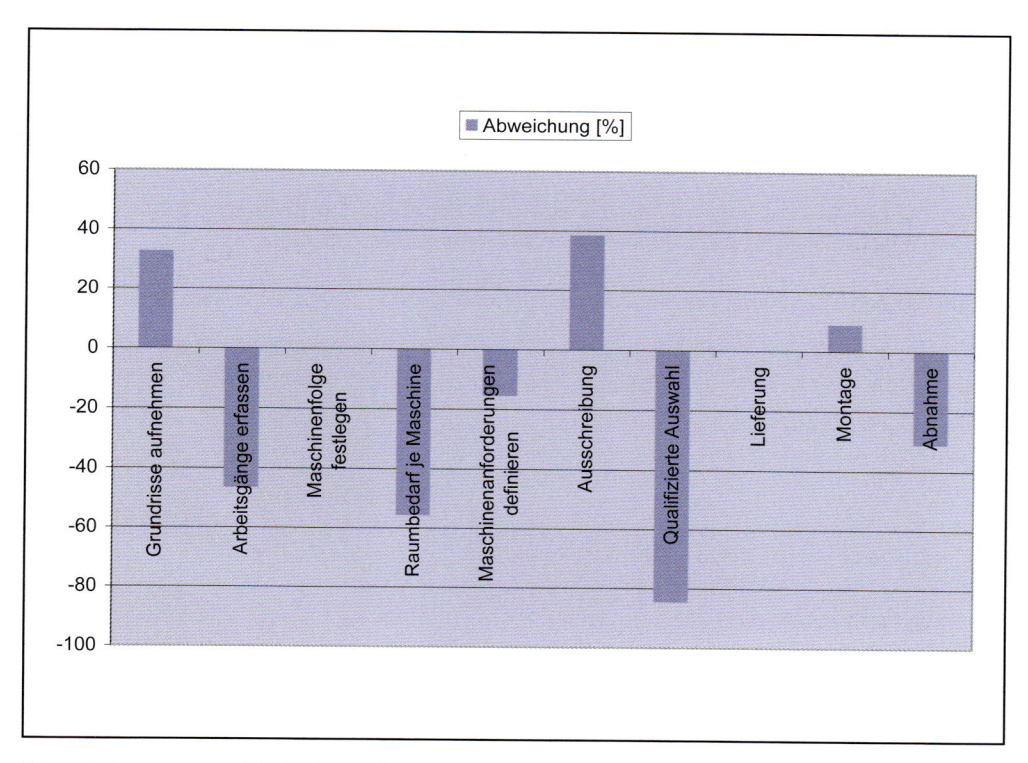

Abweichungen von den Plankosten in Prozent.

Zum anderen lassen sich die Kosten in Kategorien erfassen, beispielsweise nach den bekannten Kostenarten (Material-, Lohn-, Raum-, Gemeinkosten etc.).

Im Fall kleinerer Projekte oder dem Schulprojekt „Bilderkalender" bedarf es einer solchen arbeitsintensiven Gesamtplanung nicht. Für diese Projekte genügt oftmals ein tabellarischer Kostenvergleich. In der Tabelle unten ist die Kostenübersicht eines Projektteams (Bilderkalender) beispielhaft dargestellt.

Kostenart	Prüfdatum	Soll-Ist-Vergleich (EUR)		Abweichung in EUR	Beurteilung
		Soll	Ist		
Büromaterial (Toner, Papier etc.)	12. Jan.	100,-	66,-	+34	Einsparung von ca. 55 %. Toner und Papier vorwiegend in der Schule verbraucht.
Druckkosten (Druckerei)	12. Feb.	1100,-	1450,-	-350	Starke Kostenüberschreitung aufgrund höherwertiger Drucktechnik. Durch Sponsoren abgedeckt.
Porto und Telefon	12. März	60,-	62,-	-2	Kaum Abweichung.
Sonstiges (Benzin, Getränke)	12. April	85,-	145,-	-60	Kosten nahezu verdoppelt. Druckerei musste häufiger aufgesucht werden.

Gerade bei produktorientierten Projekten stellt das **Ergebnis-Controlling (Qualitätssicherung)** ein wesentliches Merkmal für die spätere Kundenzufriedenheit dar.

Welche Folgen mangelndes Qualitätsmanagement haben kann, zeigt das folgende Beispiel:

Am 16. Januar 2003 startete die Raumfähre „Columbia" vom amerikanischen Spacecenter aus zu ihrem 28. Flug.

Bereits beim Start traten erste Probleme auf, nachdem sich Isoliermaterial des großen Außentanks gelöst hatte. Ein Schaumstoffteil von der Größe einer Aktentasche und einem Gewicht von etwa einem Kilogramm traf wie ein Geschoss auf die Vorderkante der linken Tragfläche der Columbia. Dabei wurden wohl eine oder mehrere Kacheln des Hitzeschildes beschädigt und ein Loch in die Tragfläche gerissen.

Der weitere Ablauf der Spacelab-Mission verlief zunächst planmäßig. Bei der Landung muss die Raumfähre innerhalb kurzer Zeit von knapp 29.000 km/h auf unter 1.000 km/h abgebremst werden. Die dabei entstehende große Hitzeentwicklung von etwa 1.650 °C macht dies zum gefährlichsten Teil der Landung. Zum Schutz vor der enormen Hitze besitzt der Shuttle rund 20.000 hitzeresistente Kacheln.

Am 1. Februar 2003, etwa 15 Minuten vor der geplanten Landung in Florida, erreichte die Columbia in etwa 62 km Höhe den Punkt, an dem sie der größten Hitzeentwicklung ausgesetzt war.

Das Columbia-Spaceshuttle in Trümmern

Projektdurchführung

> Plötzlich bemerkten die Ingenieure im Kontrollzentrum in Houston, dass die Temperatur auf der linken Seite des Shuttles anstieg. Kurze Zeit später fielen einige der Sensoren aus. Nachdem die Besatzung informiert wurde, brach die Columbia auseinander. Alle sieben Crewmitglieder starben innerhalb weniger Sekunden.

Natürlich beginnt bei Projekten das Ergebnis-Controlling nicht erst in der Durchführungsphase, sondern die Qualität eines Produktes wird schon in der Planungsphase definiert. Die eigentliche Qualitätssicherung in der Projektdurchführung überprüft laufend, ob die Vorgaben aus der gemeinsamen Planung mit dem Auftraggeber eingehalten werden können.

Je früher im Projektverlauf Probleme bei der Produktqualität festgestellt werden, desto schneller und kostengünstiger lassen sich diese Probleme beheben.

Gerade bei Bauwerken lassen sich so enorm kostspielige Nacharbeiten, die eine Explosion der Gesamtkosten verursachen können, verhindern. Wird beispielsweise die bei öffentlichen Bauten geforderte Barrierefreiheit (behindertengerechtes Bauen) nicht ständig kontrolliert, ist der nachträgliche Einbau von Rampen und elektrischen Türöffnern um ein Vielfaches teurer als während der Bauphase.

Auf diese Weise kann ein stetiges Ergebnis-Controlling die Kostenexplosion von Projekten verhindern.

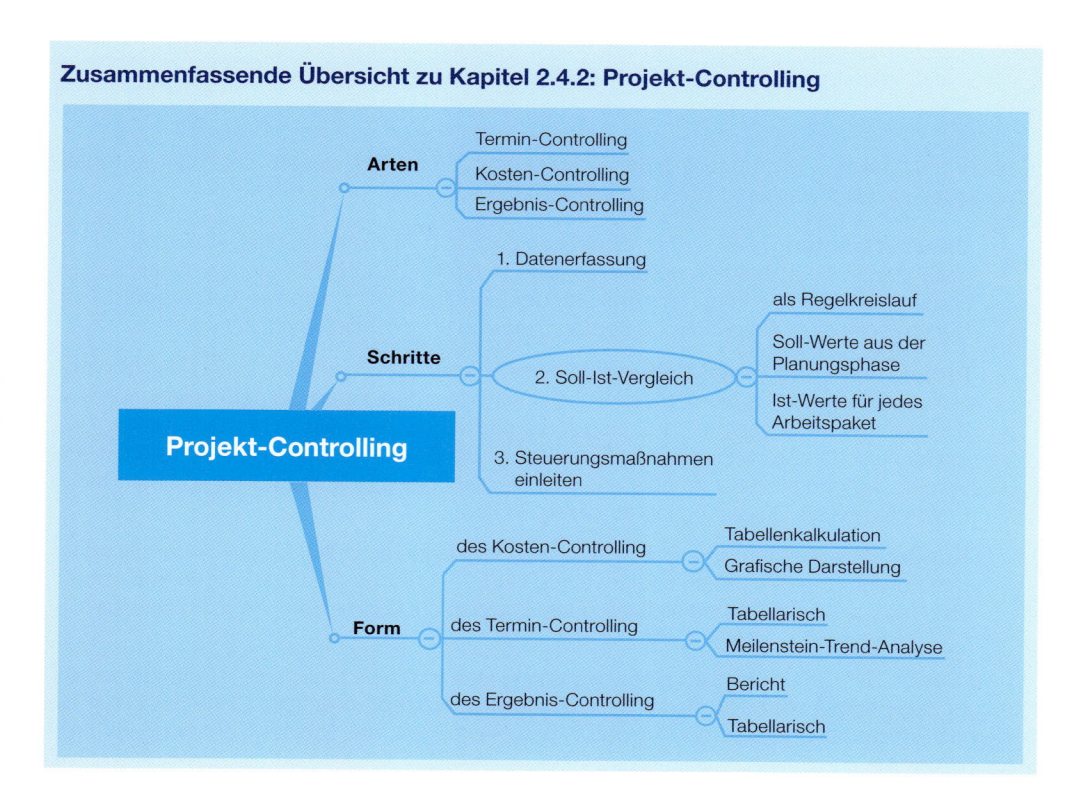

Zusammenfassende Übersicht zu Kapitel 2.4.2: Projekt-Controlling

Projekt-Controlling

- **Arten**
  - Termin-Controlling
  - Kosten-Controlling
  - Ergebnis-Controlling
- **Schritte**
  - 1. Datenerfassung
  - 2. Soll-Ist-Vergleich
    - als Regelkreislauf
    - Soll-Werte aus der Planungsphase
    - Ist-Werte für jedes Arbeitspaket
  - 3. Steuerungsmaßnahmen einleiten
- **Form**
  - des Kosten-Controlling
    - Tabellenkalkulation
    - Grafische Darstellung
  - des Termin-Controlling
    - Tabellarisch
    - Meilenstein-Trend-Analyse
  - des Ergebnis-Controlling
    - Bericht
    - Tabellarisch

2.4.3 Projektdokumentation

Als das Auto zu Beginn der 1960er-Jahre immer mehr begann, das Alltagleben zu bestimmen, hatten sich viele Städte dazu entschlossen, die bis dahin überall vorhandenen Straßenbahnen stillzulegen. Schienen wurden demontiert, Straßen für Pkws wurden verbreitert, Parkplätze und Parkhäuser gebaut. Ab Mitte der 1990er-Jahre standen diese Städte vor dem Verkehrsinfarkt, die Innenstädte quollen über vor Autos, es war kein Parkplatz mehr zu bekommen.

Als die betroffenen Stadtplaner nun wieder auf das erfolgreiche Konzept des öffentlichen Personennahverkehrs mit seinen Straßenbahnen zurückkommen wollten, wurden sie Opfer mangelnder Projektdokumentation.

Sämtliche Pläne, wie die technischen Unterlagen zur Elektrifizierung oder die Zahlen zur Auslastung der Bahnen, waren nicht mehr aufzufinden. Alle Planungsbemühungen mussten daher bei null starten, die Planungskosten stiegen entsprechend steil an.

Je nachdem, welche Zielgruppe mit der Dokumentation bedacht werden soll, müssen unterschiedliche Inhaltsschwerpunkte gewählt werden:

1. **Geschäftsleitung:** Diese Ebene benötigt eine Gesamtübersicht, die Details des gesamten Projektverlaufes werden lediglich im Notfall benötigt. Es stehen daher die Fragen der Zielerreichung (Termine) und der Einhaltung der Kosten im Vordergrund. Der Bericht sollte aus diesem Grund komprimiert und übersichtlich gestaltet sein.

2. **Projektteam und Projektleitung:** In dieser Projektdokumentation laufen alle Informationen zusammen. Es werden sämtliche Unterlagen, beginnend bei der Planungsphase bis zum Abschlussbericht, chronologisch aufbewahrt. Dazu zählen beispielsweise die technischen Zeichnungen, die Projektziele, die Terminplanung, alle vertraglichen Vereinbarungen bis hin zur Fehleranalyse. So dient diese Dokumentation kommenden Projektteams als Unterstützung für deren Projekt.

3. **Kunde:** Dem Kunden sind in der Regel alle Unterlagen auszuhändigen, die für die spätere Fortführung des Projektes notwendig sind. Technische Anleitungen gehören ebenso dazu wie eine Kostenaufstellung oder Hinweise auf noch entstehende Folgekosten.

Um vor Beginn der Dokumentation eine verlässliche Grundlage bezüglich des Umfangs der anzufertigenden Berichte zu besitzen, wird ein **Projektberichtsplan** erstellt. Ohne diesen ist ein modernes Projektmanagement nur schwer zu bewerkstelligen, das Projekt-Controlling wird nahezu unmöglich.

Aus dem Projektberichtsplan geht hervor, welche Berichte für das jeweilige Projekt anzufertigen sind, vom wem diese Berichte verfasst werden und wer der Empfänger des Berichtes ist.

Projektdurchführung

Projektberichtsplan			
Berichtsart	**Verantwortlicher Ersteller**	**Berichtszeitpunkt**	**Empfänger**
Arbeitspaketbericht	Für das Arbeitspaket verantwortliches Teammitglied	In definierten Zeitrhythmen (z. B. monatlich) und am Ende des Arbeitspaketes	Projektleitung und Projektteam
Projektstatusbericht	Projektleiter	In definierten Zeitrhythmen (z. B. monatlich) und auf Anfrage	Geschäftsführung und/oder Kunde
Meilensteinbericht	Projektleiter	An jedem in der Planungsphase festgelegten Meilensteintermin	Projektteam und eventuell Geschäftsführung
Qualitätsbericht	Qualitätsbeauftragter gemeinsam mit dem Projektleiter	Nach Probezeitpunkte und nach jeder Änderung der Qualität	Projektleitung

Folgendes Beispiel für einen übersichtlichen Projektstatusbericht an die Schulleitung greift das Beispielprojekt des Bilderkalenders auf:

Statusübersicht

Projektstatus vom xx.xx.200x

Projekttitel	Bilderkalender	**Projektleiter**	Thomas Tümmler
Kürzel		**Auftraggeber**	Schulleitung der Hans-Thoma-Schule
Mailverteiler	Schulleiterin Dorothee Daume, Stellvertretender Schulleiter Harald Hoss, Mitglieder des Projektteams		
Zusammenfassung			

Status	**Bereich**	**Bemerkung**
•	**Gesamtprojekt**	Zeitgerecht, die Mehrkosten können über Sponsoren abgedeckt werden.
•	**Kosten**	Gestiegene Druckkosten aufgrund höherer Qualitätsanforderungen.
•	**Qualität**	Sehr gute Qualität, liegt über den Mindestanforderungen.
•	Projektplanung	Phase abgeschlossen.
•	Projekt-Controlling	Steter Soll-Ist-Abgleich (Termine und Kosten)
•	Kalenderthema	abgeschlossen
•	Layout (Deckblatt)	abgeschlossen
•	Layout (Kalenderblätter)	abgeschlossen
•	Druckerei	Kosten können nicht gehalten werden. Höherwertige Druckqualität bedingt höheren Angebotspreis. Aller Wahrscheinlichkeit nach können die Mehrkosten über gestiegene Einnahmen bei den Sponsoren abgedeckt werden. Es droht kein wirtschaftlicher Verlust.

Status der aktuellen Meilensteine		
Status	**Bereich**	**Bemerkung**
•	Meilenstein 1	Termingerecht abgeschlossen
•	Meilenstein 2	Termingerecht abgeschlossen
•	Meilenstein 3	Wird wahrscheinlich erreicht, da bisher kein Verzug zu erkennen

An diesem Projektstatusbericht ist deutlich zu erkennen, dass die Berichte niemals unnötig oder aus reinem Selbstzweck angefertigt werden. Vielmehr dienen sie, sofern sie richtig verfasst und der Zielgruppe angepasst sind, der Transparenz und Dokumentation des gesamten Projektes.

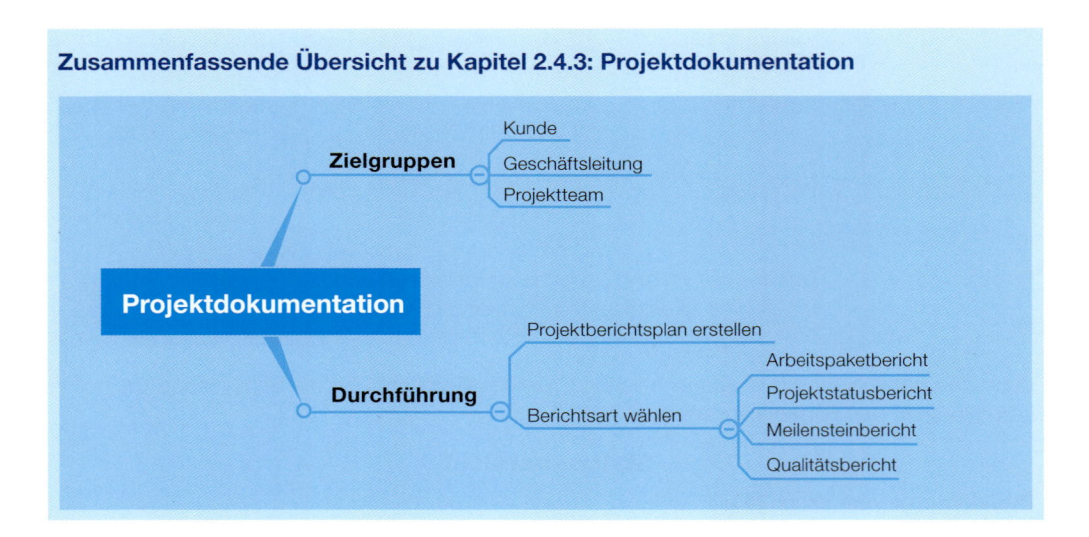

Zusammenfassende Übersicht zu Kapitel 2.4.3: Projektdokumentation

Projektdokumentation
- **Zielgruppen**
  - Kunde
  - Geschäftsleitung
  - Projektteam
- **Durchführung**
  - Projektberichtsplan erstellen
  - Berichtsart wählen
    - Arbeitspaketbericht
    - Projektstatusbericht
    - Meilensteinbericht
    - Qualitätsbericht

2.4.4 Schulprojekt „Vernissage" (Teil 3)

Die Beschreibung der Situation zu diesem Projekt finden Sie in Kapitel 2.2.9, „Schulprojekt 'Vernissage' (Teil 1)".

In den ersten beiden Arbeitsphasen, der Projektdefinition und der Projektplanung, wurden bereits die folgenden Schritte durchgeführt:

1. Fragestellungen an den Auftraggeber formuliert
2. Projektziele definiert
3. Lastenheft erstellt
4. Stakeholder-Analyse durchgeführt
5. Projektauftrag unterschrieben
6. Team hat sich formiert und Aufgaben verteilt
7. Kick-off-Meeting hat stattgefunden
8. Arbeitspakete identifiziert
9. Projektstrukturplan erstellt
10. Vorgangsliste angefertigt
11. Genaue Terminplanung durchgeführt (Gantt-Diagramm und Netzplan)
12. Kapazitäts- und Kostenplanung aufgestellt

Projektdurchführung

Die nun folgenden Arbeitsschritte der Projektdurchführung bauen systematisch auf den Ergebnissen der Projektdefinition (Kapitel 2.2) und der Projektplanung (Kapitel 2.3) auf und beziehen sich ausschließlich auf Kapitel 2.4.

Wichtig: Sollte das hier vorgeschlagene Projekt „Vernissage" tatsächlich in der Klasse durchgeführt werden, so sind die während der Durchführung auftauchenden Probleme natürlich individuell verschieden, je nach dem bisherigen Verlauf, der Planung und der spezifischen Teamstruktur.

Es wird davon ausgegangen, dass ein regelmäßiger Soll-Ist-Vergleich zwischen den geplanten Abläufen und den wirklichen Zeiten, Kosten und der zu erwarteten Qualität stattfindet. Nur so sind die notwendigen Daten vorhanden, um überhaupt geeignete Maßnahmen planen und einleiten zu können.

Die dargestellten Problemstellungen sind daher lediglich als Beispiele zu verstehen, die dazu anregen sollen, auf die gegebenen Probleme aufmerksam zu werden.

Es ist ebenso möglich, die formulierten Arbeitsaufträge unter der eigenen, gerade aktuellen Problemstellung zu bearbeiten, um so die Probleme während der Projektdurchführung besser bewältigen zu können.

Problem 1:

Während der Planungsphase hat das Team noch prächtig funktioniert, auch wenn es bei der Terminplanung einige Stolpersteine zu überwinden galt. Nun zeigt sich aber, dass der Meilenstein „Auswahl der geeigneten Künstler abgeschlossen" nicht zu halten ist, da sich die Kommunikation mit den infrage kommenden Künstlern schwieriger als geplant gestaltet.

Daraufhin brodelt es im Team. Zwei Mitglieder sind frustriert und ziehen sich zurück, weil sie doch gleich gesagt haben, dass es so nicht geht. Die verbleibenden Teammitglieder wiederum sind ungehalten, weil sie nun die Mehrarbeit erledigen müssen.

Es tauchen gegenseitige Vorwürfe auf, die Stimmung sinkt von Tag zu Tag.

Arbeitsauftrag 1:

- *Entwickeln Sie eine sachliche Lösung für die oben dargestellte Problematik. Als Projektleiter haben Sie nun die Verantwortung, im Einvernehmen mit allen Teammitgliedern alle nötigen Maßnahmen zum Gelingen des Projektes zu ergreifen. Sie müssen nun verbindlich klären, wer welche Aufgaben unter den veränderten Rahmenbedingungen zu übernehmen hat.*

- *Zeigen Sie parallel zu Ihrer begründeten Sachentscheidung Wege auf, wie Sie diese Entscheidung motivationsfördernd umsetzen. Gehen Sie dabei insbesondere auf den gewählten Führungsstil, die kommunikative Ebene und die geforderte soziale Kompetenz ein.*

- *Bereiten Sie unter Beachtung dieser Problemstellung eine Teamsitzung vor. Entwickeln Sie dazu ein schriftliches Konzept (Notizform genügt), in dem Sie die Moderationsregeln beachten und zeigen, dass Sie jede der sechs Phasen eines Moderationszyklus vorbereitet haben. Bitte geben Sie daher zu jeder Phase den Zweck, die Methode und die geplante Aktivität an.*

Problem 2:

Zwei Wochen vor dem Beginn der Vernissage stellt sich heraus, dass der Getränkelieferant am Eröffnungstag nicht wie geplant die Lieferung der Getränke übernehmen kann, da sein Lieferfahrzeug anderweitig benötigt wird.

Des Weiteren erhalten Sie in einer Teamsitzung Kenntnis darüber, dass sich die Kosten für die Versicherung der Kunstwerke gegenüber der Planung um mehr als das Vierfache erhöhen. Die Eingänge und Fenster der Schule entsprechen nicht den verlangten Sicherheitsbestimmungen der Versicherung.

Es taucht jedoch noch ein weiteres Problem auf: Ein bekannter Künstler aus der Region besteht darauf, nicht gleichzeitig mit einem ungeliebten Kollegen ausgestellt zu werden. Eigentlich sollten beide Künstler die Vernissage und die folgende Ausstellung bereichern.

Arbeitsauftrag 2:

- *Entwerfen Sie für Ihr Projekt-Controlling geeignete Darstellungsmethoden, beispielsweise eine Meilenstein-Trend-Analyse. Berücksichtigen Sie dabei alle drei Controlling-Arten (Termin-, Kosten- und Ergebnis-Controlling).*

- *Ordnen Sie die in Problem 2 dargestellten Vorgänge den Problembereichen zu.*

- *Skizzieren Sie für jedes der Problemfelder einen begründeten Lösungsentwurf. Dabei sollten die konkreten Maßnahmen genannt sowie die Folgen für das Projekt aufgezeigt werden.*

Arbeitsauftrag 3:

- *Erstellen Sie für das Projekt „Vernissage" einen Projektberichtsplan. Daraus sollten sowohl die Berichtsart als auch die Berichtshäufigkeit und der Empfängerkreis hervorgehen.*

- *Formulieren Sie aus Ihrem Berichtsplan mindestens einen Projektstatusbericht und einen Meilensteinbericht und händigen Sie diesen Ihrem Lehrer aus.*

Aufgaben zur Übung und Vertiefung

1. Murphys Gesetz hat sich mit der Zeit einen Platz im allgemeinen Verständnis erobert. Sicher auch, weil jeder schon ein ähnliches Erlebnis hatte und die Folgen meist negativ sind.
   – Beschreiben Sie mit eigenen Worten die Notwendigkeit von Kontrollmechanismen während der Durchführungsphase von Projekten.

2. Der Projektleiter in einer Bank soll die Abteilung „Immobiliendarlehen Privatkunden" neu strukturieren und effizienter gestalten. Er ist ein ausgewiesener Fachmann auf seinem Gebiet. Während der Arbeit stellt sich heraus, dass er überaus unsicher agiert, Angst vor wichtigen Entscheidungen hat und keinen Draht zu seinem Team findet. Daher zieht er sich zurück, schützt sich durch einen autoritären Führungsstil und kommuniziert nur noch wenig.
   – Beschreiben Sie die Problembereiche des Projektleiters der Bank.
   – Erarbeiten Sie zu jedem dieser Bereiche einen Hinweis, mit welchen Verhaltensweisen sich die Situation verbessern könnte.

Projektdurchführung

– Unterbreiten Sie einen begründeten Ablaufplan (systematische Vorgehensschritte), wie der Projektleiter die Arbeit mit seinem Team wieder harmonisieren kann.

3. Ordnen Sie die folgenden Handlungen einer Phase der Teambesprechung zu:
   – Schaffung einer positiven Atmosphäre.
   – Bearbeitung der wichtigsten Tagesordnungspunkte in Gruppen.
   – Themen werden gemeinsam nach deren Wichtigkeit sortiert.
   – In einem Stimmungsbild wird sowohl die aktuelle Sitzung als auch der Ausblick auf kommende Aufgaben beleuchtet.
   – Erstellung eines verbindlichen Maßnahmenkataloges zur Erledigung der Aufgaben bis zur nächsten Teamsitzung.
   – Der Projektleiter besteht auf der Behandlung eines für die Gruppe unangenehmen Themas.
   – Teammitglieder schlagen anstehende Themen vor.
   – Tagesordnung vorstellen.
   – Der Teamleiter stellt den Zeitrahmen vor, der zur Bearbeitung der definierten Probleme zur Verfügung steht.

4. Der Soll-Ist-Vergleich ist eine zentrale Aufgabe des Projekt-Controllings.
   – Formulieren Sie eine allgemeingültige Definition für diese Methode des Controllings.
   – Geben Sie jeweils ein konkretes Beispiel für den Soll-Ist-Vergleich bezüglich der Terminplanung, des Kosten-Controllings und des Ergebnis-Controllings.

5. Beurteilen Sie die Vor- und Nachteile einer Meilenstein-Trend-Analyse im Gegensatz zur tabellarischen Erfassung von Terminverschiebungen.

6. Gerade bei Projekten sind viele Tätigkeiten auf Prozesse ausgerichtet. Selbstverständlich sollten aber auch die konkreten Ergebnisse bzw. deren Qualität nicht vernachlässigt werden. Formulieren Sie bitte nachprüfbare Qualitätskriterien für folgende Projekte:
   – Eine Druckmaschinenfabrik entwickelt eine neuartige Maschine, um noch mehr Druckfarbe aus Altpapieren zu entfernen, als bisher möglich war. Dadurch ließen sich die Qualitäten von Altpapier (z. B. Grad der Weißheit) erheblich steigern.
   – Die Stadt Freiburg im Breisgau will ihre Webseiten „barrierefrei" gestalten, sodass blinde Besucher der Seiten ebenfalls Informationen über die Stadt erhalten können. Dazu muss eine geeignete Software entweder gekauft oder aber in Auftrag gegeben werden.
   – Im Zuge der gestiegenen Energiepreise versucht ein Autohersteller, einen rein batteriebetriebenen Pkw zur Serienreife zu bringen. Um diese Aufgabe zu bewerkstelligen, müssen aber die Kapazitäten der Batterien deutlich erhöht und das Gewicht stark gesenkt werden.

7. Es gibt unterschiedliche Möglichkeiten, Projekte zu dokumentieren. Je nachdem, welche Informationen an wen gegeben werden sollen, bestimmt das die Art des Berichtes. Ordnen Sie den folgenden Fällen die jeweils angebrachte Berichtsart zu:
   – Die Projektleitung soll über die Maßabweichungen einer projektierten Laserschneidemaschine informiert werden.
   – Das gesamte Projektteam muss in der nächsten Teamsitzung einen Überblick über die gerade laufenden Arbeitspakete erhalten.
   – Der Kunde vermutet Schwierigkeiten im Projektablauf und befürchtet eine Verzögerung. Er möchte daher eine Übersicht über den gesamten Projektverlauf erhalten.
   – Die Geschäftsführung erwartet am Ende jedes Quartals (Meilenstein) einen Bericht bezüglich des Verlaufes der geplanten Kosten.

Weiterführende Fragestellungen und Probleme

Die folgenden Fragestellungen beziehen sich sämtlich auf die im Folgenden beschriebene Situation innerhalb eines Projektes.

Situation:

Ein zentrumsnahes ehemaliges Gewerbegebiet hat sich im Laufe der Jahre mehr und mehr in ein Wohngebiet verwandelt. Es entstanden nach und nach Ein- und Mehrfamilienhäuser, wo früher Familienunternehmen ihren Sitz hatten und Kleinbetriebe produzierten.

Nun soll der nicht mehr benötigte Gewerbekanal, ein ehemaliger Bachlauf, renaturiert werden, damit der frühere natürliche Zustand wiederhergestellt wird.

Mit diesem Projekt ist ein Gartenarchitekturbüro beauftragt, das die Planung und Durchführung zu leiten hat. Die Ausführung übernehmen Firmen aus der Region, die den Zuschlag bei den Ausschreibungen erhalten haben.

Die notwendigen Planungen sind durchgeführt, es wurden sowohl die gesetzlichen Vorgaben berücksichtigt als auch die Wünsche der Anwohner gehört und möglichst verwirklicht.

Nun ist es soweit, dass die Planungen in die Umsetzungsphase übergehen. Im Folgenden werden typische Probleme beschrieben, die im Laufe der Durchführung aufgetreten sind.

1. Projektmitarbeiter unterschiedlich ausgelastet.

Der Geschäftsführer des Architekturbüros muss feststellen, dass der Leiter der Baumaßnahmen vor Ort sich mehr in Cafés herumtreibt als auf der Baustelle, während die Planer in der Firma noch unter erheblichem Zeitdruck die letzten Pläne für die Bauausführung am PC zeichnen. Als er den Bauleiter zur Rede stellt, erfährt er, dass dieser über seine Aufgaben nur unzureichend informiert ist und sowieso nicht genau weiß, wen er wie auf der Baustelle zu leiten hat.

- Bereiten Sie eine Teamsitzung vor (Tagesordnung), in der die Arbeitsbelastung und die Verantwortlichkeiten neu organisiert werden. Achten Sie darauf, dass die oben beschriebenen Probleme keinesfalls mehr auftauchen können.

2. Anwohner sind schlecht zu erreichen.

Um die Renaturierung durchzuführen, müssen die Mitarbeiter der Gartenbaufirmen auch in den an den Gewerbekanal grenzenden Gärten und Terrassen teilweise umfangreiche und langwierige Baumaßnahmen vornehmen. Um diese Arbeiten abzustimmen, hat die Projektleitung allen betroffenen Haushalten einen Informations- und Rückmeldebogen in den Briefkasten geworfen. Leider sind die Rückmeldungen der Bewohner sehr spärlich, es fehlen noch ca. 65 Prozent der Rückmeldungen.

- Unterbreiten Sie einen begründeten Vorschlag, wie Sie innerhalb von fünf Werktagen eine qualifizierte Rückmeldung bzw. eine Absprache mit allen Bewohnern organisieren können. Ohne diese Absprachen können die Arbeiten nicht begonnen werden, sodass eine Verzögerung droht.

3. Probleme mit unterschiedlicher Software.

Da Ihr Unternehmen die Planungshoheit besitzt, liefert Ihr Büro auch sämtliche Zeichnungen, an denen sich die ausführenden Firmen orientieren müssen.

Projektdurchführung

Die Verteilung der Pläne an die betreffenden Unternehmen erfolgt per Mail. Zwei dieser Firmen besitzen eine nicht kompatible Software und können die gelieferten Pläne nicht lesen.

- Skizzieren Sie drei mögliche Lösungsvarianten für dieses Problem. Beachten Sie dabei die eventuell auftretenden Kosten und den dafür erwarteten Nutzen. Dokumentieren Sie Ihre Lösungen stichwortartig und entscheiden Sie sich begründet für eine Variante.

4. Maschine steht nicht zur Verfügung.

Nach Aufbringung der frischen Erde und der Gestaltung des Bodenprofils muss das Erdreich verdichtet werden. Als der entsprechende Verdichter auf der Baustelle erscheint, ist die Maschine auf einer anderen Baustelle eingesetzt. Für den Maschineneinsatz sind zwei Mitarbeiter verantwortlich, die sich beide darauf verlassen haben, dass der jeweils andere die Maschine zur Baustelle transportiert.

- Entwickeln Sie als Projektleiter eine Vorgehensroutine für die Zukunft, um solche Fehler auszuschalten. Geben Sie ebenfalls Hinweise, in welcher Form derartige organisatorische Veränderungen dokumentiert und jedem Mitarbeiter zugänglich gemacht werden können.

5. Mitarbeiter halten Qualitätsstandards nicht ein.

Der zuständige Referent der Stadt meldet sich bei Ihnen und beschwert sich darüber, dass die vereinbarten Qualitätsstandards nur teilweise eingehalten werden. So wurde ein zu toniger Boden eingebracht und die Stauden am Bachlauf besitzen nicht die notwendige Winterhärte.

Als Sie bei den betroffenen Firmen nachforschen, erkennen Sie, dass die Definitionen der Qualitäten nicht bis zu den Mitarbeitern weitergegeben wurden.

- Erarbeiten Sie ein Informationssystem, wie die Qualitätsstandards festgehalten und zwischen den Firmen kommuniziert werden können. Schlagen Sie ebenfalls eine Controlling-Maßnahme vor, mit der derartige Fehler früher erkannt werden, sodass die Kundenzufriedenheit nicht leidet und die Kosten zur Mängelbeseitigung minimalisiert werden.

2.5 Projektabschluss

▶ **Um welche Probleme geht es in diesem Kapitel?**

Im Wesentlichen werden die Methoden und Maßnahmen behandelt, mit denen verhindert werden kann, dass ein bis dahin erfolgreich verlaufenes Projekt nachträglich einen negativen Abschluss erfährt.

Die Gefahren für alle Beteiligten, die mit einem fehlgeschlagenen Projektabschluss verbunden sind, werden verdeutlicht. Des Weiteren werden die Ansprüche der unterschiedlichen Interessengruppen an einen Projektabschluss thematisiert und Hinweise zur rechtlich fehlerfreien Projektabnahme gegeben.

Mit den Anmerkungen zur Gestaltung einer gelungenen Abschlusspräsentation und zu einem würdigen internen Projektabschluss schließt dieses Kapitel inhaltlich ab.

Das neue Logo der „Insulate GmbH"

Die Fa. „Insulate GmbH" ist ein mittelständischer Hersteller von Schallschutzsystemen. Der Geschäftsführer und Inhaber ist der Überzeugung, dass das Firmenlogo inklusive Briefkopf und Firmenslogan zu altmodisch sei. Daraufhin gründet er ein Projektteam, das die beauftragte Werbeagentur bei der gemeinsamen Arbeit begleitet.

Nachdem die Projektziele erreicht sind, setzen alle Teammitglieder die Arbeit in ihren ursprünglichen Abteilungen fort.

Im Laufe der Zeit erhält der ehemalige Projektleiter immer wieder Nachfragen zu dem bereits abgeschlossenen Projekt. Der Inhaber verlangt eine lückenlose endgültige Kostenaufstellung, andere Projektleiter haben Fragen zum Projekt-Controlling.

Als dann noch der Vertriebsleiter und der Personalleiter nachfragen, in welcher Form und auf welchen Firmenpapieren das neue Layout wie eingesetzt werden sollte, macht sich langsam Frustration breit.

Über einen befreundeten Kollegen erfährt der ehemalige Projektleiter, dass einige seiner Teammitglieder unzufrieden mit dem Ende des Projektes seien. Es gab keine offizielle Abschlussveranstaltung, eine Würdigung der geleisteten Arbeit fand in keiner Weise statt, man sei einfach auseinandergegangen.

Als der Projektleiter am Ende des Jahres über seine fällige Prämie verhandelt, wird die Gratifikation mit dem Hinweis auf die lückenhafte Projektdokumentation und die große Unsicherheit nach Einführung des neuen Firmenlayouts um 50 Prozent gekürzt.

Daraufhin ist der ehemalige Projektleiter vollkommen enttäuscht, denn das Projekt sei doch eigentlich erfolgreich verlaufen und habe nun trotzdem negative Folgen für seinen Stand und seine Karriere innerhalb des Unternehmens.

2.5.1 Gefahren einer fehlerhaften Projektabschlussphase

Es ist schade, wenn wie im Fall der Insulate GmbH ein motivierter Mitarbeiter nach einem guten Projektergebnis demotiviert wird und sogar noch persönliche Nachteile zu tragen hat.

Mit wenigen Arbeitsschritten lassen sich derartige Vorgänge verhindern.

Am Ende eines Projektes ist der Löwenanteil der Arbeit schon geleistet, das ursprüngliche Ziel erreicht. Daher bedarf es lediglich einer sorgsamen Beendigung, um die erfolgreiche Arbeit abzurunden.

Trotzdem zeigt die Erfahrung aus den Unternehmen, wie in unserem obigen Beispiel, dass die notwendigen Aktivitäten für einen gelungenen Projektabschluss oftmals nur unzureichend durchgeführt werden.

Die wesentlichen Ursachen für solche Fehler in der Phase des Projektabschlusses sind in der Tabelle dargestellt:

Gründe für fehlerhafte Projektabschlüsse	
Ursache	**Beschreibung**
Mangelnde Motivation	Das Projekt dauert schon eine geraume Zeit. Es hat viel Kraft gekostet und ist bereits fast abgeschlossen. In aller Regel ist zu diesem Zeitpunkt die nötige Motivation bei den Teammitgliedern und der Projektleitung nicht mehr vorhanden.
Fehlende innere Spannung	Der Ausstieg aus einem Projekt ist für die meisten Teammitglieder schleichend. Oft wird am Ende eines Projektes nur noch ein geringer Zeitanteil der Arbeit darauf verwendet. Die innere Aufmerksamkeit geht auf neue Tätigkeiten oder Folgeprojekte über.
Andere Arbeiten	Neue Herausforderungen werden an die Teammitglieder gestellt und diese müssen sich mit neuen Sachverhalten auseinandersetzen. Daraus resultiert häufig eine kurzzeitige Überforderung und das „alte" Projekt wird vernachlässigt.

Sind die oben genannten Ursachen für einen mangelhaften Projektabschluss auch verständlich, so sind die Gefahren und die daraus resultierenden Folgen nicht zu tolerieren.

In der folgenden Abbildung sind die möglichen Gefahren grafisch dargestellt, erläuternde Informationen dazu finden sich unterhalb der Grafik.

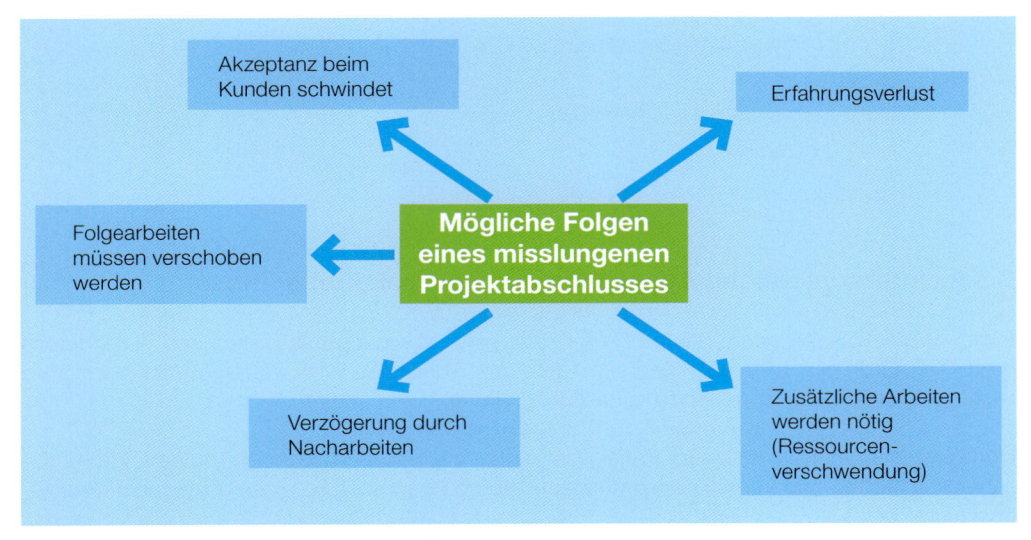

Folgen einer misslungenen Projektabschlussphase

Verzögerungen ergeben sich hauptsächlich dadurch, dass durch den ungeregelten Projektabschluss noch zu erledigende Arbeiten unbearbeitet geblieben sind. Diese Arbeiten zu Ende zu bringen, verzögert das Projekt über das geplante Ende hinaus.

Um die oben beschriebenen Nacharbeiten zu bewältigen, sind natürlich noch personelle **Ressourcen** bereitzustellen. Somit ist das betroffene Personal nicht frei für Folgeaufgaben und die Kapazitäten sind gebunden.

Sind die **Folgeaufgaben** ebenfalls in Projektform organisiert, unterliegen diese ebenfalls einem strengen Terminplan. Da die Mitarbeiter noch mit dem alten Projekt beschäftigt sind und sich nicht voll der neuen Aufgabe widmen können, droht dieser schon zu Beginn eine Verzögerung.

Selbst kleine Nacharbeiten an einem eigentlich als abgeschlossen geltenden Projekt führen zu geringerer Zufriedenheit beim Kunden. Diese **geringere Akzeptanz** gegenüber den Erfolgen des Projektes hätte durch einen geregelten Projektabschluss vermieden werden können.

Sollte der misslungene Projektabschluss die Dokumentation des Projektes betreffen, so gehen wichtige **Erfahrungen** verloren, die für die folgenden Projektteams bei der Bewältigung ihrer Aufgaben nützlich gewesen wären. Da in diesem Fall jedes Projektteam das „Rad neu erfinden" muss, ist eine solche Situation auch aus wirtschaftlicher Sicht ungünstig.

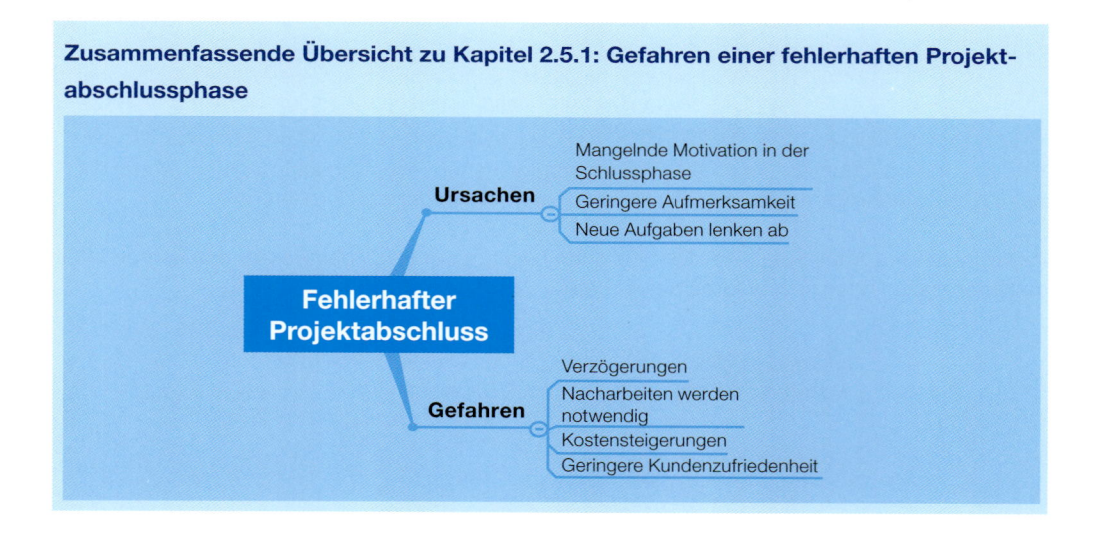

Zusammenfassende Übersicht zu Kapitel 2.5.1: Gefahren einer fehlerhaften Projektabschlussphase

Fehlerhafter Projektabschluss

Ursachen:
- Mangelnde Motivation in der Schlussphase
- Geringere Aufmerksamkeit
- Neue Aufgaben lenken ab

Gefahren:
- Verzögerungen
- Nacharbeiten werden notwendig
- Kostensteigerungen
- Geringere Kundenzufriedenheit

2.5.2 Unterschiedliche Ansprüche an den Projektabschluss

Schon William Shakespeare hat in einem Stück, einer Mischung aus Drama und Komödie mit dem Titel „Ende gut, alles gut" (englisch: „All's Well That Ends Well), gezeigt, dass trotz eines nicht perfekten Ablaufes das Ende gut ausgehen kann.

Nun verstehen aber die an einem Projekt beteiligten Interessengruppen ein „gutes Ende" unterschiedlich und sie haben daher auch unterschiedliche Ansprüche an einen gelungenen Projektabschluss.

In der folgenden Tabelle sind die Interessensgruppen und ihre Ansprüche aufgeführt.

Ansprüche der verschiedenen Interessensgruppen an den Projektabschluss	
Gruppe	**Anspruch**
Kunde	In aller Regel wünscht der Kunde zum vereinbarten Zeitpunkt ein funktionierendes Produkt/Prozess, verbunden mit einer umfangreichen Übergabe. Diese besteht aus einer Präsentation und einer vollständigen Projektdokumentation. Somit ist ab diesem Zeitpunkt der Auftraggeber unabhängig vom Projektdienstleister und kann das Projekt unabhängig von ihm weiterführen.
Anwenderkreis	Projekte bedingen Veränderungen. Diese Veränderungen wiederum betreffen konkrete Personen, die sich nach der Projektübergabe mit neuen Produkten konfrontiert sehen oder neue Abläufe zu durchlaufen haben. Dieser Personenkreis erwartet eine möglichst leichte Einführungsphase, sei es durch Schulungen oder Handreichungen in Papierform oder in computergestützter Form.
Geschäftsführung	Neben dem wirtschaftlichen Erfolg in Form einer Abschlusskalkulation ist die Unternehmensleitung an dem Überblick über den Projektverlauf interessiert, verbunden mit einer Rückmeldung über die erreichte Kundenzufriedenheit.
Projektleitung	Für die Projektleitung liegen die Ziele stärker im persönlichen Bereich. Der gelungene Abschluss bringt Anerkennung durch die Vorgesetzten oder vielleicht sogar eine Prämie. Ferner sorgt ein sauberer Abschluss dafür, dass die Arbeit an dem Projekt und die Verantwortung dafür beendet sind und lästige Doppelbelastungen somit entfallen. Darüber hinaus steigt mit jedem gelungenen Projekt die Kompetenz und die Erfahrung der Projektleitung für weitere Aufgaben.
Projektteam	Neben der Anerkennung (siehe Projektleitung) erwarten die Teammitglieder ein Feedback aller Beteiligten über ihre Arbeit und möglichst eine teaminterne Abschlussveranstaltung, die die Würdigung ihrer Arbeit zusätzlich zum Ausdruck bringt.
Zukünftige Projektteams	Das Hauptinteresse dieser Gruppe bezieht sich auf die Informationsebene und deren Dokumentation. Jedes Projektteam ist froh, ein Beispiel zu haben, wie auftretende Probleme in vergleichbaren Situationen von anderen Teams gelöst worden sind.

Aus den dargestellten unterschiedlichen Ansprüchen an den Projektabschluss ergeben sich die Aufgaben an das Projektteam in dieser Phase.

Folgende Instrumente kommen auf das Team zu, um einen gelungenen Projektabschluss zu sichern:

1. **Abschlusspräsentation:** In erster Linie sollte diese Präsentation für den Kunden vorbereitet sein und das Ergebnis des Auftrags darstellen. Es kann jedoch auch durchaus eine zweite Präsentation für interne Zwecke vorbereitet werden, in der beispielsweise der Gewinn aufgezeigt wird und die gemachten Fehler analysiert werden.
2. **Abnahme:** Der Auftraggeber muss das Projekt offiziell und rechtlich verbindlich abnehmen.
3. **Abschlussbericht:** Dieser letzte Bericht der Projektdokumentation bündelt sämtliche Projektergebnisse, Erfolge wie auch Misserfolge, in einer gekürzten Fassung.
4. **Würdiger Projektabschluss:** Neben den formellen Punkten dient dieser Punkt dem emotionalen Abschluss. Mit einer Feier wird vom Projekt und den Beteiligten „Abschied" genommen, die Mitarbeiter werden gewürdigt und entlastet.

2.5.3 Abschlusspräsentation

Der häufig beanspruchte Satz *„Tue Gutes und rede darüber"* trifft gerade auf die Abschlusspräsentation zu.

Das Projektteam hat mit einer informativen und anschaulichen Präsentation die Zielgruppe in aller Kürze der Zeit über den Ablauf und die Ergebnisse des Projektes zu informieren.

Damit hat das Team die Chance, den Zuhörerkreis vom Erfolg der eigenen Arbeit zu überzeugen und das Produkt ins rechte Licht zu rücken.

Je nachdem, vor welcher Zielgruppe präsentiert werden soll, ergeben sich unterschiedliche Inhalte und Anforderungen an die Präsentierenden, die bei der Vorbereitung beachtet werden müssen.

Die grundsätzlichen Überlegungen, die vor einer Abschlusspräsentation angestellt werden müssen, sind jedoch stets gleich:

1. **Zielgruppe:** Wen gilt es zu informieren? Die Unternehmensleitung legt auf gänzlich andere Inhalte Wert als beispielsweise der Auftraggeber (siehe Kapitel 2.5.2, „Unterschiedliche Ansprüche an den Projektabschluss"). Überlegungen bezüglich Wissensstand, inneren Einstellungen (Vorbehalte und Gemeinsamkeiten) und Erwartungen müssen angestellt werden.
2. **Präsentationsziel:** Steht der informative Charakter einer Produktpräsentation im Vordergrund? Sollen die Zuhörer bezüglich einer Maßnahme überzeugt werden oder steht gar eine Verhaltensänderung aufseiten der Zuhörer als Ziel an? Diese Vorüberlegungen bestimmen ebenfalls die Präsentationsinhalte und die Art der Präsentation.
3. **Zeitlicher Rahmen:** Selbst ein gelungenes Projekt kann durch eine ausufernde Präsentation, die sich in Nebenpfaden verliert, in Mitleidenschaft gezogen werden. Die Informationen sind auf das Wesentliche zu beschränken und die Zuhörer sollten nicht zu sehr beansprucht werden.

Grundstruktur einer Präsentation

Phase	Inhalt
Einleitung	Begrüßung der Teilnehmer, Persönliche Vorstellung, Einführung in das Thema, Überblick Inhalt / Ablauf
Hauptteil	Fachliche Inhalte, Perspektiven aufzeigen, Folgerungen → Roter Faden erkennbar?
Schluss	Zusammenfassung, Ausblick, Dank für Aufmerksamkeit, Eventuell Diskussion

Grundstruktur einer Präsentation.

Im Prinzip besitzt jede Präsentation eine identische Grundstruktur, von der nur in Ausnahmefällen abgewichen werden sollte:

Nach der Begrüßung der Teilnehmer und der persönlichen Vorstellung des Teams kommt während der **Einleitung** dem inhaltlichen Überblick eine besondere Bedeutung zu. Sämtliche Hauptgliederungspunkte sollte der Zuhörer schon in der Einleitung zu sehen bekommen. Diese können auch extra auf einem Flipchart notiert werden, damit sie während der Präsentation sichtbar bleiben.

Des Weiteren sollte geklärt werden, ob Fragen direkt gestellt oder an die Präsentation angeschlossen werden sollen, ob ein Skript verteilt wird oder mitgeschrieben werden muss und wie lange die Dauer des Vortrages ist.

Nach der Einleitung muss das Interesse der Zuhörer geweckt worden sein und sie sollten auf den weiteren Verlauf der Präsentation gespannt sein.

Der **Hauptteil** transportiert die sachlichen Informationen. Das wichtigste Merkmal dieses Teiles ist die Gliederung der Informationen in sachlogische Einheiten, denen der Zuhörer folgen kann. Der „rote Faden" der Präsentation muss jederzeit erkennbar sein. Sind die Inhalte zu umfangreich, um in voller Breite dargestellt zu werden, so sind exemplarische Inhalte zu wählen, die für das Gesamte beispielhaft stehen.

Ergeben sich Konsequenzen oder weitere Perspektiven aus den Inhalten, sind sie an das Ende des Hauptteiles zu setzen, da erst in dieser Phase die Informationen zu ihrem Verständnis gegeben worden sind.

Der **Schluss** einer Präsentation muss für die Zuhörer erkennbar sein, denn von ihm sind keine weiteren neuen Inhalte zu erwarten. In der Zusammenfassung werden nochmals die wichtigsten Aspekte aufgegriffen, um so den Überblick über das Gezeigte zu verschaffen. Einem kurzen Ausblick auf die Zukunft folgen die Verabschiedung und der Dank an die Zuhörer.

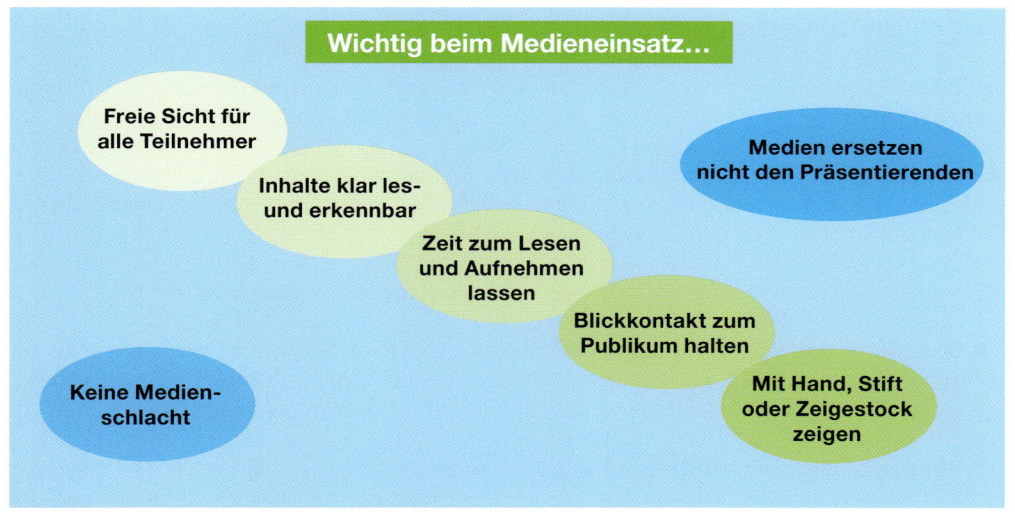

Wichtig beim Medieneinsatz…

- Freie Sicht für alle Teilnehmer
- Inhalte klar les- und erkennbar
- Zeit zum Lesen und Aufnehmen lassen
- Blickkontakt zum Publikum halten
- Medien ersetzen nicht den Präsentierenden
- Mit Hand, Stift oder Zeigestock zeigen
- Keine Medienschlacht

Hinweise zum Einsatz von Medien in Präsentationen

Selbst wenn die Möglichkeit der Fragen aus dem Auditorium während der Präsentation gegeben war, sollte nach Abschluss der Präsentation nochmals die Möglichkeit eingeräumt werden, abschließende Fragen zu beantworten.

Manchmal enden Präsentationen in einer „Medienschlacht", bei der die präsentierenden Personen völlig in den Hintergrund treten. Trotz der vielfältigen technischen Möglichkeiten sollte die Person in einer Präsentation stets im Mittelpunkt stehen und durch ihre Präsenz und Begeisterung für das Thema überzeugen.

Präsentationen werden meist von einem Beamer mit dem dazugehörigen Laptop und der entsprechenden Software dominiert.

Neben dem Faktor, dass solche Präsentationen schon Standard sind, haben sie noch einen weiteren gravierenden Nachteil: **geringe Flexibilität**. Alle Inhalte sind in ihrer Reihenfolge vorgegeben und lassen sich nicht variieren.

Daher sollte auch auf andere Medien zurückgegriffen werden. Auf Flipcharts oder Whiteboards lassen sich spontan Skizzen anfertigen oder wichtige Fragen notieren. Mit Karten auf einer Pinnwand lässt sich der inhaltliche und zeitliche Fortschritt einer Präsentation gut darstellen und im Verlauf der Präsentation entwickeln.

Ein nicht zu schlagendes Präsentationsmedium sind Modelle, Anschauungsstücke oder eine kleine Demonstration (z. B. ein Versuch). Aus Untersuchungen geht hervor, dass die Behaltensrate bei den Zuhörern steigt, je mehr Sinnesorgane gereizt werden:

1. etwa 10 % von den Quellen, die wir lesen
2. etwa 20 % von dem, was wir hören
3. etwa 30 % von dem, was wir sehen
4. etwa 50 % von dem, was wir sehen und hören
5. etwa 90 % von dem, was wir uns selbst erarbeiten

Lässt der Inhalt der Präsentation dies zu, sollte beispielsweise nicht auf die Vorführung oder Demonstration des eigentlichen Produktes verzichtet werden.

Es sollte daher in jedem Fall versucht werden, bei den Zuhörern eine möglichst hohe Behaltensrate zu erzielen.

In jedem Fall aber sollte die Medienauswahl immer gut begründet sein, der Vermittlung der Inhalte dienen und nicht Selbstzweck sein. Zudem bewirkt der Wechsel zwischen unterschiedlichen Präsentationsmedien eine erhöhte Aufmerksamkeit beim Publikum.

In der Abbildung auf Seite 109 sind wichtige Hinweise zum Medieneinsatz verdeutlicht.

Die **Sprache** ist das Hauptausdrucksmerkmal des Präsentierenden. Wer schon einmal einer nuschelnden Person zuhören oder einer sich mehrfach überschlagenden Stimme lauschen durfte, weiß, dass die Inhalte in diesen Fällen keine Chance haben, gehört zu werden.

Die **Stimme** sollte in einer angenehmen Stimmlage gehalten werden, nicht zu hoch, aber auch nicht zu tief. Variationen innerhalb dieses Spektrums sind durchaus abwechslungsreich und beleben den Vortrag.

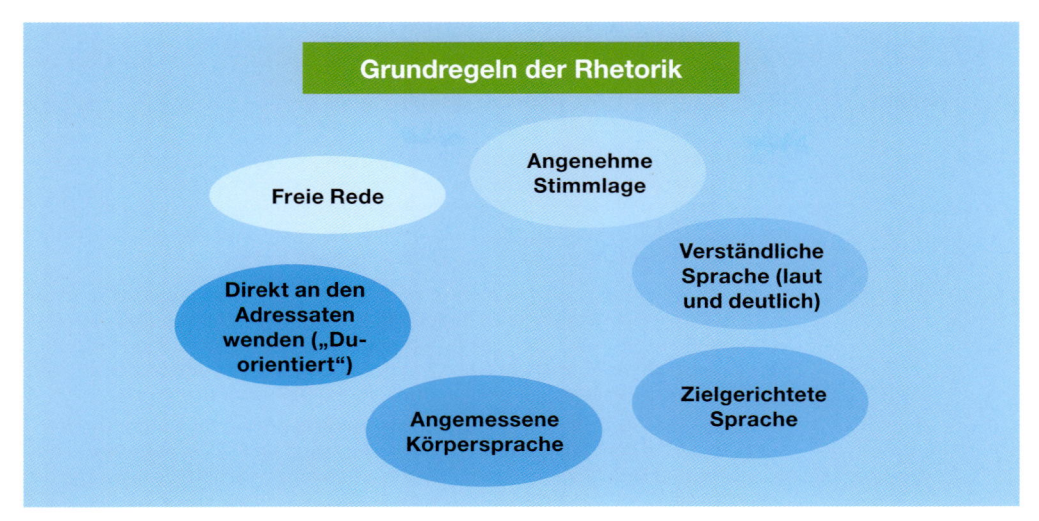

Grundregeln der Rhetorik

- Freie Rede
- Angenehme Stimmlage
- Direkt an den Adressaten wenden („Du-orientiert")
- Verständliche Sprache (laut und deutlich)
- Angemessene Körpersprache
- Zielgerichtete Sprache

Hinweise zur verbalen und zur nonverbalen Rhetorik

Das Gesagte muss auch den hintersten Teilnehmer erreichen und daher laut genug sein. Zudem ist auf ein mittleres Sprachtempo zu achten. Nervöse Vortragende werden oft zu schnell und dem Vortrag kann kaum noch gefolgt werden.

Die Rede soll möglichst frei sein, ein gelegentlicher Blick auf kleine Karteikärtchen mit Stichworten ist jedoch möglich und verschafft Sicherheit. Die freie Rede gibt dem Vortragenden die Möglichkeit, die Zuhörer direkt anzusehen und so den Kontakt zum Publikum herzustellen. Wird der Kontakt beispielsweise durch einen ständigen Blick auf die Präsentationsfläche unterbrochen, ist der Erfolg der Präsentation gefährdet.

Fühlt sich der Zuhörer hingegen durch den Präsentierenden direkt angesprochen und findet diese Ansprache in einer verständlichen Wortwahl statt, wird die Präsentation aller Voraussicht nach ein Erfolg werden.

Ein weiteres häufiges Problem sind die vielen „äh", „wie gesagt" und „genau" innerhalb des Vortrages. Die Verwendung dieser Füllwörter geschieht meist unterbewusst und lässt sich nicht ohne Weiteres verhindern. Es bietet sich an, den Vortrag vor einem kleinen Zuschauerkreis zu proben und um Rückmeldungen zu bitten, oder sich selbst zu filmen und aus der Betrachtung die Fehler herauszufiltern.

Zur zielgerichteten Sprache zählt ebenfalls die auf das Publikum abgestimmte Wortwahl. Einem Architekten nutzt es wenig, die Bauherren, die ja zumeist Laien sind, in einer Präsentation seines Konzeptes mit Fachbegriffen zu „erschlagen", denn dann würden sie so gut wie nichts verstehen.

Eine besondere Bedeutung besitzt die **nonverbale Kommunikation**, also diejenigen Informationen, die ohne das gesprochene Wort transportiert werden. Bis zu über 90 Prozent der gesendeten Informationen bestehen aus der gezeigten Gestik, den unglaublich variantenreichen Gesichtsausdrücken (Mimik), der Körperhaltung, dem Klang der Stimme und sogar der Kleidung.

Auch wenn die Rolle der nonverbalen Kommunikation im direkten Kontakt zweier Personen von größerer Bedeutung ist, so gilt für Präsentationen: Die Grundregeln der nonverbalen Kommunikation dürfen keinesfalls vernachlässigt werden.

Aspekte nonverbaler Kommunikation	
Aspekt	**Erklärung**
Mimik	Gerade der Gesichtsausdruck birgt eine Vielzahl unterschiedlicher Ausdrucksmöglichkeiten. Es ist beispielsweise kaum möglich, wirklichen Ärger nicht zu zeigen. Daher sollte der Vortragende sich darum bemühen, gelöst und möglichst nahe bei sich selbst zu sein. Ein freundliches Lächeln sollte aus wirklicher empfundener Freude stammen und nicht aufgesetzt wirken.
Gestik	Beschreibt die Handhaltungen während der Präsentation. Oftmals weiß der Vortragende nicht „wohin" mit seinen Armen. Das Ergebnis kann dann hektisches „Zappeln" oder aber gar keine Armbewegung sein. Es entsteht dann das Gefühl, die Arme würden gar nicht zum Vortragenden gehören. Die Hände dürfen nicht in der Hosentasche verschwinden oder vor der Brust verschränkt werden. Sie sollten vielmehr in der „neutralen" Zone zwischen Gürtellinie und Brusthöhe mit angepassten und ruhigen Gesten das Gesagte unterstützen.
Körperhaltung	Der Körper sollte stets aufrecht und ruhig stehen, ein Wippen von einem Fuß auf den anderen wirkt unsicher und macht nervös. Grundsätzlich ist der Körper dem Publikum zugewandt, um die persönliche Präsenz zu unterstreichen. Der Vortragende sollte sich nicht hinter „Barrikaden" wie Tischen oder in Zimmerecken verstecken, sondern vielmehr die direkte Nähe zum Publikum suchen.
Blickkontakt	Wird ein Mensch von einem anderen Menschen direkt angeblickt, so enthält dieser Blick die Botschaft „Ich habe Dir etwas mitzuteilen", „Bitte beachte mich". Die Stärke dieser Aufforderung darf nicht unterschätzt werden. Daher ist der wandernde Blick, das Auffangen der Blicke der Zuhörer, für jede Präsentation absolut wichtig. Ohne das Suchen des Blickkontaktes geht jede Präsentation an den Zuhörern vorbei.

Wichtig: Nonverbales „Lügen" ist nahezu unmöglich, da die nonverbalen Signale, wie beispielsweise der Gesichtsausdruck, von Gefühlen gesteuert sind und nicht vom Willen einer Person.

Projektabschluss

Ein anschauliches Beispiel für die Tücke der nonverbalen Kommunikation ist das nebenstehende Bildpaar.

Die Interpretation des Gesichtsausdruckes verändert sich mit der Position des Kopfes zum Körper.

Ändert man die Neigung des Bildes, wird aus einer bescheidenen, anmutigen Frau eine selbstsüchtige und herabschauende Zeitgenossin.

Es ist und bleibt aber dasselbe Bild.

Das Tückische daran ist, dass oftmals nur Kleinigkeiten über unseren Eindruck entscheiden und darüber, ob jemand als sympathisch oder unsympathisch wahrgenommen wird.

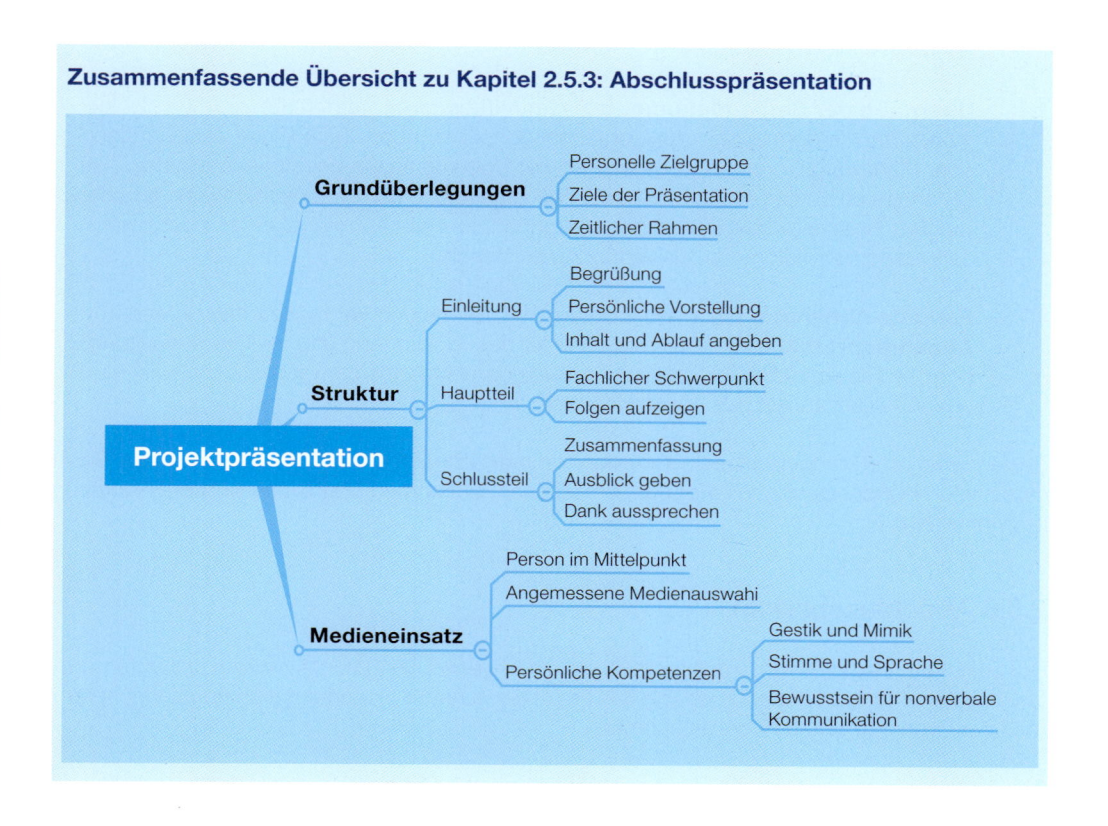

Zusammenfassende Übersicht zu Kapitel 2.5.3: Abschlusspräsentation

Projektpräsentation

- **Grundüberlegungen**
  - Personelle Zielgruppe
  - Ziele der Präsentation
  - Zeitlicher Rahmen
- **Struktur**
  - Einleitung
    - Begrüßung
    - Persönliche Vorstellung
    - Inhalt und Ablauf angeben
  - Hauptteil
    - Fachlicher Schwerpunkt
    - Folgen aufzeigen
  - Schlussteil
    - Zusammenfassung
    - Ausblick geben
    - Dank aussprechen
- **Medieneinsatz**
  - Person im Mittelpunkt
  - Angemessene Medienauswahl
  - Persönliche Kompetenzen
    - Gestik und Mimik
    - Stimme und Sprache
    - Bewusstsein für nonverbale Kommunikation

2.5.4 Abnahme

Zum vereinbarten Termin wird das Ergebnis des Projektes vom Auftraggeber abgenommen. Diese Abnahme erfolgt typischerweise innerhalb einer **Projektabschlusssitzung**, an der sowohl der Auftragnehmer als auch die Auftraggeber teilnehmen.

Der Bedeutung der Projektabschlusssitzung entsprechend, sollte dieser Termin von dem Projektteam gut vorbereitet sein. Die Phasen, die eine solche Sitzung in aller Regel durchläuft, sind in folgender Aufstellung wiedergegeben:

1. **Projektpräsentation** (siehe Kapitel 2.5.3, „Abschlusspräsentation"): Der Auftragnehmer stellt dem Auftraggeber die erzielten Ergebnisse vor. Dabei ist die Art der Vorstellung von dem spezifischen Projekt abhängig. Bei einem Bauvorhaben gehört sicherlich eine Begehung des Neubaus dazu, bei einem Softwareprojekt wäre ein Testlauf fällig und eine reine Dienstleistung kann in einem Vortragsraum vorgestellt werden.

2. **Erledigung der Aufgaben und Qualität der Ergebnisse:** Für den Auftraggeber sind sicherlich die vollständige Erledigung der vereinbarten Aufgaben und die hohe Qualität der Ergebnisse von herausragender Bedeutung. In dieser Phase werden die Dokumente aus der Planungsphase (Sachziele, Lasten- und Pflichtenheft) benötigt. Schritt für Schritt wird die Vollständigkeit überprüft und auf die Einhaltung der vorher definierten Qualitätskriterien geachtet. Zeigen sich Mängel oder Abweichungen, müssen sie protokolliert werden. Ergeben sich daraus Nacharbeiten, so ist ihr Umfang und ihre Dauer ebenfalls schriftlich zu fixieren.

3. **Übergabe der Begleitdokumente:** Dem Auftraggeber werden alle wichtigen Dokumente, die mit dem Projekt zusammenhängen, übergeben. Technische Zeichnungen oder Manuals gehören ebenso dazu wie die Dokumentation des Projektverlaufes. Hier können auch Vereinbarungen zur weiteren Umsetzung der Projektergebnisse getroffen werden. Beispielsweise sichert der Auftragnehmer dem Auftraggeber zu, noch zwei Jahre lang für Rückfragen zur Verfügung zu stehen.

4. **Formale Abnahme:** Erst mit der Unterschrift der beiden Vertragspartner unter dem **Abnahmeprotokoll** wird die Vergütung für das Projekt fällig und die Gewährleistung beginnt. Die schriftlich festgehaltenen Vereinbarungen aus dem vorherigen Punkt sind ebenfalls Bestandteil des Abnahmeprotokolls.

Sollten erhebliche Mängel festgestellt werden, kann die Abnahme auch verweigert werden. Dann muss eine Nachbesserung in einem angemessenen Zeitrahmen stattfinden und die Abnahme beginnt erneut.

2.5.5 Abschlussbericht

Der bisher angelegte Projektordner enthält alle angefallenen Dokumente in ihrem gesamten Umfang. Je nach Komplexität und Umfang des Projektes kann die Dokumentation durchaus mehrere Meter Ordner in einem Regal einnehmen.

Der Projektabschlussbericht ist das finale Dokument der Projektdokumentation und stellt eine übersichtlich gegliederte Zusammenfassung der Projektdokumentation dar.

Nachfolgend ein Beispiel für die Gliederung eines Abschlussberichtes.

```
Historie der Dokumentversionen .................................................................................
Inhaltsverzeichnis ............................................................................................................
1    Einleitung
    1.1        Allgemeines ...............................................................................................
        1.1.1      Ziele des Abschlussberichtes ..........................................................
        1.1.2      Ablage, Gültigkeit und Bezüge zu anderen Dokumenten ................
    1.2        Projektstammdaten ...................................................................................
        1.2.1      Projektauftrag ..................................................................................
        1.2.2      Auftraggeber ....................................................................................
        1.2.3      Projektleiter .....................................................................................
        1.2.4      Projektteam .....................................................................................
2    Zielerreichung ..............................................................................................
    2.1        Ziele des Projekts .....................................................................................
        2.1.1      Übersicht Projektziele (Sach-, Termin-, Kostenziele) ......................
        2.1.2      Gründe für Abweichungen und weitere Behandlung ........................
        2.1.3      Budgeteinhaltung ............................................................................
        2.1.4      Erreichung der Meilensteine ...........................................................
3    Erkenntnisse
    3.1        Aufgetretene Hindernisse .........................................................................
    3.2        Vorgeschlagene Verbesserungen .............................................................
4    Projektabschluss ..........................................................................................
    4.1        Übergaberegelung ....................................................................................
    4.2        Notwendige Nacharbeiten .........................................................................
    4.3        Abnahme durch den Auftraggeber ............................................................
5    Anhang/Ressourcen .....................................................................................
```

Die wesentlichen Inhalte des Abschlussberichtes werden in der folgenden Aufzählung kurz erläutert:

1. **Projektauftrag:** Das rechtlich bedeutendste Dokument des Projektauftrages ist das **Lastenheft**, das gemeinsam mit dem Auftraggeber erstellt wurde. Ergänzend ist an dieser Stelle noch der Schriftverkehr (auch E-Mails) mit dem Auftraggeber abzulegen, da dadurch Verlauf und Änderungen nachvollzogen werden können.

2. **Projektziele:** In diese Rubrik gehören hauptsächlich die **Planungsunterlagen** (z. B. Terminplan, Kostenplanung), mit denen die definierten Ziele erreicht wurden.

3. **Zielerreichung:** Hier fließen die Ergebnisse des Projekt-Controllings ein. Der **Grad der Erfüllung** (Soll-Ist-Vergleich) der Qualitäts-, Termin- und Kostenziele wird angegeben.

4. **Aufgetretene Hindernisse:** Die Ursachen für die festgestellten **Abweichungen** von den Sollzielen werden analysiert. Im günstigsten Fall ist hier jede bedeutsame Abweichung einzeln aufgeführt.

5. **Vorgeschlagene Verbesserungen:** Um in Zukunft bei vergleichbaren Projekten bessere Qualitäten, weniger Kosten und eine exaktere Termineinhaltung zu erzielen, werden aus den gemachten Erfahrungen **Empfehlungen** ausgesprochen.

Mit dem Projektabschlussbericht ist der offizielle Teil des gesamten Projektes abgeschlossen. Alle Ergebnisse liegen vor, das Projekt ist vom Auftraggeber abgenommen und alle Beteiligten können sich neuen Aufgaben zuwenden.

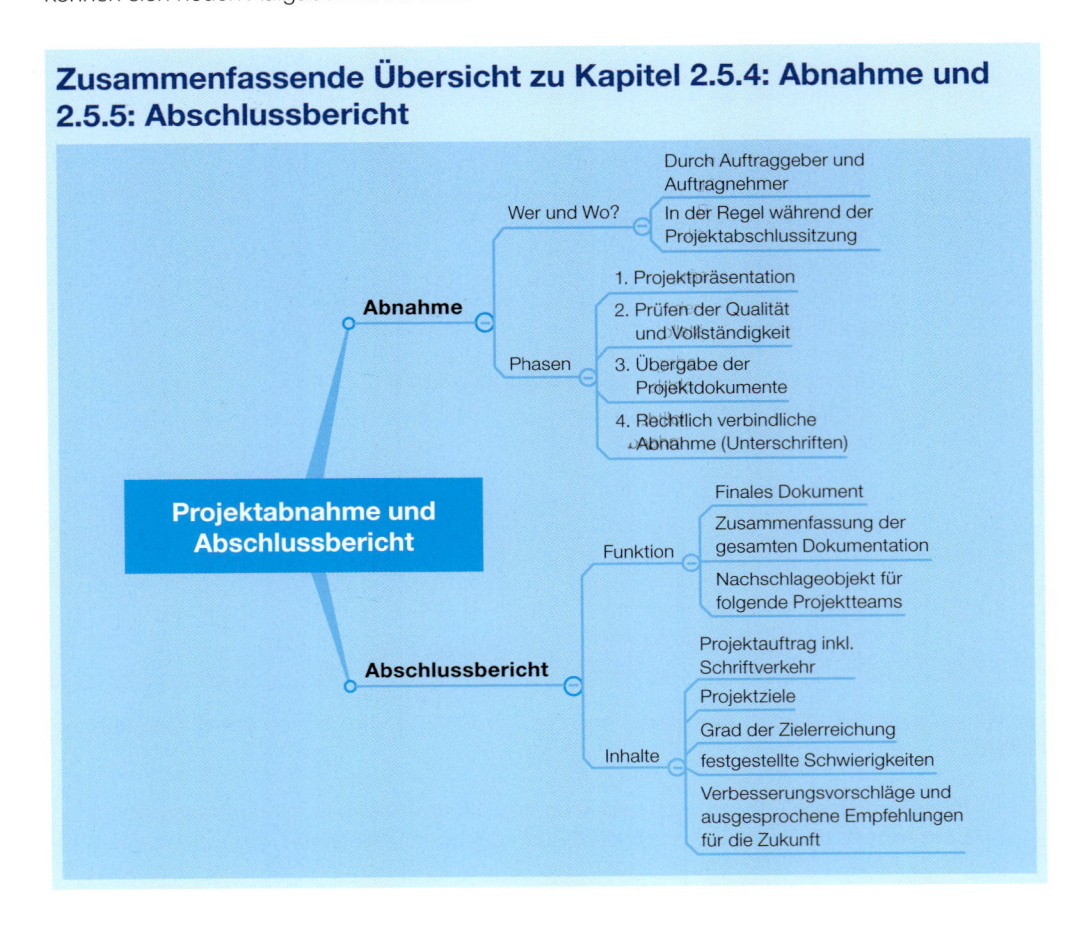

Zusammenfassende Übersicht zu Kapitel 2.5.4: Abnahme und 2.5.5: Abschlussbericht

Projektabnahme und Abschlussbericht

- **Abnahme**
  - **Wer und Wo?**
    - Durch Auftraggeber und Auftragnehmer
    - In der Regel während der Projektabschlusssitzung
  - **Phasen**
    1. Projektpräsentation
    2. Prüfen der Qualität und Vollständigkeit
    3. Übergabe der Projektdokumente
    4. Rechtlich verbindliche Abnahme (Unterschriften)

- **Abschlussbericht**
  - **Funktion**
    - Finales Dokument
    - Zusammenfassung der gesamten Dokumentation
    - Nachschlageobjekt für folgende Projektteams
  - **Inhalte**
    - Projektauftrag inkl. Schriftverkehr
    - Projektziele
    - Grad der Zielerreichung
    - festgestellte Schwierigkeiten
    - Verbesserungsvorschläge und ausgesprochene Empfehlungen für die Zukunft

2.5.6 Würdiger Projektabschluss

Um die Arbeit des Projektteams zu würdigen, sollte in einer internen Veranstaltung ein inoffizieller Projektabschluss, verbunden mit der Auflösung des Projektteams, stattfinden.

Gerade bei einer intensiven Zusammenarbeit entstehen Bindungen zwischen den Mitarbeitern. Man ist gemeinsam durch anstrengende Arbeitsphasen gegangen, hat diverse Probleme gemeistert und das Projekt zu einem erfolgreichen Ende gebracht.

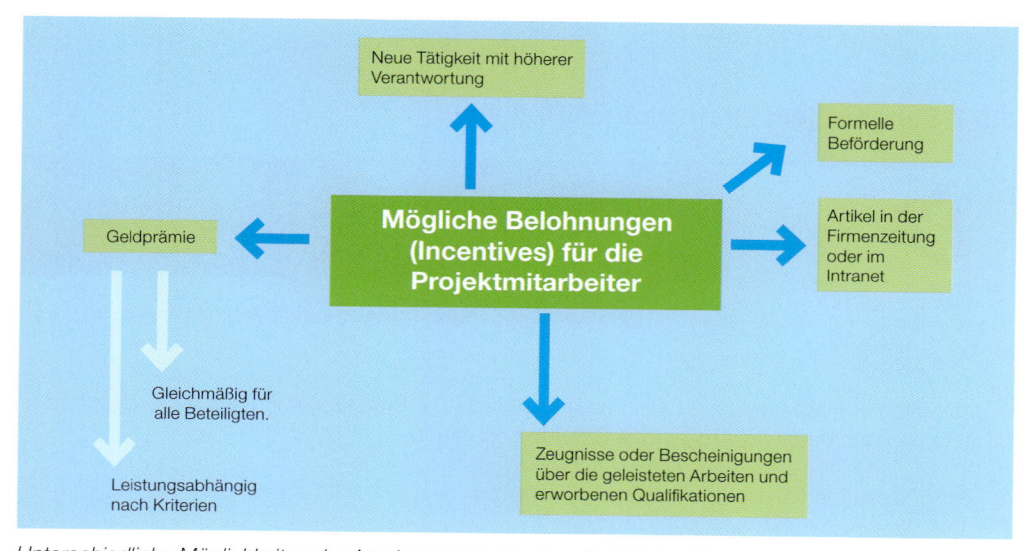

Unterschiedliche Möglichkeiten der Anerkennung nach dem Projektabschluss.

Würde das Team „einfach so" auseinandergehen, hätte das sicherlich negative Folgen für die weitere Motivation der Mitarbeiter. Sie würden einem weiteren Projekt nicht mehr offen gegenüberstehen.

> **Der emotionalen Komponente eines internen Projektabschlusses ist eine hohe Bedeutung beizumessen. Jeder Mensch legt Wert darauf, dass seine Arbeit in angemessener Weise gewürdigt wird. Die Anerkennung der persönlichen Leistung ist ein wesentlicher Quell für Zufriedenheit und Gesundheit und sie erhält die Leistungsfähigkeit der Mitarbeiter.**

In einer **letzten Sitzung** kann die eigentliche Auflösung des Projektteams stattfinden. Folgende Punkte sind Teil einer solchen internen Veranstaltung:

1. **Resümee:** Vonseiten der **Geschäftsführung** wird das Projekt abschließend gewürdigt, seine Erfolge und seine Bedeutung werden hervorgehoben. Die Aufgaben und die Leistungen der Projektleitung und jedes einzelnen Teammitgliedes werden dabei erwähnt.

2. **„Belohnungen":** Zusätzlich zu dem verbalen Lob der Geschäftsführung im vorangehenden Punkt ist es möglich, die Leistungen der Beteiligten mit weiteren Anreizen zu belohnen. In der oben stehenden Grafik sind die unterschiedlichen Möglichkeiten dargestellt.

3. **Entlastung:** Das Projektteam wird offiziell entlastet. Damit wird die Vollständigkeit der Arbeit dokumentiert und das Projektteam aufgelöst. Es wird erwähnt, welchen Arbeitsbereich jedes Teammitglied in Zukunft übernehmen wird, denn durch die neu gewonnenen Qualifikationen ergeben sich oftmals neue Tätigkeitsbereiche.

4. **Ressourcenauflösung:** Die bereitgestellten Projektmittel, beispielsweise Räumlichkeiten und EDV-Anlagen, müssen neuen Bestimmungen übergeben werden. Noch bestehende Projektkonten müssen in diesem Zusammenhang aufgelöst werden.

Direkt im Anschluss sollte eine **Abschiedsfeier** erfolgen, auf der alle Beteiligten die Möglichkeit haben, sich in formloser Runde auszutauschen.

2.5.7 Schulprojekt „Vernissage" (Teil 4)

Die Beschreibung der Situation zu diesem Projekt finden Sie in Kapitel 2.2.9, „Schulprojekt 'Vernissage' (Teil 1)".

In den ersten drei Arbeitsphasen, der Projektdefinition, der Projektplanung und der Projektdurchführung, wurden bereits die folgenden Schritte behandelt:

1. Fragestellungen an den Auftraggeber formuliert
2. Projektziele definiert
3. Lastenheft erstellt
4. Stakeholder-Analyse durchgeführt
5. Projektauftrag unterschrieben
6. Team hat sich formiert und Aufgaben verteilt
7. Kick-off-Meeting hat stattgefunden
8. Arbeitspakete identifiziert
9. Projektstrukturplan erstellt
10. Vorgangsliste angefertigt
11. Genaue Terminplanung durchgeführt (Gantt-Diagramm und Netzplan)
12. Kapazitäts- und Kostenplanung aufgestellt
13. Analyse und Bewältigung von Problemen innerhalb des Teams während der Durchführung
14. Förderung der Motivation von Mitarbeitern
15. Vorbereitung und Durchführung einer Teamsitzung
16. Methoden und Darstellung des Projekt-Controllings, inklusive einer Soll-Ist-Analyse
17. Entwickeln eines Berichtsplanes und Verfassen der notwendigen Projektberichte (Projektstatusbericht und Meilensteinberichte)

Die nun folgenden Arbeitsschritte des Projektabschlusses bauen systematisch auf den Ergebnissen der Projektdefinition (Kapitel 2.2), Projektplanung (Kapitel 2.3) und Projektdurchführung (Kapitel 2.4) auf und beziehen sich ausschließlich auf Kapitel 2.5.

Wichtig: Die Aufgabenstellungen in diesem Kapitel beziehen sich auf das vorgestellte Modellprojekt der „Vernissage". Zu diesem Zeitpunkt wäre die Vernissage bereits durchgeführt und die Ergebnisse des Projekt-Controllings würden ebenfalls vorliegen.

Projektabschluss

Natürlich besitzen die dargestellten Problemstellungen auch für jedes andere Projekt ihre Gültigkeit, es wäre jedoch wünschenswert, wenn den Antworten ein vollständig durchgeführtes Projekt zugrunde liegen würde.

Bereich 1:

Die Vernissage ist im Grunde erfolgreich verlaufen. Es kamen viele Besucher und Speisen und Getränke fanden genügend Abnehmer, sodass die Kassenlage stimmt. Es waren genügend freiwillige Helfer und fast die gesamte Lehrerschaft inklusive Schulleitung vor Ort.

Die Presse berichtete umfangreich über das einmalige Schulprojekt und es wurden sogar einige Objekte verkauft, sodass auch die Künstler durchaus zufrieden sind.

Der Projektleiter ist eigentlich der Überzeugung, das Projekt sei nun so gut wie abgeschlossen, als er von verschiedenen Seiten Anfragen und Anforderungen erhält. Die Schulleitung will eine abschließende Kostenaufstellung und eine Pressemappe über das Projekt. Andere Schulen erkundigen sich bei ihm nach den Abläufen und weiteren Einzelheiten.

Arbeitsauftrag 1:

Nennen Sie die unterschiedlichen Interessengruppen, die bei diesem Vernissage-Projekt Ansprüche an einen Projektabschluss stellen und formulieren Sie deren mögliche Bedürfnisse.

Bereich 2:

Der Projektabschluss steht an und das bis dahin erfolgreiche Projekt soll in angemessenem Rahmen beendet werden.
Eine schulinterne Abschlusspräsentation ist vorgesehen und der Projektabschlussbericht ist Teil der Benotung. Außerdem ergibt sich aus dem erwirtschafteten Überschuss die Möglichkeit, eine kleine Abschlussfeier zu organisieren.

Arbeitsauftrag 2:

- Bereiten Sie eine Abschlusspräsentation vor. Formulieren Sie dazu schriftlich die daran teilnehmenden Zielgruppen, Ihre wichtigsten Präsentationsziele und einen angemessenen zeitlichen Rahmen.
- Gliedern Sie Ihre Präsentation in Einleitung, Hauptteil und Schluss. Erstellen Sie zu jedem Teil ein kurzes Inhaltsverzeichnis. Sorgen Sie dafür, dass die Gliederung Ihres Vortrages während der gesamten Präsentation sichtbar bleibt.
- Setzen Sie bei der Präsentation mindestens drei verschiedene Medien ein und begründen Sie deren Einsatz.
- Beachten Sie bei der Vorbereitung der Präsentation die Regeln der verbalen und der nonverbalen Kommunikation. Üben Sie Ihre Präsentation vor dem „Ernstfall" vor Ihren Kollegen und lassen Sie sich konstruktiv kritisieren. Filmen Sie bitte Ihre Präsentation und besprechen Sie die Eindrücke gemeinsam in Ihrer Gruppe und/oder mit Ihrem Lehrer.
- Erstellen Sie einen Projektabschlussbericht. Nutzen Sie als Vorlage das Inhaltsverzeichnis in Kapitel 2.5.5, „Abschlussbericht".
- Bereiten Sie einen internen Projektabschluss vor. Versuchen Sie, die Schulleitung für ein paar Worte zu gewinnen und verabschieden Sie die Teams in angemessener Weise, eventuell mit einer kleinen Feier.

Aufgaben zur Übung und Vertiefung

1. Erläutern Sie die grundsätzliche Notwendigkeit einer Projektabschlussphase. Beschreiben Sie die Folgen des Fehlens einer solchen Phase für ein an sich erfolgreiches Projekt.
2. Der Kunde (Auftraggeber) ist der wichtigste Partner innerhalb eines Projektes. Unzufriedenheit auf Kundenseite schadet dem Unternehmen aktuell und in Zukunft.
   - Beschreiben Sie die Ansprüche des Kunden an die Phase des Projektabschlusses und zeigen Sie, welche Aufgaben sich daraus für das Projektteam ergeben.
3. Beurteilen Sie die Bedeutung der Vorüberlegungen zu einer Abschlusspräsentation bezüglich deren späterer Erfolgschancen.
4. Für die rechtliche Seite des Projektes ist die Projektabnahme von zentraler Bedeutung.
   - Zeigen Sie, welche rechtlichen Aspekte beide Vertragspartner (Auftraggeber und Auftragnehmer) im Rahmen der Abnahme klären.
   - Klären Sie die Funktion des Abnahmeprotokolls.
   - Angenommen, es zeigen sich erhebliche Mängel bei der Abnahme des Projektes: Beschreiben Sie in diesem Fall die weitere Vorgehensweise.
5. Begründen Sie, warum noch zusätzlich zur gesamten Projektdokumentation ein Abschlussbericht angefertigt werden muss.
6. Ausschließlich verbale Belohnungen sind manchmal nicht genug. Gerade für Großprojekte werden auch finanzielle Anreize gegeben.
   - Wägen Sie das Für und Wider von Prämien für Projekte ab und entscheiden Sie sich begründet für eine der Argumentationen.
   - Entwerfen Sie ein Modell der gerechten Verteilung von Prämien auf die Teammitglieder und die Projektleitung.

Weiterführende Fragestellungen und Probleme

Die folgenden Fragestellungen beziehen sich sämtlich auf die unten beschriebene Situation zum Abschluss eines Projektes.

Situation:

Die Stadt Freiburg hat als erste Stadt weltweit ein Hochhaus (Wohngebäude mit 16 Stockwerken) durch eine umfassende Sanierung zu einem Passivhaus umgewandelt. Es ist dadurch völlig unabhängig von externen Energiequellen und produziert seinen Energiebedarf sämtlich selbst mithilfe von Solarenergie und Wärmerückgewinnung. Die Bewohner sparen dadurch fast die gesamten Nebenkosten ein, sodass sich diese Maßnahme nach circa 12 Jahren rentiert hat.

Das Gebäude musste komplett entkernt und die notwendige Technik für ein Gebäude dieser Größe zur Energieeinsparung neu entwickelt werden. Nach einer Bauzeit von nunmehr 16 Monaten konnten die Wohnungen letztes Wochenende von ihren Bewohnern übernommen werden.

Nun ist es soweit, dass der Abschluss des Projektes ansteht und in diesem Zusammenhang folgende Veranstaltungen und Sitzungen anstehen:

1. Präsentation vor nationalen Pressevertretern.

Das Projekt hat in ganz Deutschland für Aufsehen gesorgt. Daher lud die Stadt zu einer Pressepräsentation, zu der sich 51 Medienvertreter aus ganz Deutschland anmeldeten.

Projektabschluss

1. Formulieren Sie in Stichworten die Besonderheiten und Ansprüche der Zielgruppe dieser Präsentation.
2. Fassen Sie die sich aus der Zielgruppenanalyse ergebenden Präsentationsziele in einer Aufstellung zusammen.

Der Projektleiter der Stadt plant folgenden Einleitungstext:

> Guten Abend, sehr geehrte Pressevertreter,
> ich darf Sie heute Abend in der Umwelthauptstadt Freiburg begrüßen, die mit einem neuen Projekt recht viel Aufmerksamkeit erlangt hat.
> Sie haben ja alle das Gebäude eben kurz begangen, daher brauche ich über das Grundlegende nicht mehr viele Worte zu verlieren und kann gleich zum eigentlichen Hauptteil des Vortrages übergehen, in dem Sie alles über den schwierigen Weg erfahren, der letztendlich mit Erfolg gekrönt war.
> In den kommenden 45 Minuten werden Sie alles Wichtige über unser Passiv-Wohnhochhaus erfahren. Viel Vergnügen!

3. Überprüfen Sie, ob die hier vorgenommene Einleitung der Präsentation den allgemeinen Ansprüchen genügt und den Hauptteil des Vortrages angemessen vorbereitet. Machen Sie sich bitte zu allen behandelten Punkten Notizen.
4. Entwickeln Sie einen eigenen, verbesserten Einleitungstext.

Während des Vortrages kommen vonseiten der Reporter immer wieder Fragen, auf die der Projektleiter scheinbar nicht eingestellt war. Nachdem er die ersten Fragen noch beantwortet hat, wird er nach einer kritischen Zwischenfrage zusehends nervöser. Sein Körper wird steif und er beginnt, hektisch mit den Händen zu gestikulieren, während seine Stimme immer heller wird und droht, sich zu überschlagen. Sein Blick fängt an, sich einen Punkt an der Decke zu suchen, als ob er sich daran festhalten könnte.

5. Sammeln Sie die Fehler im nonverbalen Bereich, die der Projektleiter hier begeht.
6. Beschreiben Sie die möglichen Folgen, die eine solche Präsentation für das Projekt haben könnte.
7. Unterbreiten Sie eigene Vorschläge, wie der Projektleiter einen solchen Misserfolg hätte vermeiden können.

2. Interne Abschlusssitzung für das Projektteam.

Der Geschäftsführer der Baufirma begrüßt das Projektteam und zeigt stolz eine Pressemappe mit den ganzen Artikeln, die über das gelungene Projekt der Stadt berichten. Dann bittet er das Team, die technischen Gerätschaften, die für das Projekt zur Verfügung gestellt wurden, zurückzubringen und den Projektraum sauber zu verlassen.

Er wünscht für die weitere Arbeit viel Glück und teilt freudig mit, dass die Stadt 1.500 EUR als Prämie an das Team aushändigt. Er bittet den Projektleiter, das Geld „leistungsgerecht" auf die Teammitglieder und den Projektleiter zu verteilen. Anschließend verabschiedet er sich und verlässt die Runde. Zurück bleibt das Projektteam.

8. Beurteilen Sie, ob die Vorgehensweise des Geschäftsführers den Ansprüchen an einen würdigen Projektabschluss gerecht wird. Führen Sie die kritisierten Punkte auf und bringen Sie eigene Verbesserungsvorschläge ein.

2.6 Projektvorschläge

Generell lässt sich sagen, dass diejenigen Projekte die sinnvollsten sind, die für die schulischen Bedingungen vor Ort den positivsten Effekt haben und bei allen Beteiligten die größtmögliche Rückendeckung genießen.

Die angeführten Vorschläge für Projekte innerhalb des Fachs „Projektmanagement" im Profil Technik und Management sind daher lediglich Anregungen und können in Teilen übernommen oder abgewandelt und den Bedingungen vor Ort angepasst werden.

2.6.1 Allgemeine Vorgehensweise

Informationen und Vorbereitungen

1. **Zeitlicher Rahmen:** Innerhalb welches Zeitraumes soll das Projekt abgeschlossen sein? Diese Frage ist gerade im Lauf des Schuljahres mit seinen Zwängen des Stundenplanes extrem wichtig. Der Fachlehrer liefert diese zeitliche Vorgabe, die mithilfe eines Schuljahresplaners in den Unterrichtsverlauf eingepasst werden muss.

2. **Teambildung:** Die ideale Teamgröße besteht aus ungefähr vier (minimal drei, maximal fünf) Teammitgliedern. Beachten Sie bei der Teambildung, dass das Funktionieren des Teams einen erheblichen Einfluss auf den späteren Erfolg hat und nicht mehr nachträglich geändert werden kann. Bei Gruppenprojekten bearbeitet ein Team ein eigenes Projekt, eventuell in Konkurrenz zu den anderen Teams. In Klassenprojekten dagegen übernimmt jedes Team ein oder mehrere Arbeitspakete.

3. **Teamleitung:** Das Team bestimmt einen Teamleiter, der für den Gesamtüberblick und die Kommunikation nach außen verantwortlich ist. Es sollte, möglichst einstimmig, eine Person ausgewählt werden, die diesem Anforderungsprofil gerecht wird.

Grundlegende Überlegungen
- Überprüfen Sie, ob das angedachte Projekt die Bedingungen gemäß der DIN 69901 erfüllt.
- Definieren Sie den Projektauslöser und beschreiben Sie, welche rechtlichen Gesichtspunkte Sie unter Umständen zu beachten haben.

Projektdefinition (Phase 1)
- Bereiten Sie ein Gespräch mit der Schulleitung vor, in dem Sie die noch ausstehenden Fragen klären. Erstellen Sie dazu einen Fragenkatalog.
- Formulieren Sie die Projektziele getrennt nach Sach-, Termin- und Kostenzielen.
- Erstellen Sie aus dem Projektauftrag ein Lastenheft und gegebenenfalls ein Pflichtenheft. Durch das Gegenzeichnen des Auftraggebers werden diese Dokumente verbindlich.
- Führen Sie eine Stakeholder-Analyse durch, um die für das Projekt wichtigen Einflussgruppen herauszufiltern. Fassen Sie Ihre Ergebnisse in einer Tabelle zusammen.
- Bereiten Sie das Kick-off-Meeting vor und führen Sie es durch, um das Projekt in die nächste Phase zu bringen.

Projektplanung (Phase 2)
- Erfassen Sie alle notwendigen Aktivitäten in einer Liste (Aktivitätenliste).
- Fassen Sie die Aktivitäten sinnvoll zu Arbeitspaketen zusammen. Jedes Arbeitspaket erhält eine eigene Beschreibung inklusive der verantwortlichen Person (siehe Vorlage in Kapitel 2.3.2, „Arbeitspakete").
- Entwickeln Sie einen Projektstrukturplan (PSP) und stellen Sie diesen grafisch dar.
- Ermitteln Sie für jedes Arbeitspaket die logischen Abhängigkeiten und die Dauer und fertigen Sie daraus eine Vorgangsliste.
- Definieren Sie die Meilensteine für Ihr Projekt.
- Führen Sie eine Terminplanung mit EDV-Unterstützung durch. Für kleinere Projekte genügt ein Gantt-Diagramm, etwas umfangreichere Vorhaben sollten mit der Netzplantechnik geplant werden.
- Erstellen Sie einen Kapazitäts- und einen Kostenplan.

Projektdurchführung (Phase 3)
- Führen Sie Ihr Projekt nach der abgeschlossenen Projektplanung durch. Entwickeln Sie einen Controlling-Regelkreis für das Ablauf-, das Kosten- und das Ergebnis-Controlling. Dokumentieren Sie das Controlling, beispielsweise durch Tabellen oder eine Meilenstein-Trend-Analyse.
- Dokumentieren Sie Ihr Projekt in einem eigenen Projektordner und erstellen Sie einen Berichtsplan. Die spezifischen Berichte fertigen Sie dann nach Plan bzw. auf Anforderung an.

Projektabschluss (Phase 4)
- Bereiten Sie eine Abschlusspräsentation vor.
- Reflektieren Sie den gesamten Projektverlauf gemeinsam in der Klasse und verfassen Sie einen Abschlussbericht.
- Lösen Sie das Team mit einer kleinen Feier auf und gestalten Sie einen angemessenen Projektabschluss.

2.6.2 Gruppenprojekte

Neugestaltung des Außenbereiches der Schule

Der Garten der Schule soll mit neuen Pflanzen deutlich schöner werden. Jede Gruppe erhält einen eigenen Bereich des Außengeländes, für dessen Gestaltung sie verantwortlich ist. Vorher muss ein gemeinsames Grundkonzept ausgearbeitet werden.

Des Weiteren sollen Skulpturen für den Innenhof und den Garten geschaffen werden. Dazu ist eine Kooperation mit den Kunstlehrern der Schule zu organisieren.

Nach Abschluss der Arbeiten wird der Außenbereich offiziell neu eröffnet. Dazu ist eine eigene Veranstaltung zu planen.

Gruppe 1 bis 4	= Jeweils Teile des Außenbereiches planen und gestalten.
Gruppe 5	= Kooperation mit dem Kunstunterricht durchführen. Planung und Aufstellung der Skulpturen.
Gruppe 6	= Organisation der Eröffnungsveranstaltung.

Unterrichtsfilme produzieren

Oft fehlen lebensnahe, den Schülern entsprechende Lehrfilme an der Schule.

Gerade in den Fächern BWL oder VWL werden die vorhandenen Filme als sehr trocken und langweilig empfunden.

Daher soll zu folgenden Themen je ein Lehrfilm gedreht werden:

Gruppe 1	= Zustandekommen eines Kaufvertrages
Gruppe 2	= Rechte des Käufers bei Sachmängeln
Gruppe 3	= Bedeutung der Allgemeinen Geschäftsbedingungen
Gruppe 4	= Verjährung von Forderungen
Gruppe 5	= Besonderheiten des Handelskaufs

Jeder Film soll maximal fünf Minuten lang sein und die wichtigsten Aspekte des Themas beleuchten. Fachliche Grundlage sind die eingeführten Lehrbücher, es können aber auch Recherchen durchgeführt werden.

Jede Gruppe hat ein Drehbuch vorzulegen, das vom Lehrer zu genehmigen ist. Daraus sollen die einzelnen Szenen, Kameraeinstellungen und Dialoge hervorgehen.

2.6.3 Klassenprojekte

Organisation der Skifreizeit

Jede Eingangsklasse des Technischen Gymnasiums führt zum besseren gegenseitigen Kennenlernen kurz nach den Weihnachtsferien eine Skifreizeit durch.
Der Ort, zu dem die Reisen bisher stattfanden, wird nicht mehr gewünscht, da die Schneeverhältnisse in den letzten Jahren immer schlechter wurden.
Es gilt nun, die Skifreizeit für alle drei Klassen neu zu organisieren. Es muss ein schneesicherer Skiort gefunden werden, der mit einem Reisebus innerhalb von etwa zehn Stunden zu erreichen ist. Die Kosten für den Gruppenskipass sind durch das Projektteam zu recherchieren.
Vor Ort sollte ein möglichst günstiges Hotel sein, das groß genug für alle Schüler ist und als Verpflegung auch Halbpension anbietet.
Vonseiten der Schule kann auf das bisher bewährte Busunternehmen zurückgegriffen werden, zur Absicherung sollen aber noch zwei weitere Angebote eingeholt werden.
Die Kosten dürfen je Person 280 EUR nicht überschreiten.
Als weitere Aufgabe hat das Team die verpflichtenden Ski- oder Snowboardkurse durch die begleitenden Lehrer zu organisieren. Dazu ist ein kleiner Fragebogen zu entwickeln, aus dem hervorgeht, ob ein Schüler Ski- oder Snowboard fahren möchte und welche Fähigkeiten er in seiner Disziplin hat. Anschließend sind die Skischulgruppen inklusive der betreuenden Lehrer zusammenzustellen.
Zu guter Letzt ist noch eine Informationsveranstaltung für die betroffenen Eltern durchzuführen, in der alle notwendigen Informationen (Kosten, Sicherheit, Einverständniserklärung etc.) bekannt gegeben werden.
Nach Abschluss der Skifreizeit ist ein gemeinsames Feedback zwischen dem Projektteam und dem Auftraggeber (Leitung des Technischen Gymnasiums) geplant.

Projektvorschläge

Abiturball

Aus Anlass des bestandenen Abiturs führt jede Jahrgangsstufe 2 des Technischen Gymnasiums einen Abschlussball durch, bei dem in offiziellem Rahmen die Zeugnisse der allgemeinen Hochschulreife feierlich übergeben werden.

Die Jahrgangsbesten in Mathematik, Technik, Sprachen, Chemie und Physik erhalten Preise, die Wirtschaftsunternehmen aus der Region spenden. Dazu wird eine geeignete Halle benötigt, die von der Schule aus mit öffentlichen Verkehrsmitteln zu erreichen ist.

Um nach dem offiziellen Teil noch ein gemütliches Beisammensein zu ermöglichen, ist ein warmes und ein kaltes Büfett zu organisieren, und für den Tanzteil muss eine entsprechende Musik- und Lichtanlage vor Ort sein. Der Discjockey soll aus der Schülerschaft kommen, die Musikauswahl mit der SMV abgestimmt sein.

In den Ablauf der Veranstaltung sind die Beiträge der einzelnen Klassen einzubauen, die jeweils einen kurzen Sketch über ihren Klassenlehrer vorführen wollen. Daher wird ein Ablaufplan für den festlichen Teil des Abschlussballs benötigt.

Wie es bei den bisherigen Abschlussfeiern üblich war, soll sich auch dieser Abschlussball finanziell selbst tragen, d. h., sämtliche Ausgaben müssen durch die Einnahmen gedeckt sein. Um dieser Vorgabe gerecht zu werden, wird eine Kalkulation notwendig.

Einladungen müssen verfasst und verteilt werden, die Kontoführung und der Kontoabschluss müssen schon vor Beginn der Feier geregelt sein.

Sobald das Konzept für den Abschlussball steht, wünscht die Schulleitung eine kurze Präsentation, um über die geplanten Vorgänge informiert zu sein.

Themenkreis 3:
Betriebliche Kommunikation

▶ **Um welche Probleme geht es in diesem Kapitel?**

Im Folgenden werden wissenschaftliche Lerntheorien erörtert sowie Regeln für eine reibungslose Kommunikation entwickelt. Denn Störungen und Konflikte innerhalb eines Teams sind Hindernisse für eine erfolgreiche Zusammenarbeit. Die beiden Seiten der Lehre und des Lernens sollen in diesem Kapitel beleuchtet werden. Es werden ausgewählte Lerntechniken (Lernmethoden) wie die SQ3R-Methode, das Mindmapping und die Mnemotechnik vorgestellt. Ebenso werden Regeln der internen Kommunikation beschrieben.

3.1 Lerntechniken (Lernmethoden)

Irrtum 15: „Was Hänschen nicht lernt, lernt Hans nimmermehr"
Heutige Senioren beweisen das Gegenteil. Sie schreiben sich an der Uni ein und machen ihren Master in Naturwissenschaften, lernen eine Fremdsprache oder nutzen den Computer. Hans lernt nicht mal unbedingt langsamer als Hänschen. In vielen Bereichen (z. B. dem mathematisch-naturwissenschaftlichen) lernen Kinder sogar mühsamer als Erwachsene, weil sie weniger Vorwissen mitbringen.

Erwachsene sind Kindern immer dann unterlegen, wenn sie ein bestimmtes Verhalten automatisiert haben und umlernen müssen. So tun sich Erwachsene, die es gewohnt sind, Menschen per Handschlag zu begrüßen, schwerer, wenn sie sich z. B. in Asien vor ihrem Gegenüber verbeugen sollen.

Quelle: Jacobs, Claudia: „20 Irrtümer über das Lernen", unter: www.focus.de/schule/lernen/tid-9722/mythen-20-irrtuemer-uebers-lernen_aid_297174.html, Zugriff am 03.11.2008

Wie erlernen Schüler, Auszubildende oder Mitarbeiter die durch Lehrpläne bzw. Arbeitsanweisungen vorgegebenen Inhalte? Welche Möglichkeiten gibt es, das Lernen zu erlernen? In einer Kindersendung heißt es: „Wer nicht fragt, bleibt dumm!" Durch lebenslanges Lernen kann man die Wahrscheinlichkeit einer Arbeitslosigkeit minimieren. Lerntechniken gewinnen daher durch diese Fragen eine immer größer werdende Bedeutung.

Lerntechniken sind geplante Verfahren zum Erlernen, Erhalten oder Ausbauen von Kenntnissen, Fähigkeiten und Fertigkeiten. Die Praxis zeigt, dass betriebliche Tätigkeiten und Prozesse an vielen Stellen von Mitarbeiter zu Mitarbeiter tradiert (weitergegeben) werden müssen. Diese Arbeitsplatzunterweisung übernimmt oft ein erfahrener Mitarbeiter oder Ausbilder. Neue Mitarbeiter oder Auszubildende müssen diese Tätigkeiten und Prozesse aufnehmen und erlernen. Die Fähigkeit zum Lernen ist angeboren, sie kann jedoch durch Training und spezielle Lernmethoden deutlich verbessert werden. Dabei gilt es zu beachten, dass es unterschiedliche Lerntypen gibt, auf die auch jeweils die betreffende Lernmethode abgestimmt werden kann. Der **auditive Lerntyp** verarbeitet am besten Informationen, die ihm im Vortrag dargeboten werden. Er nimmt Informationen am besten über sein Gehör auf. Der **visuelle Lerntyp** verarbeitet diejenigen Informationen am besten, die ihm anhand von Bildern und Filmen dargeboten werden. Er behält die Informationen am besten, die er über seine Augen aufnimmt.

Der **kinästhetische Lerntyp** erlernt Fertigkeiten und Kenntnisse am besten, wenn er sie durch eigene Bewegungen seines Körpers wahrnimmt. Mitarbeiter, die in solchen Techniken geschult sind, können neue Tätigkeiten schneller erlernen als andere und sind daher flexibler einsetzbar. Das Lernen im engeren Sinne findet beim Übergang der Information vom Kurzzeitspeicher in den Langzeitspeicher des Gehirns statt.

Niggemann (1977) zeigt in einer Veröffentlichung, dass ein zu vermittelnder Stoff je nach Übermittlungsart unterschiedlich gut behalten werden kann:

Übermittlungsart	Erinnerbarkeit
Vortrag (nur Hören)	ca. 20 %
Bilder/Filme (nur Sehen)	ca. 30 %
Vortrag und Bilder (Hören + Sehen)	ca. 50 %
Gemeinsames Lernen, Kooperation und eigenes Handeln	ca. 70 %
Mitentscheidung über Auswahl und Inhalt des Sachverhalts	ca. 90 %

Diese Weisheit war bereits im chinesischen Altertum bekannt; so sagte einst Konfuzius: „Ich höre, ich vergesse. Ich sehe, ich erinnere mich. Ich tue, ich verstehe."

3.1.1 Die SQ3R-Methode

Die SQ3R-Methode wurde von dem Amerikaner Francis P. Robinson bereits im Jahr 1946 entwickelt. Sie stellt eine besonders effektive Methode in Bezug auf den Lerneffekt des gelesenen Inhaltes dar. Dabei steht „SQ3R" für **S**urvey, **Q**uestions, **R**ead, **R**ecite und **R**epeat/**R**eview.

Survey (Sichtung des Textes) dient dazu, dass der Leser zunächst einen Überblick über das Textdokument gewinnt. Durch das Studium von Überschriften, Struktur und Stichworten wird der Leser auf den Inhalt vorbereitet. Dabei werden bisher gemachte Erfahrungen und gespeichertes Wissen aus dem Langzeitgedächtnis abgerufen. Der Leser soll sich somit einen Überblick über die Struktur des Textes verschaffen und Antworten auf die Fragen:

Wie lang ist der Text und wie lautet der Titel? Was sagt die Einleitung? Wie viele Zwischenüberschriften gibt es? Sind einzelne Textpassagen besonders gekennzeichnet? Gibt es ein Sach-, Namens- oder Literaturverzeichnis?

In der zweiten Phase, genannt **Questions** (Fragen an den Text), überlegt der Leser, welche Fragen er gerne zu diesem Thema beantwortet hätte. Später kann er dann feststellen, ob der Text diese Fragen auch beantworten konnte. Durch die Entwicklung von Fragen wird das Eigeninteresse des Lesers geweckt und es werden Schwerpunkte gesetzt, die eine Vorfilterung wichtiger Themen vorwegnimmt.

Erst in der dritten Phase, dem **Read** (ausführliches Lesen des Textes), beginnt der Leser, den Text ausführlich zu lesen. Der Text wird abschnittsweise „erarbeitet". Die Informationen müssen dabei erfasst und nachvollzogen werden. Wichtige Details sollten hervorgehoben und für Tabellen und sonstige Schaubilder extra Zeit eingeplant werden. Unter Umständen müssen die Informationen, die nicht verstanden werden, an anderer Stelle nachgeschlagen werden. Beim Lesen des gesamten Textes soll abschnittsweise vorgegangen werden, um nach Antworten auf die gestellten Fragen zu suchen. Dabei sollte der Leser darauf achten, dass er sich vom Text nicht zu sehr ablenken lässt.

Das **Recite** (gelesenes Vergegenwärtigen) dient dazu, nach jedem Sinnabschnitt zu rekapitulieren, ob auf die Fragen der zweiten Phase (Questions) eine Antwort geliefert wurde. Die Antwort kann dann schriftlich fixiert werden.

Zum Schluss, in der Phase des **Repeat/Review** (erneut lesen und wiedergeben), muss der gesamte Inhalt des Textes wiederholt werden und die Erkenntnisse daraus müssen schriftlich fixiert werden.

3.1.2 Das Mindmapping

Heutzutage geschieht Mindmapping meist am PC. Es gibt eine Vielzahl von Programmen, von Freeware bis zu sehr teuren Geschäftsanwendungen. Mindmaps starten mit einem zentralen Thema in Form einer Sprechblase oder Wolke im Zentrum des Blattes. Ausgehend von dieser Sprechblase ragen die Hauptkapitel des Themas in dicken Ästen nach verschiedenen Seiten ab. Jedes Hauptkapitel kann weitere Unterkapitel besitzen, die in feineren Unterästen von den Hauptästen wegführen. Formal bestehen Mindmaps aus beschrifteten Baumdiagrammen. Das Mindmapping darf nicht mit dem Brainstorming verwechselt werden. Beim Brainstorming werden verschiedene unsortierte Begriffe mithilfe der Pinnwandmoderation gegliedert. Beim Mindmapping hingegen wird von Beginn an eine vernetzte Struktur erzeugt. Themen können mit dieser Methode schnell gegliedert und daher leichter erlernt werden.

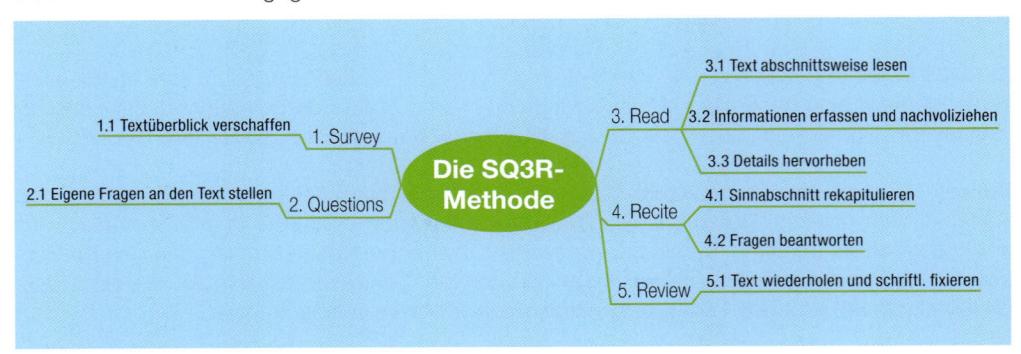

Mindmap zur SQ3R-Methode

3.1.3 Die Mnemotechnik

Die Mnemotechnik dient dazu, sogenannte Merkhilfen bzw. „Eselsbrücken" zu entwickeln, mit denen viele verschiedene Begriffe einfacher behalten werden können. Neben den kleinen Merkhilfen können mit der Mnemotechnik aber auch Listen mit tausenden von Wörtern oder Zahlen erinnert werden. Ein durchschnittlicher untrainierter Mensch kann sich lediglich fünf bis neun Begriffe in einer Reihenfolge merken. Hier kommt das von Psychologen beschriebene Gesetz des „vollbepackten Esels" zur Geltung. Kommen mehr als sieben +/- zwei Begriffe in den Kurzzeitspeicher des Gehirns einer Person, muss Speicherkapazität freigemacht werden. Dies geschieht entweder durch Vergessen (Begriffe fallen hinten auf dem Eselsrücken runter), durch Übernahme in den Langzeitspeicher des Gehirns oder durch Verknüpfen kleinerer Einheiten zu größeren (Superzeichenbildung).

Lerntechniken (Lernmethoden)

> Ein kleiner Selbstversuch:
>
> Lesen Sie sich selbst folgende Einkaufsliste laut und deutlich vor (max. 30 Sekunden lang). Merken Sie sich dabei so viele Produkte der Liste, wie Sie können. Schlagen Sie das Buch zu und schreiben Sie alle Produkte, an die Sie sich erinnern können, auf ein Blatt Papier.
>
> 1. Einen Laib Brot, 2. Einen Kopfsalat, 3. Frischer Basilikum, 4. 200 Gramm Mozzarella-Käse, 5. Vier Laugenbrötchen, 6. Deodorant, 7. Einen Kasten Mineralwasser, 8. Einen Flaschenöffner, 9. Eine Dose Bier, 10. Eine Packung Aufbackbretzeln, 11. Toilettenpapier, 12. 200 Gramm Pfeffersalami, 13. 200 Gramm Käseaufschnitt, 14. Vier Äpfel und 15. Haarspray.

Wie viele Produkte auf der Einkaufsliste konnten Sie richtig wiedergeben? Bei fünf bis neun Richtigen liegen Sie im Durchschnitt. Wie beschrieben, kann man sich mithilfe der Mnemotechniken aber viel mehr Begriffe merken. Ein Ansatz wäre, die 15 Begriffe der Einkaufsliste unter sogenannten **„Superzeichen"** zusammenzufassen. Beispielsweise kann man die Superzeichen nach den Einkaufsabteilungen eines Supermarktes gliedern: 1. Superzeichen: für **Backwaren**. Dazu gehören der Laib Brot, die Aufbackbretzeln und die vier Laugenbrötchen. 2. Superzeichen: für **Körperpflege**. Es beinhaltet das Deodorant, das Toilettenpapier und das Haarspray. 3. Superzeichen: für die **Wurst- und Käsetheke**. Darunter fallen jeweils 200 Gramm Pfeffersalami, Käseaufschnitt und Mozzarella-Käse. 4. Superzeichen: für die **Obst- und Gemüsewaren**. Hier werden die vier Äpfel, das frische Basilikum und der Kopfsalat eingeordnet. 5. und letztes Superzeichen: für die **Getränkeabteilung**. Dazu gehören der Kasten Mineralwasser, der Flaschenöffner und die Dose Bier. Mithilfe dieser fünf Superzeichen kann man schneller und einfacher auf die insgesamt 15 einzelnen Produkte zurückkommen.

Anhand eines anderen Beispiels können die Grundelemente der Mnemotechnik ebenso beschrieben werden. So kann man sich die Konstellation unserer Planeten in der Entfernung zur Sonne mit folgendem Satz herleiten:

„**M**ein **V**ater **e**rklärt **m**ir **j**eden **S**onntag **u**nseren **N**achthimmel".

Reiht man die Anfangsbuchstaben jedes einzelnen Wortes aus diesem Satz aneinander, ergibt sich die Reihenfolge der Anfangsbuchstaben der Planeten unseres Sonnensystems: **M-V-E-M-J-S-U-N** für **M**erkur-**V**enus-**E**rde-**M**ars-**J**upiter-**S**aturn-**U**ranus-**N**eptun. Natürlich muss man wissen, dass der Merkur näher an der Sonne liegt als der Mars und man muss alle Planetennamen wissen.

Bei weiteren typischen Mnemotechniken werden die zu erlernenden Begriffe in sogenannten Assoziationsketten so aneinandergereiht, dass ihre richtige Reihenfolge erhalten bleibt. Die bekannteste Methode ist die **Loci-Methode** (vom Lateinischen abgeleitet für Locus = Platz/Ort). Bei der Loci-Methode wird das zu lernende Material mit einem bestimmten Weg und den dort vorfindbaren Lokalitäten verknüpft. Als Weg kann man zum Beispiel den Weg von seinem Zuhause zum Arbeitsplatz wählen. Der Weg führt also vom Haus (1. Ort) am Strand entlang, an dem ein Segelboot (2. Ort) liegt. Dann muss man über eine Eisenbahnbrücke (3. Ort) und schließlich durchs Gewerbegebiet (4. Ort), um zur Arbeitsstelle (5. Ort) zu kommen. Nun verknüpft man diese Orte mit den zu erlernenden Begriffen in einer kleinen Geschichte. Die Geschichte könnte, verbunden mit den Begriffen der Einkaufsliste von oben, folgendermaßen lauten: „Ein sehr großer Laib Brot blockiert die Haustür.

Auf dem Segelboot am Strand putzt eine Frau einen Kopfsalat. Der Zug auf der Eisenbahnbrücke transportiert viele Basilikumpflanzen. Auf der Zufahrt ins Gewerbegebiet liegt eine riesige Kugel Mozzarella-Käse. Der Mitarbeiter am Arbeitsplatz isst vier Laugenbrötchen usw.

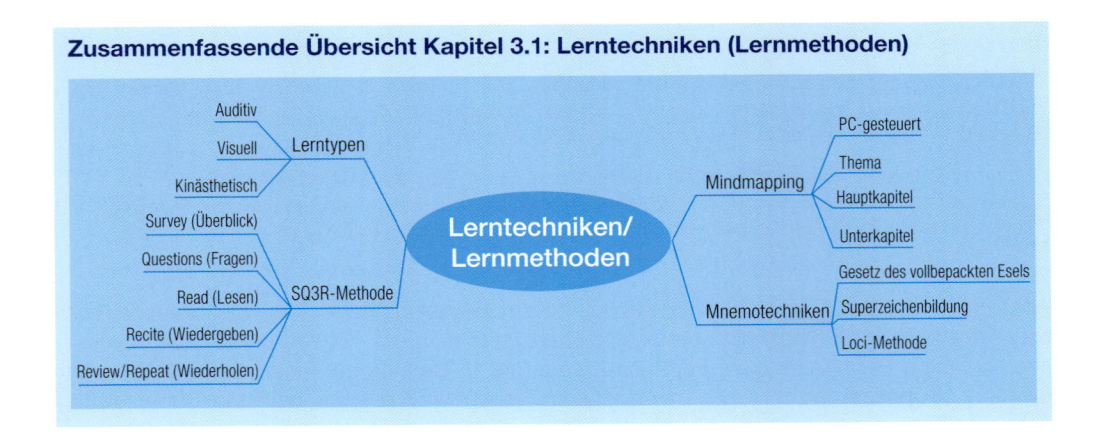

Zusammenfassende Übersicht Kapitel 3.1: Lerntechniken (Lernmethoden)

- **Lerntechniken/Lernmethoden**
  - **Lerntypen**
    - Auditiv
    - Visuell
    - Kinästhetisch
  - **SQ3R-Methode**
    - Survey (Überblick)
    - Questions (Fragen)
    - Read (Lesen)
    - Recite (Wiedergeben)
    - Review/Repeat (Wiederholen)
  - **Mindmapping**
    - PC-gesteuert
    - Thema
    - Hauptkapitel
    - Unterkapitel
  - **Mnemotechniken**
    - Gesetz des vollbepackten Esels
    - Superzeichenbildung
    - Loci-Methode

Wiederholung des Grundwissens

1. Nennen Sie die drei Arten von Lerntypen und beschreiben Sie, durch welche Sinne diese Lerntypen Informationen am besten aufnehmen und speichern.
2. Überlegen Sie, ob sich die SQ3R-Methode dazu eignet, 20 seiner wichtigsten Telefonnummern auswendig zu lernen.
3. Unterscheiden Sie Mindmapping und Brainstorming.
4. Unterscheiden Sie die beiden Mnemotechniken Superzeichenbildung und Loci-Methode.

Aufgaben und Probleme

1. Die SQ3R-Methode

– Erarbeiten Sie die Inhalte des folgenden Textes mithilfe der SQ3R-Methode.

Powerreading

Texte schnell erfassen
Wer einmal ein spannendes Buch verschlungen hat, weiß, wie Schnelllesen funktioniert. Mit der Schullektüre klappt das seltener – die richtige Technik hilft auch hier.

Von Focus-Schule-Redakteurin Heidi Wahl

Übung macht den Meister – Vielleser werden automatisch zu Schnelllesern. Noch 40 Seiten für das Referat durcharbeiten? Und dann noch mal vier Buchkapitel als Deutsch-Hausaufgabe? Eine Qual ist das Lesen für viele Schüler, und nur unfreiwillig greifen sie daher zum Buch. Das Fatale daran: Wer wenig liest und obendrein nur einfach geschriebene Texte, wird immer langsamer und schlechter – und ist noch weniger motiviert.

Neurowissenschaftliche Studien zeigen, dass Schnellleser dagegen ihr Gehirn ordentlich fordern, deshalb aufmerksamer sind und sich mehr merken als normale Leser. Die Fähigkeit, Texte mit hohem Tempo zu erfassen und hinterher auch Detailfragen zum Inhalt beantworten zu können, wird als Lesekompetenz bezeichnet. Und genau darauf kommt es an.

Für die tägliche Praxis heißt das: alte Lesegewohnheiten ablegen, neue einüben. Durchschnittliche geübte Leser schaffen 200 bis 300 Wörter pro Minute. Vorausgesetzt, der Text beschäftigt sich nicht mit technisch komplizierten Sachverhalten. Schnelle Leser bringen es auf 800 bis 1.000 Wörter, geprüfte Rekorde liegen gar bei 3.000 bis 4.000 erfassten Wörtern pro Minute. Wie das gehen soll? Durch „Chunking"-Text auf einen Blick erfassen. Während sich Lese-Anfänger Buchstabe für Buchstabe durch die Zeile hangeln, genügen routinierten Lesern wenige Augenbewegungen für das Erfassen einer Zeile. Mit nur einem Blick scannen und verstehen sie zwei bis vier Wörter auf einmal – „Chunking" („Haufen bilden"), nennt man das. Profileser haben mehrere Wörter oder gar Textblöcke als Bild samt ihrer Bedeutung im Kopf abgespeichert, während etwa Grundschüler erst einzelne Buchstaben erkennen und sie zusammensetzen, das neue Wort aussprechen, dann den Inhalt verstehen und schließlich die Information als Bild speichern.

Entscheidend für schnelles Lesen ist daher die Fähigkeit, bereits einmal erfasste „Wortgruppen-Bilder" mit einem Blick wiederzuerkennen, aufzurufen und so das Gelesene zu entschlüsseln. Dass unser Gehirn dabei extrem fehlertolerant ist, zeigt der folgende Text. Einfach mal probieren!

TEST: BEIM LESEN DES TEXTES DIE RECHTSCHREIBUNG NICHT BEACHTEN

Eanustilrch, aebr whar: Dmiat ein Txet lbsear bbielt, msesün von snieen eznieenln Wreötrn nur der jlweies etsre und ltteze Bbhcutsae am rgeithecn Patlz sien. Die Btsebcahun dshczawein knan man biieelbg aendronn – tdetzrom erssaft uensr Grihen die Wetrör und den Txet kkrreot. Und da kagelen Lrheer üebr Feelhr im Dtakit …

Leichter fällt das Lesen durch eine vertraute Schriftart – etwa die häufig verwendete Times New Roman, die durch Serifen, also kleine Häkchen oben und unten an den Buchstaben, den Lesefluss erleichtern.

Blocksatz, zu geringer Zeilenabstand sowie zu große bzw. zu kleine Schriftgrößen hingegen reduzieren Lesegeschwindigkeit und Textverständnis. Gerade in Sach- und Fachtexten findet man oft solche Lesehemmer. Doch wer regelmäßig, konzentriert und schnell liest, der schafft selbst grafisch nicht optimal gestaltete Seiten mühelos. Alles eine Frage der Übung.

Quelle: Heidi Wahl: Powerreading, unter:
www.focus.de/schule/lernen/lernatlas/tid-9043/powerreading_aid_262846-html, Zugriff am 03.11.2008

2. Mindmapping

– Erstellen Sie ein Mindmap zum Thema Powerreading.

3. Mnemotechnik

– Lernen Sie mithilfe der Technik der Superzeichenbildung folgende Einkaufsliste auswendig (Tipp: Finden Sie zunächst die fünf Superzeichen, die man den Artikeln der Einkaufsliste zuordnen kann).

100 Kreuzschrauben, ein paar Tennissocken, eine Krawatte, einen Kugelschreiber, einen MP3-Player, einen Tischkalender, einen Minirock, einen Liter Essig, 250 Gramm Butter, 10 Liter rote Wandfarbe, ein Notebook, eine Packung Kopierpapier, eine Spielkonsole, einen Liter Milch, einen Hammer.

3.2 Die betriebliche Kommunikation

BIBB/Bildung und Beruf
16.08.2007
Ein Beitrag der Perspektive Mittelstand

Fast jeder sechste Arbeitnehmer fühlt sich aufgrund des Arbeitspensums überfordert. Der steigende Leistungsdruck wird für viele zur Belastung und durch Defizite in der internen Kommunikation noch verstärkt, wie eine Umfrage unter 20.000 Erwerbstätigen zu den Arbeitsbedingungen in Deutschland nun belegt.

http://www.perspektive-mittelstand.de/Umfrage_Arbeitnehmer_beklagen_mangelnde_Kommunikation_im_Unterne/management-wissen/1370.html, Zugriff am 23.10.2008

Wie wichtig eine gute betriebliche Kommunikation geworden ist, zeigt die oben stehende Untersuchung. Mitarbeiter werden durch schlechte Kommunikation nicht nur stark belastet und demotiviert, sondern auch krank. Nötig sind präzise Fragen und schnelle klare Antworten.

Eine gut funktionierende innerbetriebliche Kommunikation stellt die Voraussetzung dar, damit in einem Unternehmen erfolgreich und effektiv gearbeitet werden kann. Kommunikationsstörungen haben zur Folge, dass der reibungslose Betriebsablauf gestört wird. Nach dem Kommunikationswissenschaftler Friedemann Schulz von Thun gibt es bei der Kommunikation immer einen Sender und einen Empfänger. Der Sender übermittelt dem Empfänger eine Nachricht. Damit der Empfänger die Nachricht verstehen kann, muss sie in einem Code (Sprache) verfasst sein, den beide kennen. Die Nachricht an sich besitzt vier Seiten (Aspekte). Erstens soll ein **Sachinhalt** übermittelt werden. Zweitens steckt in jeder Nachricht nicht nur eine Information über die mitgeteilten Sachinhalte, sondern sie beinhaltet auch Informationen über die Person des Senders (**Selbstoffenbarung**). Drittens gibt die Nachricht Auskunft über die **Beziehung** zwischen Sender und Empfänger. Viertens steckt in der Regel in einer Nachricht ein **Appell**, um auf den Empfänger Einfluss zu nehmen.

Die Kommunikation kann in drei Arten unterschieden werden:

1. die menschliche Kommunikation, z. B. ein Verkaufsgespräch
2. die Mensch-Maschine-Kommunikation, z. B. eine Datenbankabfrage durch einen User
3. die maschinelle Kommunikation, z. B. ein automatischer Datenabgleich

An Kommunikationsformen werden **„akustische"**, **„optische"** und **„taktile" Kommunikation** unterschieden. Ein Beispiel für akustische Kommunikation ist ein Telefonat, für optische Kommunikation ein Fax und für taktile Kommunikation eine Berührung zwischen zwei Menschen. Um Kommunikationsproblemen aus dem Wege gehen zu können, ist es möglich, **Kommunikationsregeln** aufzustellen. Zum Beispiel kann man vereinbaren, dass:

- dem Kommunikationspartner aktiv (Augenkontakt) zugehört wird
- Thesen begründet werden
- verständlich gesprochen wird
- nonverbale Gesprächselemente wahrgenommen werden und darauf angemessen reagiert wird
- auf Störungen in der Kommunikation geachtet und situativ reagiert wird

Unter interner Kommunikation versteht man die verbale und nonverbale Kontaktaufnahme zwischen Angehörigen einer bestimmten Gruppe oder Organisation mit dem Sinn und Zweck der

Optimierung organisatorischer Abläufe, der Informationsverbreitung, dem Austausch sowie der Motivation und Bindung.

Es können zwei verschiedene Arten der internen Kommunikation unterschieden werden: die formelle Kommunikation und die informelle Kommunikation.

3.2.1 Formelle interne Kommunikation

Normalerweise unterscheidet sich ein Kommunikationsprozess in Unternehmen nicht von einer Kommunikation im privaten Bereich, d. h., die allgemeinen Grundlagen der Kommunikation haben auch hier ihren Sinn und Zweck. Es ergeben sich aber insgesamt Unterschiede durch bestimmte, in Unternehmen bestehende Rahmenbedingungen. Die geplante Kommunikation in Unternehmen kann nicht frei gestaltet werden, sondern sie regelt sich durch die organisatorischen Vorgaben, die sowohl Form und Inhalt als auch den Ablauf der Kommunikation vorgeben. Aufgrund dessen nennt man diesen organisierten Teil der internen Kommunikation „formell".

Ein Kennzeichen dieser formellen Kommunikation ist, dass sie meist dauerhaft und personenunabhängig organisiert ist, um einen reibungslosen innerbetrieblichen Kommunikationsfluss zu gewährleisten. Eine Pflicht zur formellen Organisation der Kommunikationsprozesse leitet sich dabei aus dem Betriebsverfassungsgesetz ab. So sind nach den §§ 81–83 des BetrVG die Arbeitgeber verpflichtet, die Arbeitnehmer über ihre Arbeitsaufgaben, Gefahren, Personalunterlagen etc. zu informieren. Darüber hinaus werden jedoch alle Unternehmen versuchen, die interne Kommunikation zur Optimierung ihrer organisatorischen Abläufe zu nutzen.

Normalerweise wird formelle interne Kommunikation in bestimmter Art und Weise schriftlich fixiert. Dazu dienen Protokolle, E-Mails und Gesprächsnotizen.

3.2.2 Informelle interne Kommunikation

Neben der formellen Kommunikation zeichnet sich die interne Kommunikation auch durch einen informellen Anteil aus, der den gesamten nicht vorgeschriebenen und organisatorisch geregelten Anteil umfasst.

Früher wurde dieser häufig als „Flurfunk" bezeichnete Anteil als unzuverlässig, wenig berechenbar und daher als Störung der formellen Kommunikation verstanden und es wurde versucht, diese informelle Kommunikation weitestgehend zu unterbinden.

Seit Bekanntwerden des sogenannten Hawthorne-Effekts wurde aber deutlich, dass die menschliche Arbeitsleistung wesentlich auch durch soziale Faktoren geprägt wird und somit auch die informelle Kommunikation dazu beiträgt, die Effizienz von Unternehmen zu erhöhen. Der Hawthorne-Effekt wurde 1924–1932 in einer Reihe von Studien in der Hawthorne-Fabrik der amerikanischen Western Electric Company entwickelt und besagt, dass Arbeitern weniger an Lohnsteigerungen als vielmehr an einer sozial-emotionalen Umgestaltung der Arbeitsbedingungen, besonders des Führungsstils, liegt.

3.2.3 Medien der internen Kommunikation

Als klassische Medien der internen Kommunikation gelten Mitarbeiterzeitschriften. Diese fokussieren zumeist auf eine interne Informations-, Motivations- und Orientierungsfunktion. Des

Weiteren gibt es elektronische Medien, die schnell und komfortabel gerade in multinationalen Kommunikationskontexten eingesetzt werden. Vermischt man beide Arten der Kommunikationsmedien, spricht man von „Cross Media".

Weitere klassische Medien der (formellen) internen Kommunikation sind:

- Betriebsversammlungen
- Management-Informationsbriefe
- Mitarbeitergespräche
- Rundschreiben
- Schwarze Bretter

Beispiele für elektronische Medien der internen Kommunikation sind:

- E-Mails
- Intranet
- Online-Newsletter
- Wiki
- Blog
- Soziale Netzwerke

Ein Wiki (hawaiianisch für schnell), ist ein Hypertext-System, das Inhalte für die Benutzer nicht nur zum Lesen bereitstellt, sondern in dem sich die Inhalte auch online abändern und ergänzen lassen. Wikis können auf einem lokalen PC, in lokalen Netzwerken und/oder im Internet angewendet und veröffentlicht werden. Sie ermöglichen es mehreren Autoren, gemeinsam an Texten zu arbeiten.

Unter Blog (Weblog) versteht man ein Tagebuch, das auf einer Webseite geführt und somit für jedermann einsehbar ist. Die ersten Weblogs tauchten Mitte der 1990er-Jahre auf. Sie wurden damals Online-Tagebücher genannt. Autoren dieser Weblogs nennt man Blogger. Einträge in diesen Tagebüchern nennt man Postings oder kurz Posts. Bei vielen Weblogs können Kommentare zu den Veröffentlichungen abgegeben werden.

Zusammenfassende Übersicht Kapitel 3.2: Die betriebliche Kommunikation

- **Die betriebliche Kommunikation**
  - **Die vier Aspekte einer Nachricht**
    - Sachinhalt
    - Selbstoffenbarung
    - Beziehung
    - Appell
  - **Kommunikationsarten**
    - Menschliche Kommunikation
    - Mensch-Maschine-Kommunikation
    - Maschinelle Kommunikation
  - **Kommunikationsformen**
    - Akustisch
    - Optisch
    - Taktil
  - **Kommunikationsregeln**
  - **Interne Kommunikation**
    - Formell
    - Informell
  - **Medien der Kommunikation**
    - Klassische
    - Elektronische

Wiederholung des Grundwissens

1. Nennen Sie die vier Aspekte einer Nachricht und verdeutlichen Sie die Aspekte anhand einer selbst gewählten Nachricht.
2. Unterscheiden Sie Kommunikationsarten und Kommunikationsformen.
3. Nennen Sie je zwei Beispiele für die drei Kommunikationsformen.
4. Unterscheiden Sie die formelle von der informellen Kommunikation und beschreiben Sie je ein Beispiel.
5. Unterscheiden Sie die beiden Medien Blog und Wiki.
6. Wodurch unterscheiden sich Push- und Pull-Medien?

Aufgaben und Probleme

In einem Unternehmen findet folgendes Gespräch zwischen Ausbilder und Auszubildendem statt:

Ausbilder (mit hochrotem Kopf und sehr erregt): „Mensch Michael, wie oft habe ich Ihnen schon gesagt, dass Sie mich über alles, was Sie nach außen geben, informieren sollen! Nun haben Sie per E-Mail schon wieder ein Angebot mit einem falschen Rabattsatz an einen Kunden gesendet, das nicht von mir abgesegnet wurde. Sie sind noch Auszubildender und haben keinerlei Vertretungsrechte. Wenn das noch einmal vorkommt, sorge ich dafür, dass Sie eine Abmahnung bekommen."

Michael (sehr kleinlaut): „Entschuldigen Sie bitte, Herr Kaiser, es kommt nicht wieder vor."

a) Erarbeiten Sie die vier Aspekte (nach Schulz von Thun) dieser Nachrichten.
b) Nennen Sie die jeweilige Kommunikationsart und Kommunikationsform dieses Gesprächs.
c) Nennen Sie Möglichkeiten, die verhindern, dass Michael seine Aufgaben wieder falsch erledigt.

3.3 Störungen der Kommunikation

Paul Watzlawick stellt in seinem Buch „Menschliche Kommunikation: Formen, Störungen, Paradoxien", in Deutschland 1974 veröffentlicht, fünf verhaltensmäßige Grundsätze auf, die zu einer gestörten Kommunikation führen können. Nur wer sich diese Störungen bewusst macht, kann sie auch beseitigen.

Erstens: „Es ist unmöglich, nicht zu kommunizieren". Sobald eine Person in Gegenwart anderer Menschen ist, verhält sie sich in irgendeiner Weise, denn es ist nicht möglich, dass sie sich nicht verhält. Eine Kommunikation setzt somit nicht nur den Austausch von Worten voraus. Jedes Verhalten allein ist schon Kommunikation. Missverständnisse sind bei dieser nonverbalen Kommunikation vorprogrammiert.

Zweitens: „Störungen auf dem Gebiet der Inhalts- und Beziehungsebene". Der Inhalt einer Kommunikation wird durch den reinen Informationsaustausch (das Was) einer Mitteilung dargestellt. Die Beziehungsebene einer Kommunikation macht deutlich, in welcher Beziehung die Gesprächspartner untereinander stehen. Die Beziehungsebene wird durch das Wie des Informationsaustauschs definiert. Eine Einigkeit auf beiden Ebenen ist der Idealfall. Alle anderen Möglichkeiten (Uneinigkeit auf einer oder gar auf beiden Ebenen) stellen eine Störung in der Kommunikation dar.

Drittens: „Die Interpunktion von Ereignisfolgen". Dieser Grundsatz geht davon aus, dass Menschen der Meinung sind, dass es nur eine Wirklichkeit gibt, nämlich ihre eigene. Eine Wahrnehmung, die von der eigenen abweicht, wird als Böswilligkeit oder Verrücktheit des anderen ausgelegt. Eine weitere Form der widersprüchlichen Interpunktionen von Ereignisabläufen ist die sich selbst erfüllende Prophezeiung. Hier liegt der Grund der Kommunikationsstörung nicht irgendwo in der Vergangenheit einer Beziehung, sondern sie hat einen Anfangspunkt: eine Prämisse, die zwischenmenschliche Beziehungen im Vorhinein festsetzt. Dem anderen wird ein Verhalten aufgezwungen, indem man ein Benehmen zeigt, das den anderen zu dieser oder jener Reaktion zwingt.

Viertens: „Fehler in der Übersetzung digitaler oder analoger Kommunikation[1]". Menschliche Kommunikation läuft sowohl digital als auch analog ab. Digitale Kommunikation geschieht auf der Inhalts- und analoge auf der Beziehungsebene. In jedem Gespräch wird analog und digital kommuniziert. Alle Gebärden, jeder Ausdruck des Gesichts, der Tonfall, die Körperhaltung fallen in den Bereich der analogen Kommunikation. Dagegen bedeutet der reine Informationsaustausch digitale Kommunikation. Analoge Kommunikation ist oft mehrdeutig zu verstehen: Tränen können sowohl Trauer als auch Freude ausdrücken. Der andere entschlüsselt die Bedeutung so, wie sie im Einklang mit seiner individuellen Sicht der Beziehung steht. Meist entspricht diese Sicht aber nicht der des anderen, und hieraus ergibt sich ein Problem der Mitteilung. So kann z. B. ein Geschenk sowohl mit Zuneigung als auch zur Bestechung oder aus Reue gemacht werden.

Fünftens: „Störungen in der symmetrischen und komplementären Interaktion". Zwischenmenschliche Kommunikation ist entweder symmetrisch oder komplementär. Wenn die Beziehung zwischen den Kommunikationspartnern auf Gleichheit beruht, ist sie symmetrisch, wenn sie auf Unterschiedlichkeit beruht, ist sie komplementär. Störungen in der symmetrischen Interaktion entstehen, wenn einer der Kommunikationspartner aus der Gleichheit ausscheren will. So können beim anderen Missgunst und Neid entstehen. Störungen der komplementären Interaktion können durch Entwertungen der Selbstdefinitionen zwischen den Kommunikationspartnern entstehen. Bei der komplementären Beziehung zwischen Vorgesetzten und Untergebenen ist das Einnehmen der jeweiligen Rolle eine wichtige Voraussetzung für die Aufrechterhaltung dieser Beziehung.

---

[1] *Analoge und digitale Kommunikation ist hier nicht als eine fernmündliche Nachrichtenübermittlung zu verstehen, sondern als Kommunikation zwischen zwei sich gegenüberstehenden Personen.*

Störungen der Kommunikation

Zusammenfassende Übersicht Kapitel 3.3: Störungen der Kommunikation

Paul Watzlawick beschreibt fünf Gründe für Störungen in der menschlichen Kommunikation:

1. Es ist unmöglich, nicht zu kommunizieren. So entstehen oft Probleme in der nonverbalen Kommunikation.
2. Störungen auf dem Gebiet der Inhalts- und Beziehungsebene
3. Interpunktion von Ereignisfolgen
4. Fehler in der Übersetzung digitaler und analoger Kommunikation
5. Störungen in der symmetrischen und komplementären Interaktion

Wiederholung des Grundwissens

Nennen Sie je ein Beispiel zu einer der fünf Störungen in der menschlichen Kommunikation.

Aufgaben und Probleme

Beschreiben Sie den Zusammenhang des folgenden Bildes mit der gestörten Kommunikation nach Watzlawick.

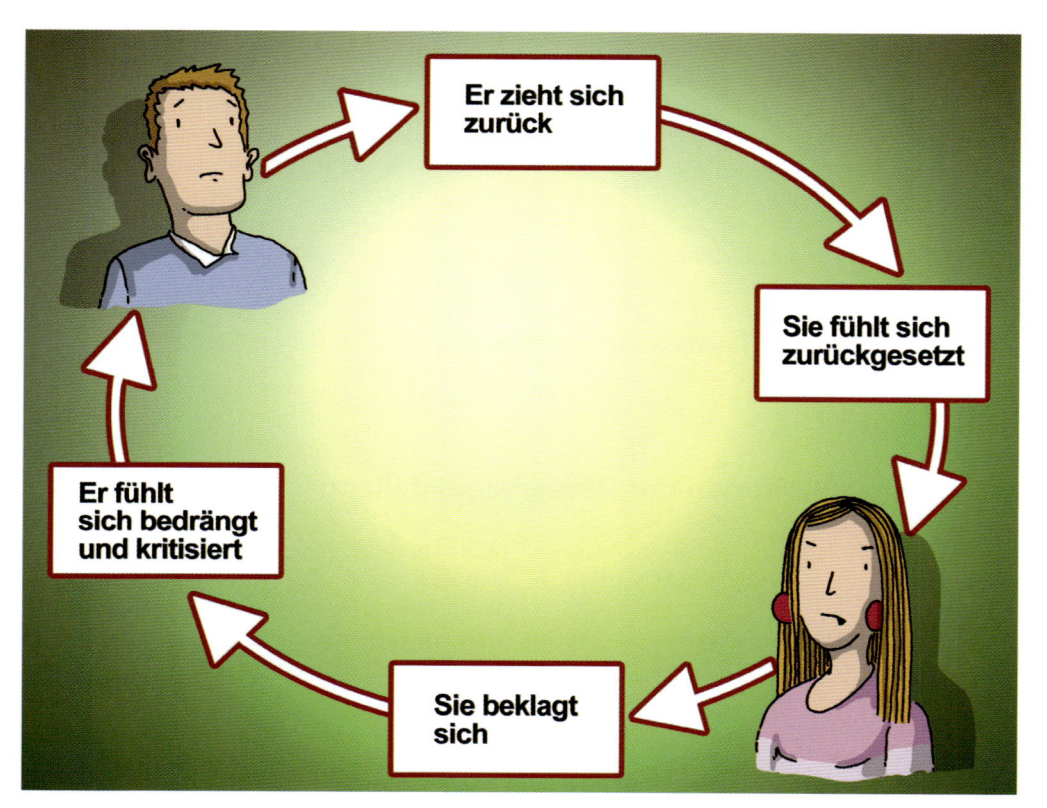

Themenkreis 4
Führung und Organisation

▶ **Um welche Probleme geht es in diesem Kapitel?**

In unserem marktwirtschaftlichen System ist der unternehmerische Erfolg entscheidend von der Führungsqualität, der Organisationsstruktur und den Mitarbeitern eines Betriebes abhängig. Im Folgenden werden Auswahlkriterien für die Personaleinstellung, die Möglichkeiten der Personalfreisetzung, Führungsstile und Motivationsmöglichkeiten der Mitarbeiter beschrieben. Dabei gilt es darauf zu achten, dass der Mensch als Gesamtheit im Blickpunkt steht und nicht als reine funktionale Einheit bzw. Kostenfaktor betrachtet wird. Unterschiedliche betriebliche Leitungssysteme werden hinsichtlich ihrer Vor- und Nachteile dargestellt. Wiederkehrende betriebliche Abläufe werden in Form von „ereignisgesteuerten Prozessketten" (EPK) beschrieben. Im letzten Kapitel wird das Management-Konzept des Total Quality Managements (TQM) in Verbindung mit dem japanischen Kaizen gebracht.

Die Personalwirtschaft ist ebenso Bestandteil der Führungsaufgaben eines Unternehmens wie der Absatz, die Beschaffung oder die Leistungserstellung. Die Personalwirtschaft ist allerdings sehr aufwendig, da der Faktor menschliche Arbeit nicht nur Kosten verursacht, sondern vor allem Personen mit körperlichen und geistig-seelischen Wünschen dahinter stehen.

Daraus ergeben sich **zwei große Ziele** der Personalwirtschaft: zum einen ein **ökonomisches Ziel**, zur dessen Erreichung das Personal so eingesetzt werden muss, dass das Unternehmen seine wirtschaftlichen Ziele erreicht. Zum anderen ein **soziales Ziel**, das dafür zu sorgen hat, dass es den Ansprüchen der Mitarbeiter bezüglich ihrer individuellen Bedürfnisse (z. B. gerechte Entlohnung) und Erwartungen (z. B. Sicherheit des Arbeitsplatzes) gerecht wird. Zwischen diesen beiden Zielen besteht ein Zielkonflikt. Das Unternehmen kann einerseits für hohe Arbeitsentgelte und umfassende Sozialleistungen für die Mitarbeiter sorgen. Andererseits hat es dann aber das Problem, dass es die ökonomischen Ziele der Gewinnsteigerung nur sehr schwer erreicht.

Die **Hauptaufgabe der Personalwirtschaft** besteht darin, das erforderliche Personal zum richtigen Zeitpunkt am richtigen Ort auszuwählen und einzusetzen.

4.1 Auswahlkriterien der Personaleinstellung

Ein altes chinesisches Sprichwort besagt:
„Wenn Du *eine Stunde* lang glücklich sein willst: **schlafe.**
Wenn Du *einen Tag* lang glücklich sein willst: **gehe fischen.**
Wenn Du *eine Woche* lang glücklich sein willst: **schlachte ein Schwein.**
Wenn Du *einen Monat* lang glücklich sein willst: **heirate.**
Wenn Du *ein Jahr* lang glücklich sein willst: **erbe ein Vermögen.**
Wenn Du *ein Leben* lang glücklich sein willst: **liebe Deine Arbeit!"**

Vor der Personaleinstellung steht die **Personalbedarfsplanung**. Sie hat die Aufgabe, alle Maßnahmen festzulegen, die notwendig sind, um den tatsächlichen Personalbestand dem Sollbestand anzupassen. Das Hauptproblem der Personalbedarfsplanung besteht darin, die offenen Stellen **betriebsintern** oder **betriebsextern** zu besetzen. Betriebsinterne Besetzungen werden durch Versetzungen bzw. Beförderungen von im Unternehmen schon angestellten Mitarbeitern vorgenommen. Betriebsexterne Mitarbeiter werden über den volkswirtschaftlichen Arbeitsmarkt beschafft. Vorteile der betriebsinternen Stellenausschreibungen liegen darin, dass die Geschäftsführung bereits um die Fähigkeiten und Fertigkeiten der Mitarbeiter weiß. Die Einarbeitungszeit bei betriebsinternen Mitarbeitern ist zudem normalerweise kürzer, da sie den Betrieb bereits kennen. Allerdings ist es für intern abgelehnte Mitarbeiter oft demotivierend und problematisch, mit der Niederlage umzugehen. Extern können neue Mitarbeiter über Onlinebewerbungen, die Agenturen für Arbeit, über private Arbeitsvermittlungen und/oder über Stellenanzeigen beschafft werden. Damit der Personalbedarf quantitativ und qualitativ möglichst genau geplant werden kann, ist es sinnvoll, die zu besetzenden Stellen hinsichtlich der Arbeitsgegebenheiten, der Leistungsanforderungen und der Instanzenzuordnung möglichst genau zu beschreiben. Durch solche Stellenbeschreibungen werden Grundlagen geschaffen, eine **Stellenausschreibung** zu formulieren und dann den geeigneten Bewerber auszuwählen.

Eine betriebsexterne Stellenausschreibung kann z. B. folgendermaßen aussehen:

Stellenbeschreibung für die Projektentwicklung von Kraftwerksplanungen und Realisierung von Kraftwerksneubauprojekten

1. Bezeichnung der Stelle: Diplom-Ingenieur/Diplom-Wirtschaftsingenieur (m/w)

2. Zeichnungsvollmacht: Keine

3. Der Stelleninhaber ist unterstellt: Der Geschäftsleitung

4. Vertretung des Stelleninhabers: Bauleiter Kraftwerksbau

5. Anforderungen an den Stelleninhaber:
   - Abgeschlossenes Hoch- oder Fachhochschulstudium im Bereich Maschinenbau, Elektrotechnik, Verfahrenstechnik oder Wirtschaftsingenieurwesen
   - Berufserfahrung in einem der Bereiche Kraftwerkstechnik, Energiewirtschaft oder Projektmanagement
   - Betriebswirtschaftliche Kenntnisse (sofern kein Wirtschaftsingenieur)
   - Gutes sprachliches und schriftliches Ausdrucksvermögen
   - Gute Englischkenntnisse
   - MS-Office-Kenntnisse
   - Reisebereitschaft
   - Weitere Soft-Skills wie: Verantwortungsbewusstsein, Teamfähigkeit und hohe Einsatzbereitschaft

6. Aufgaben und Zielsetzung der Stelle: Planung und Realisierung des Baus von neuen Kraftwerken im In- und Ausland

7. Tätigkeitsbeschreibung:
   - Entwicklung typischer Energielösungskonzepte
   - Standortuntersuchungen
   - Einholung von Genehmigungen
   - Kalkulation des Investitionsbedarfs
   - Erstellung von Angeboten für Kundenkraftwerke

8. Zusammenarbeit mit anderen Abteilungen: Vom Stelleninhaber wird eine sehr gute und positive Zusammenarbeit mit der Geschäftsführung und seinen Mitarbeitern verlangt.

Eine betriebsexterne Stellenausschreibung kann z. B. folgendermaßen aussehen:

Wir suchen zum nächstmöglichen Eintrittstermin in unsere Zentrale in Halle für die Kraftwerksplanung und -realisierung/Projektentwicklung einen

Diplom-Ingenieur/Diplom-Wirtschaftsingenieur (m/w)

in der Projektentwicklung von Kraftwerksneubauprojekten

Dieses interessante und herausfordernde Aufgabengebiet beinhaltet insbesondere:
- Entwicklung typischer Energielösungskonzepte/Feasibility-Studien
- Erstellung von technischen Konzepten einschließlich wirtschaftlicher Bewertung
- Standortuntersuchungen
- Akquisitionsunterstützung für die Stammhäuser Vertrieb (Kundenanlagen) und Erzeugung
- Klärung von ersten genehmigungsrechtlichen Aspekten
- Ermittlung von Investitionskosten
- Kalkulation von Strom- und Wärmelieferungen aus Kraftwerksanlagen
- Erstellung von Angeboten für Kundenkraftwerke
- Erstellung von Vorstandsvorlagen

Was wir erwarten:
- abgeschlossenes Fachhochschul- oder Hochschulstudium der Ingenieurwissenschaften (Fachrichtung Maschinenbau, Elektrotechnik, Verfahrenstechnik oder Wirtschaftsingenieurwesen) oder der Naturwissenschaften, ggf. Promotion
- einschlägige sowie internationale Berufserfahrung in einem der Bereiche Kraftwerkstechnik, Energiewirtschaft oder Projektmanagement
- nachgewiesene betriebswirtschaftliche Kenntnisse (soweit nicht Wirtschaftsingenieur)
- gutes sprachliches und schriftliches Ausdrucksvermögen
- gute Fremdsprachenkenntnisse (mind. Englisch)
- MS-Office-Kenntnisse
- Reisebereitschaft mit Auslandsaufenthalten
- gute Menschenkenntnis, Verantwortungsbewusstsein, hohe Einsatzbereitschaft, gute kommunikative Fähigkeiten, sehr guter Teamplayer

Wir bieten Ihnen ein leistungsgerechtes Gehalt, attraktive Sozialleistungen eines modernen Unternehmens sowie ein ansprechendes Arbeitsumfeld. Team- und zielorientiertes Arbeiten im Rahmen flexibler Arbeitszeitgestaltung sowie Angebote für Ihre ständige fachliche und persönliche Weiterbildung sind Merkmale unserer Unternehmenskultur.

Bewerbungen von schwerbehinderten Menschen sind erwünscht.

Für eine erste telefonische Kontaktaufnahme vorab steht Ihnen jederzeit Volker Mayer unter 01805 300200 zur Verfügung.

Sind Sie interessiert? Dann bewerben Sie sich bitte bevorzugt online unter www.rew-Kraftwerke.de/karriere **(Anzeigencode: PKD-KE08001-PKe)**.

REW Kraftwerke

REW Kraftwerke, Personalwesen Zentrale Halle
Lindenallee 2, 98751 Halle,
www.rew-Kraftwerke.de

Eine Stellenanzeige muss alle wichtigen Daten für eine Bewerbung enthalten: die Stellenbezeichnung, die Stellenbeschreibung, die Erwartungen des Unternehmens an den Bewerber, einen Ansprechpartner des Unternehmens für Fragen der Interessenten, den Anzeigencode und die Anschrift für die Bewerbung.

4.1.1 Kriterien der Personalauswahl

Als Richtschnüre der Personalauswahl gelten in der Praxis bei Neueinstellungen folgende Einstellungskriterien:

1. Bewerberanschreiben
2. Lebenslauf
3. Zeugnisse (Schule/Ausbildung/Studium/Praxis)
4. Ergebnis des Einstellungsgesprächs
5. Ergebnis des Einstellungstests
6. Analyse psychologischer Tests
7. Ärztliches Gutachten
8. Referenzen

4.1.2 Chronologischer Ablauf der Personalauswahl

Nach dem Ende der Bewerbungsfrist wird aus den bis dahin vorliegenden Bewerbungen eine Vorauswahl der Bewerber getroffen. Diese Vorauswahl wird anhand der vorliegenden Materialien (Bewerbungsanschreiben, Lebenslauf, Zeugnisse und Lichtbild) durchgeführt. Zur Auswahl eines Bewerbers aus dem kleinen Kreis der Vorausgewählten kommt es, wenn ein Bewerber das folgende Verfahren erfolgreich durchlaufen hat. Zunächst steht ihm die persönliche Vorstellung bevor, die in der Regel aus einem **persönlichen Vorstellungsgespräch, einem Einstellungstest** und/oder einem **Assessment-Center** besteht. In Betrieben mit mehr als 20 wahlberechtigten Mitarbeitern muss im Anschluss daran eine **Anhörung des Betriebsrates** über die geplante Stellenbesetzung erfolgen (vgl. BetrVG). Ein Betriebsrat kann die Zustimmung zur Einstellung unter folgenden Voraussetzungen verweigern: Die Einstellung verstößt gegen eine rechtliche Vorschrift, die Einstellung verstößt gegen eine betriebsinterne Auswahlrichtlinie, bei Unterlaufen einer innerbetrieblichen Stellenausschreibung und bei Nachteilen für betroffene Arbeitskräfte. Die Ablehnung des Betriebsrats muss innerhalb einer Woche nach der Unterrichtung durch die Geschäftsleitung und unter Angaben von Gründen schriftlich erfolgen. Ein Schweigen des Betriebsrates zur Einstellung gilt als Zustimmung. Der Arbeitgeber hat bei einer Ablehnung des Betriebsrates die Möglichkeit, sich die fehlende Zustimmung durch das Arbeitsgericht ersetzen zu lassen. Dabei prüft das Arbeitsgericht, ob die vom Betriebsrat angeführten Gründe gegen eine Einstellung zutreffen. Bevor der Arbeitsvertrag angeboten wird, verlangen viele Unternehmen noch eine **ärztliche Untersuchung** des Bewerbers, um gesundheitliche Bedenken auszuschließen.

4.1.3 Persönliches Vorstellungsgespräch

Aus Sicht des Arbeitgebers steht in einem Vorstellungsgespräch die Überprüfung persönlicher und anforderungsbezogener Eignungsmerkmale des Bewerbers im Vordergrund. Ziel ist es, die angebotene Stelle optimal zu besetzen. Aus der Sicht des Bewerbers sind zwei Punkte von Bedeutung. Erstens: die Prüfungssituation eines Vorstellungsgespräches erfolgreich zu bestehen, und zweitens: den Arbeitsplatz mit seinen Aufgaben und Bedingungen sowie die sich präsentierenden Vorgesetzten einer Prüfung zu unterziehen. Wenn Bewerber zu einem Vorstellungsgespräch eingeladen werden, sollten sie folgende Aspekte beachten:

1. **Organisatorische Anforderungen**, z. B. pünktliches Erscheinen, passende Kleidung
2. Eine **gründliche Informationsrecherche** zu Aufgabe, Position und Branche des Arbeitgebers
3. Kenntnis über den **gängigen Gesprächsablauf und das verwendete Fragenrepertoire** eines Vorstellungsgesprächs
4. Kenntnis über wichtige **Grundlagen der Gesprächspsychologie**, wie z. B. Frage- und Antworttechniken, Körpersprache, Ausdruckspsychologie

Organisatorisch ist vor dem Vorstellungsgespräch einiges zu beachten. Die Einladung zu einem Bewerbungsgespräch sollte nur aus sehr wichtigen Gründen vom Bewerber verlegt werden; dies ist sofort nach dem Zugang der Einladung zu erledigen. Ein Bewerber muss unbedingt pünktlich zu einem Vorstellungsgespräch erscheinen. Dies setzt voraus, dass er die Anreise zum potenziellen Arbeitgeber plant. Im Internet gibt es eine Vielzahl von Reiseplanern, die eine genaue Wegbeschreibung von der eigenen Wohnung zum Arbeitgeber und dazu eine Zeit- bzw. Entfernungsangabe bieten. Über öffentliche Verkehrsbetriebe kann im Internet ebenfalls eine Anreise ohne Auto geplant werden. Die Kleidung – unsere zweite Haut – ist ebenfalls ein ganz wesentlicher Bestandteil der Befindlichkeit eines Bewerbers. Bewerber geben mit ihrem Erscheinungsbild eine weitere Arbeitsprobe und Visitenkarte ab. Eine bessere Kleidung als die des Gegenübers sollte ebenso vermieden werden wie jede Extravaganz, z. B. übertriebene Schminke. Generell gilt, dass man sich heute bei einem Vorstellungsgespräch gediegen, vornehm, zurückhaltend und eher konservativ kleidet. Bei Damen ist eher schlichte Eleganz gefragt.

Ausführliche Informationen über den zukünftigen Arbeitgeber bietet auch das Internet. Der Homepage kann man in der Regel alle wichtigen Informationen, die im Vorstellungsgespräch von Bedeutung sein können, entnehmen. Aktiengesellschaften veröffentlichen in der Regel auf ihrer Homepage den aktuellen Geschäftsbericht, der alle wichtigen Details enthält. Besitzt ein Arbeitgeber keine eigene Homepage, können wichtige Informationen bereits der Stellenanzeige entnommen werden. Zum Basiswissen über den zukünftigen Arbeitgeber sollten folgende Informationen gehören:

- Der Hauptsitz des Unternehmens
- Die Branche des Unternehmens
- Wichtige Tochterunternehmen
- Niederlassungen im In- und Ausland
- Die Produktpalette
- Anzahl der Mitarbeiter im In- und Ausland
- Umsatz und Gewinn des Unternehmens der letzten ein bis zwei Jahre
- Namen der Geschäftsleitung
- Marktanteile des Unternehmens im In- und Ausland
- Die größten Konkurrenten des Unternehmens im In- und Ausland
- Die wirtschaftliche Entwicklung des Unternehmens und seine Firmengeschichte
- Zukünftige Entwicklungschancen
- Wichtige Börseninfos über das Unternehmen

Diese Informationen können auch über Pressestellen bei den Unternehmen selbst beschafft werden. Ansonsten sind die IHK, die Handwerkskammer, Fachzeitschriften und öffentliche Nachschlagewerke hilfreich. Es können auch Personen, die bereits in dem Betrieb arbeiten, gefragt werden.

In der Regel **läuft ein Vorstellungsgespräch** folgendermaßen ab:

- Der Bewerber wird begrüßt und die Auswahlkommission stellt sich vor. Es fallen einleitende Worte.
- Vom Bewerber werden das Motiv der Bewerbung und seine Leistungsbereitschaft abgefragt.
- Der berufliche Werdegang und Aus- und Weiterbildung des Bewerbers werden beleuchtet.
- Der persönliche, familiäre und soziale Hintergrund des Bewerbers wird hinterfragt.
- Der Bewerber muss Auskunft über seinen Gesundheitszustand geben.
- Die berufliche Kompetenz und Eignung des Bewerbers wird überprüft.
- Der Bewerber wird über die Firma selbst informiert.
- Es werden Arbeits- und Vertragskonditionen besprochen.
- Der Bewerber wird aufgefordert, selbst Fragen an die Kommission zu stellen.
- Verabschiedung.

Als typische Fragen gelten: „Erzählen Sie uns etwas über sich"; „Warum bewerben Sie sich für diese Aufgabe?"; „Warum sind Sie der richtige Kandidat?"; „Was erwarten Sie für sich von uns und dem Job?"; „Was sind Ihre Stärken und Schwächen?"; „Auf welche Leistungen sind Sie stolz, was sind Ihre größten Misserfolge?"; „Wo sehen Sie sich in drei, fünf und zehn Jahren?"; „Wo liegen Ihre bisherigen Arbeitsschwerpunkte?"; „Wie verbringen Sie Ihre Freizeit?" und „Welche Fragen haben Sie an uns?"

Von Vorteil ist es, wenn man sich vor dem Vorstellungsgespräch über wichtige **Grundlagen der Gesprächspsychologie** informiert. Als wichtige Verhaltensmaßregeln gelten folgende Punkte:

- Der Zeitrahmen des Gesprächs sollte geklärt werden. Auf ein zweistündiges Vorstellungsgespräch muss man sich viel besser vorbereiten als auf ein viertelstündiges.
- Das Gespräch sollte vom Bewerber eher defensiv geführt werden, d. h., er sollte Fragen beantworten und nicht mit Gegenfragen die Rollen umkehren.
- Den Fragen sollte gut zugehört werden, um die zugrunde liegenden Intentionen erkennen zu können.
- Fragen können zur Rückversicherung nachgefragt werden, damit man sicher geht, sie richtig verstanden zu haben. Zusätzlich gewinnt man dadurch Zeit, um eine richtige Antwort zu finden.
- Man kann sich ruhig etwas Zeit mit der Antwort nehmen, damit sie auch die gewünschte Sachdarstellung erreicht.
- Die Antworten sollten in überzeugendem Ton und relativ knapp ausfallen, aber gut formuliert sein. Eine Ausnahme besteht bei offenen Fragen. Beispiel: „Wir wollen Sie kennenlernen, bitte erzählen Sie uns was über sich."
- Offene Fragen, wie z. B. „Erzählen Sie uns, was für Sie in Ihrem Leben von Bedeutung ist", sollten immer in Bezug auf den angestrebten Arbeitsplatz beantwortet werden.
- Man sollte stets höflich, freundlich, interessiert und kooperativ bleiben.

Der Arbeitgeber erstellt spätestens zu diesem Zeitpunkt eine Übersicht über alle infrage kommenden Kandidaten. Er beurteilt und bewertet darin die einzelnen Bewerber anhand seiner internen Kriterien und erstellt ein Ranking.

Die Bewerber, die das Ranking anführen und das Vorstellungsgespräch erfolgreich gemeistert haben, werden zu einem weiteren Test eingeladen. Es ist auch möglich, dass der Test vor dem Einstellungsgespräch stattfindet.

4.1.4 Einstellungstests

Einstellungstests gibt es in Form von Intelligenztests, Eignungstests, Funktionsüberprüfungstests und Konzentrationstests.

Bei **Intelligenztests** geht es um Denksportaufgaben, z. B. um Tests zum Umgang mit Wörtern, um Fremdwortkenntnisse, mathematische Aufgaben und Prüfungen des logischen Denkens. Beliebt ist das Fortsetzen von Zahlenreihen: „Welche Zahl kommt als Nächstes? 1,2,3,5,7,?" Die richtige Lösung ist die Zahl „11", denn hier handelt es sich um die Reihe der Primzahlen. Ein Beispiel mit Wörtern: „Welches Wort gehört nicht zu der Gruppe? Garage, Auto, Fahrrad, Motorrad, Bus." Die richtige Lösung ist „Garage", weil die anderen vier Verkehrsmittel sind, die Garage aber nur als ein Aufbewahrungsort für die Verkehrsmittel dient.

Bei **Eignungstests** geht es meist um Arbeitsproben aus dem Bereich, für den man sich bewirbt. In vielen Handwerksberufen braucht man gutes räumliches Sehen. So wird hier beispielsweise ein Würfel gezeigt und es wird nach der Anzahl der Oberflächen gefragt. Die einfache Antwort lautet: „sechs". Bei den nächsten Figuren wird es komplizierter, es werden Pyramiden, Hausdächer oder Figuren mit herausgeschnittenen Teilen gezeigt. Räumliches Vorstellungsvermögen kann auch über einen Würfel abgeprüft werden:

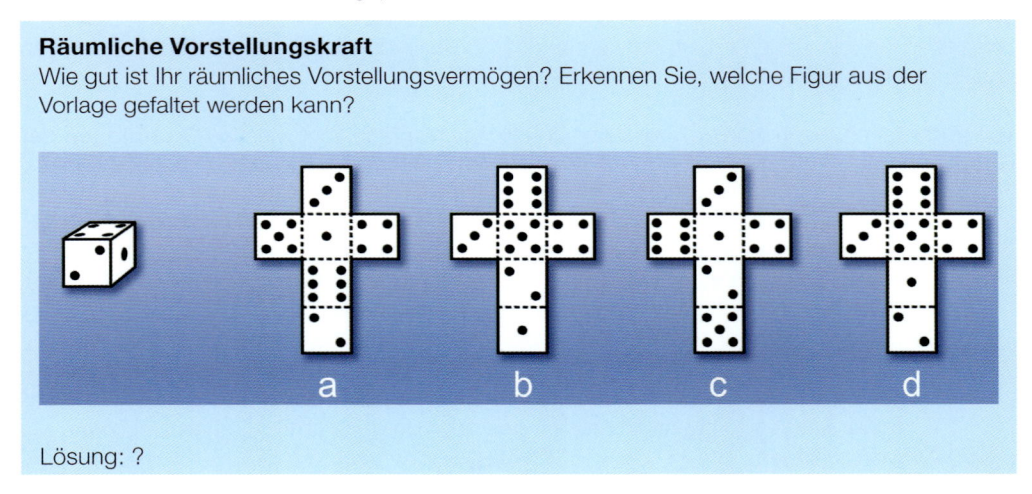

Räumliche Vorstellungskraft
Wie gut ist Ihr räumliches Vorstellungsvermögen? Erkennen Sie, welche Figur aus der Vorlage gefaltet werden kann?

a   b   c   d

Lösung: ?

Viele dieser Aufgaben müssen dann unter Zeitdruck gelöst werden.

Bei den **Funktionsüberprüfungstests** handelt es sich um noch speziellere Tests. Beliebt zum Testen der Formauffassung, des räumlichen Sehens und der Handgeschicklichkeit ist die Drahtbiegeprobe. Der Bewerber bekommt z. B. ein Stück Draht und muss es nach einer Vorlage biegen.

Konzentrationstests dauern meist lange. Es werden monotone Reihen von Zahlen, Ziffern, Symbolen, Buchstaben oder Wörtern vorgelegt. Die Aufgabe lautet dann z. B., jeden Mitlaut eines Textes anzustreichen, vor dem kein Selbstlaut steht. Die Tests sind so angeordnet, dass man in bestimmten Zeitabständen einen Strich machen soll. Daraus kann man ersehen, ob zu Anfang oder gegen Ende hin mehr Fehler gemacht werden. Solche Tests sind für die Bewerber sehr belastend. Das sollen sie aber auch sein, denn man will sehen, ob Konzentrationsfähigkeit und Aufmerksamkeit auch unter Belastung noch erhalten bleiben. Ein Konzentrationstest könnte beispielsweise folgendermaßen aussehen:

Bitte kennzeichnen Sie die Zahlen nur dann,
wenn die erste Ziffer gerade und die zweite Ziffer ungerade ist!

72	79	37	79	76
90	67	11	35	55
13	03	15	46	26
79	37	04	61	36
05	04	33	16	27

wenn die erste Ziffer ungerade oder die zweite Ziffer gerade ist!

82	42	29	38	94
56	65	30	46	04
23	28	21	70	63
48	65	02	61	01
05	40	45	50	71

wenn die erste Ziffer ungerade oder die zweite Ziffer gerade ist!

17	72	80	57	39
26	33	82	91	54
58	75	57	29	22
46	92	72	21	78
73	38	39	70	37

wenn die erste Ziffer ungerade und die zweite Ziffer gerade ist!

21	30	38	43	27
11	36	98	88	08
92	69	53	45	22
28	63	28	37	76
15	14	86	44	86

4.1.5 Assessment-Center

Die Anfänge des Assessment-Centers gehen auf Tests zurück, die die deutsche Reichswehr nach dem Ersten Weltkrieg mit Offiziersanwärtern durchführte. Schon im Jahre 1920 wurde an der Universität Berlin ein psychologisches Forschungszentrum im Auftrag des Reichswehrministeriums gegründet. Ab dem Jahr 1927 durfte kein Offizier der Reichswehr ernannt werden, der nicht zuvor erfolgreich das heerespsychologische Auswahlverfahren durchlaufen hatte. In dieser Zeit wurden erstmals „führerlose Gruppendiskussionen" durchgeführt. Sie hatten zum Ziel, die Auswahl von Offizieren von der sozialen Herkunft und dem Status der Teilnehmer zu lösen und die Persönlichkeit der Bewerber ganzheitlicher zu erfassen.

Das Assessment-Center im betrieblichen Auswahlverfahren oder auch im Personalauswahlverfahren ist eine aufwendige Veranstaltung, in der mehrere Beobachter (Vertreter der Fachabteilung, Personalabteilung, Psychologen, externe Berater u. a.) einen bzw. mehrere (unternehmensinterne oder -externe) Kandidaten anhand von Verhaltensausprägungen beobachten, beschreiben, beurteilen und einschätzen, um auf der Basis eines zugrunde liegenden Anforderungsprofils ihre Eignung für eine konkrete Aufgabe bzw. Stelle zu bewerten. Dieses kosten- und zeitaufwendige Auswahlverfahren wird normalerweise nur bei Stellenbesetzungen mit Hochschulabsolventen bzw. mit Personen in Führungsverantwortung eingesetzt. Es kann ein bis drei Tage andauern und auch mehrstufig eingesetzt werden.

Kennzeichnend für ein AC (Kurzbezeichnung für Assessment-Center) ist, dass die zu beurteilenden Personen nicht nur in einer Situation (z. B. im „klassischen" Vorstellungsgespräch), sondern in mehreren Situationen (Verhaltenssimulationen und Arbeitsproben) über einen längeren Zeitraum beobachtet und bewertet werden.

Im AC ist es insbesondere möglich, durch geschulte Beobachter die zwischenmenschlichen Kommunikationsfähigkeiten und Führungsqualitäten festzustellen, die sich nicht mit gleicher Sicherheit aus Arbeitszeugnissen ableiten lassen.

Nahezu alle Bestandteile eines AC sind unter Zeitvorgaben zu erfüllen. Dabei sind insbesondere die Leistungstests so konzipiert, dass in der vorgegebenen Zeit kaum alle Aufgaben erfüllt werden können.

Der Arbeitskreis Assessment-Center[1] hat neun Qualitätskriterien für ein AC erarbeitet:

1. **Anforderungsorientierung**: Im Vorfeld der AC-Durchführung sollten die Kompetenz- und Beobachtungsbereiche mit dem Arbeitsfeld und dem Ziel des Assessments eindeutig festgelegt und die Inhalte geplant werden.

2. **Verhaltensorientierung**: Die Teilnehmenden werden anhand ihres tatsächlichen Verhaltens bei der Bearbeitung von spezifischen Assessment-Arbeitsaufträgen eingeschätzt.

3. **Prinzip der kontrollierten Subjektivität**: Um die hohe Aussagefähigkeit sicherzustellen, muss das Personal speziell für die Beobachtung im Assessment geschult sein. Außerdem sollten mindestens zwei Beobachterinnen oder Beobachter das Assessment betreuen.

4. **Simulationsprinzip**: Um vorhandene Fähigkeiten beobachten und Entwicklungspotenziale einschätzen zu können, werden reale und typische Anforderungen aus der Arbeitswelt gezielt simuliert.

5. **Transparenzprinzip**: Zur Gewährleistung der Transparenz sollten alle Beteiligten über Durchführung, Ziel, Ablauf und anschließende Ergebnisnutzung umfassend informiert werden.

6. **Individualitätsprinzip**: Jede teilnehmende Person soll ganz individuell beobachtet und eingeschätzt werden. Dazu sollte eine individuelle aussagekräftige Rückmeldung für jede(n) Teilnehmende(n) nach jedem durchgeführten Assessment-Auftrag gehören.

7. **Systemprinzip**: Ein Assessment ist immer eingebunden in einen größeren Zusammenhang. Dazu gehört, dass z. B. eine Anschlusssicherung gewährleistet sein sollte. Teil dieses Prinzips ist es auch, dass mindestens zwei Arbeitsaufträge pro Kompetenzbereich durchgeführt werden müssen, um zu sicheren Ergebnissen kommen zu können.

---

[1] Der Arbeitskreis Assessment-Center e. V. ist ein Verein, der sich 1977 mit der Zielsetzung gründete, einen Informationsaustausch über die Methode und das richtige Vorgehen bei der Personalauswahl und -entwicklung anzuregen.

8. Lernorientierung des Verfahrens selbst: Das Verfahren sollte immer neuen Anforderungen und Zielgruppen angepasst werden und eine laufende Weiterentwicklung erfahren.

9. Organisierte Prozesssteuerung: Die Entwicklung, Durchführung und Auswertung eines Assessments stellt in der Regel einen komplexen, dynamischen Prozess dar, dessen Abläufe organisiert werden müssen.

Wesentliche Methoden und Inhalte von AC sind:

- Strukturierte Interviews,
- Gruppendiskussionen, meist ist anschließend ein in der Gruppe gefundenes Ergebnis zu präsentieren,
- Postkorbübungen, Helikopter-View (eine sich an die Postkorbübung anschließende Befragung, in der die Kandidaten ihre einzelnen Entscheidungen begründen müssen),
- Rollenspiele (kritische Vorgesetzter-Mitarbeiter-Gespräche, z. B. über eine Lohnerhöhung, Kollegengespräche, Verkaufsgespräche),
- Präsentationsaufgaben, einzeln oder in Kleingruppen,
- Abschlussgespräch mit Auswertung,
- Bei längeren AC auch Essenseinladung („Gabeltest").

4.1.6 Möglichkeiten der Personalfreisetzung

Die Beendigung eines Arbeitsverhältnisses ist durch eine Kündigung möglich. Die Kündigung ist rechtlich gesehen ein einseitiges und empfangsbedürftiges Rechtsgeschäft. Das heißt, dass sowohl Arbeitnehmer als auch Arbeitgeber ohne Zustimmung des anderen eine Kündigung aussprechen können. Die Kündigung muss der Gegenseite allerdings zugehen, sonst ist sie nicht wirksam. Außerdem bedarf es bei der Kündigung eines Arbeitsvertrages der Schriftform.

§ 623 BGB:
„Die Beendigung von Arbeitsverhältnissen durch Kündigung oder Auflösungsvertrag bedürfen zu ihrer Wirksamkeit der Schriftform; die elektronische Form ist ausgeschlossen."

Im Kündigungsschutzgesetz werden drei mögliche Gründe für Kündigung eines Arbeitnehmers unterschieden:

1. Betriebsbedingte Kündigung
2. Verhaltensbedingte Kündigung
3. Personenbedingte Kündigung

§ 1 KSchG: Sozial ungerechtfertigte Kündigungen

(1) Die Kündigung des Arbeitsverhältnisses gegenüber einem Arbeitnehmer, dessen Arbeitsverhältnis in demselben Betrieb oder Unternehmen ohne Unterbrechung länger als sechs Monate bestanden hat, ist rechtsunwirksam, wenn sie sozial ungerechtfertigt ist.

(2) Sozial ungerechtfertigt ist die Kündigung, wenn sie nicht durch Gründe, die in der Person oder in dem Verhalten des Arbeitnehmers liegen, oder durch dringende betriebliche Erfordernisse, die einer Weiterbeschäftigung des Arbeitnehmers in diesem Betrieb entgegenstehen, bedingt ist. Die Kündigung ist auch sozial ungerechtfertigt, wenn in Betrieben des privaten Rechts

a) die Kündigung gegen eine Richtlinie nach § 95 des Betriebsverfassungsgesetzes verstößt,

b) der Arbeitnehmer an einem anderen Arbeitsplatz in demselben Betrieb oder in einem anderen Betrieb des Unternehmens weiterbeschäftigt werden kann und der Betriebsrat oder eine andere nach dem Betriebsverfassungsgesetz insoweit zuständige Vertretung der Arbeitnehmer aus einem dieser Gründe der Kündigung innerhalb der Frist des § 102 Abs. 2 Satz 1 des Betriebsverfassungsgesetzes schriftlich widersprochen hat.

Daher ist eine **ordentliche betriebsbedingte Kündigung** in Betrieben mit mehr als zehn Mitarbeitern nur möglich, wenn sie sozial gerechtfertigt ist. Voraussetzung dafür ist eine Mindestbetriebszugehörigkeit des Arbeitnehmers von sechs Monaten. Der Arbeitgeber kann betriebsbedingt nur dann kündigen, wenn er aufgrund seiner Unternehmerentscheidung beschlossen hat, Arbeitsplätze abzubauen oder seinen Betrieb ganz oder teilweise stillzulegen. Dies erfordert jedoch eine vorherige **Sozialauswahl** vergleichbarer Arbeitnehmer, die für eine Kündigung infrage kommen. Zum Vorgehen bei der Sozialauswahl vgl.:

§ 1 KSchG

(3) Ist einem Arbeitnehmer aus dringenden betrieblichen Erfordernissen im Sinne des Absatzes 2 gekündigt worden, so ist die Kündigung trotzdem sozial ungerechtfertigt, wenn der Arbeitgeber bei der Auswahl des Arbeitnehmers die Dauer der Betriebszugehörigkeit, das Lebensalter, die Unterhaltspflichten und die Schwerbehinderung des Arbeitnehmers nicht oder nicht ausreichend berücksichtigt hat; auf Verlangen des Arbeitnehmers hat der Arbeitgeber dem Arbeitnehmer die Gründe anzugeben, die zu der getroffenen sozialen Auswahl geführt haben. In die soziale Auswahl nach Satz 1 sind Arbeitnehmer nicht einzubeziehen, deren Weiterbeschäftigung, insbesondere wegen ihrer Kenntnisse, Fähigkeiten und Leistungen oder zur Sicherung einer ausgewogenen Personalstruktur des Betriebes, im berechtigten betrieblichen Interesse liegt. Der Arbeitnehmer hat die Tatsachen zu beweisen, die die Kündigung als sozial ungerechtfertigt im Sinne des Satzes 1 erscheinen lassen.

Eine **verhaltensbedingte Kündigung** ist gerechtfertigt, wenn sich der Arbeitnehmer, in der Regel nach dem Erhalt einschlägiger Abmahnungen, weiterhin arbeitsvertragswidrig verhält. Ein Beispiel hierfür ist etwa wiederholtes Verspäten beim Arbeitsbeginn.

Personenbedingte Gründe liegen in der jeweiligen Person des Arbeitnehmers, sie sind normalerweise von ihm selbst nicht steuerbar. Im Gegensatz zur verhaltensbedingten Kündigung ist deshalb eine vorherige Abmahnung nicht erforderlich (z. B. unheilbare Krankheiten, häufige Kurzerkrankungen, Entzug des Führerscheins bei Kraftfahrern).

Eine **außerordentliche Kündigung** setzt dem Arbeitsverhältnis ohne Einhaltung einer **Kündigungsfrist** ein Ende. Sie ist nur dann zulässig, wenn der Kündigende einen triftigen Grund für die Kündigung hat, der die Fortsetzung des Arbeitsverhältnisses bis zum Ablauf der Kündigungsfrist unzumutbar macht (z. B. Diebstahl, Untreue, Körperverletzung). Die außerordentliche Kündigung muss innerhalb von 14 Tagen nach Bekanntwerden des Kündigungsgrundes ausgesprochen werden, andernfalls ist die Kündigung unwirksam. Bei außerordentlichen Kündigungen ist der Betriebsrat lediglich anzuhören.

Die **Kündigungsfristen** für Arbeitnehmer oder für Arbeitgeber bei ordentlichen Kündigungen können den Absätzen (1) bis (5) des § 622 BGB entnommen werden:

(1) Das Arbeitsverhältnis eines Arbeiters oder eines Angestellten (Arbeitnehmers) kann mit einer Frist von vier Wochen zum Fünfzehnten oder zum Ende eines Kalendermonats gekündigt werden.

(2) Für eine Kündigung durch den Arbeitgeber beträgt die Kündigungsfrist, wenn das Arbeitsverhältnis in dem Betrieb oder Unternehmen

2 Jahre bestanden hat, 1 Monat zum Ende eines Kalendermonats,

5 Jahre bestanden hat, 2 Monate zum Ende eines Kalendermonats,

8 Jahre bestanden hat, 3 Monate zum Ende eines Kalendermonats,

10 Jahre bestanden hat, 4 Monate zum Ende eines Kalendermonats,

12 Jahre bestanden hat, 5 Monate zum Ende eines Kalendermonats,

15 Jahre bestanden hat, 6 Monate zum Ende eines Kalendermonats,

20 Jahre bestanden hat, 7 Monate zum Ende eines Kalendermonats.

Bei der Berechnung der Beschäftigungsdauer werden Zeiten, die vor der Vollendung des 25. Lebensjahrs des Arbeitnehmers liegen, nicht berücksichtigt.

(3) Während einer vereinbarten Probezeit, längstens für die Dauer von sechs Monaten, kann das Arbeitsverhältnis mit einer Frist von zwei Wochen gekündigt werden.

(4) Von den Absätzen 1 bis 3 abweichende Regelungen können durch Tarifvertrag vereinbart werden. Im Geltungsbereich eines solchen Tarifvertrags gelten die abweichenden tarifvertraglichen Bestimmungen zwischen nicht tarifgebundenen Arbeitgebern und Arbeitnehmern, wenn ihre Anwendung zwischen ihnen vereinbart ist.

(5) Einzelvertraglich kann eine kürzere als die in Absatz 1 genannte Kündigungsfrist nur vereinbart werden,

wenn ein Arbeitnehmer zur vorübergehenden Aushilfe eingestellt ist; dies gilt nicht, wenn das Arbeitsverhältnis über die Zeit von drei Monaten hinaus fortgesetzt wird;

wenn der Arbeitgeber in der Regel nicht mehr als 20 Arbeitnehmer ausschließlich der zu ihrer Berufsbildung Beschäftigten beschäftigt und die Kündigungsfrist vier Wochen nicht unterschreitet.

Zusammenfassende Übersicht Kapitel 4.1: Auswahlkriterien der Personaleinstellung

- Die Personalbedarfsplanung beschäftigt sich damit, ob Stellen intern oder extern besetzt werden.
- Mithilfe von Stellenbeschreibungen werden Stellenausschreibungen erstellt. Stellenausschreibungen können intern oder extern veröffentlicht werden.
- Auf Stellenausschreibungen folgen Bewerbungen, über die eine Auswahl getroffen werden muss. Bewerber werden nach verschiedenen Kriterien (Zeugnisnoten usw.) ausgewählt oder abgelehnt.
- Ausgewählte Bewerber werden zu einem weiteren Bewerberverfahren eingeladen. Dies läuft in der Regel so ab, dass zunächst ein Vorstellungsgespräch und anschließend ein Einstellungstest stattfindet. Ein Arbeitsvertrag/Ausbildungsvertrag erhält derjenige Bewerber, der alle Kriterien und das Bewerbungsverfahren am besten abgeschlossen hat.
- Assessment-Center sind eine Sonderform von Einstellungstests. Sie werden in der Regel zur Besetzung von Stellen im Management oder zur Auswahl von Studienabgängern herangezogen.
- Die Personalfreisetzung ist durch die Kündigung möglich. Die Kündigung wird in vielen gesetzlichen Vorschriften des BGB und des KSchG geregelt.

Wiederholung des Grundwissens

1. Nennen Sie wichtige Inhalte einer Stellenanzeige.
2. Beschreiben Sie den chronologischen Ablauf der Personalauswahl von der Bewerbung bis zum Arbeitsvertrag.
3. Wie sollten sich Bewerber auf ein persönliches Vorstellungsgespräch vorbereiten?
4. Beschreiben Sie den Ablauf eines Vorstellungsgespräches.
5. Nennen und beschreiben Sie die drei möglichen Gründe und Beispiele für eine ordentliche betriebsbedingte Kündigung.
6. Nennen Sie die Kündigungsfrist, die ein Arbeitgeber bei der Kündigung eines Arbeitnehmers einhalten muss, wenn der Arbeitnehmer in der Probezeit ist.

Aufgaben und Probleme

1. Viele Betriebe verlangen neben den klassischen Voraussetzungen eines Bewerbers sogenannte „Soft-Skills". Erklären Sie den Begriff.

2. Nennen Sie sinnvolle Antworten auf folgende Fragen, die in einem Vorstellungsgespräch gestellt werden:
   a) Möchten Sie einen Kaffee, ein Bier oder eine Zigarette?
   b) Wie ist es eigentlich zu Ihrer Bewerbung bei unserem Unternehmen gekommen?
   c) Können Sie sich vorstellen, zu einem späteren Zeitpunkt in Ihre alte Firma zurückzukehren?
   d) Fühlen Sie sich in Ihren beruflichen Leistungen von Ihren früheren Vorgesetzten gerecht beurteilt?
   e) Haben Sie einen Kinderwunsch?

Auswahlkriterien der Personaleinstellung

f) Was bedeutet Teamarbeit für Sie?
g) Wie oft waren Sie im letzten Jahr bei Arzt?
h) Wie sehen Ihre Lohn-/Gehaltsvorstellungen aus?

3. Beantworten Sie folgende Fragen eines Einstellungstests aus der Praxis:
   a) Ein Kerzenhersteller weiß, dass er aus sechs Kerzenresten wieder eine ganze neue Kerze herstellen kann. Er hat 600 Kerzenreste – wie viele neue Kerzen kann er daraus insgesamt erzeugen, wenn bei der Herstellung jeder Kerze ein neuer Rest übrig bleibt?
   b) Eine Aktie hat seit ihrer Ausgabe 75 % an Wert verloren. Welche durchschnittliche Jahresperformance benötigt sie, um in zwei Jahren wieder beim Ausgabekurs (Emissionskurs) zu stehen?

   25 %

   50 %

   100 %

   200 %

   1000 %

   c) Folgende Figurenreihen sind nach einer gewissen Regel aufgebaut. Die wievielte Figur jeder Zeile verstößt gegen diese Regel?

4. Vervollständigen Sie anhand des § 1 (2) und (3) KSchG folgenden Lückentext in Ihrem Heft:

Eine betriebsbedingte Kündigung ist sozial gerechtfertigt und damit wirksam,
– wenn der Betriebsrat ???, weil der Arbeitnehmer an einem ??? (gleicher oder anderer Betrieb) des Unternehmens ??? werden kann oder
– weil die Kündigung gegen eine ???, die der Betriebsrat gemäß § 95 BetrVerfG mit dem Arbeitgeber vereinbart hat, ???.
– wenn selbst ??? eine Weiterbeschäftigung nicht ermöglichen
– wenn der Arbeitnehmer sich weigert, an geeigneten Umschulungs- oder Fortbildungsmaßnahmen teilzunehmen
– wenn der Arbeitnehmer sich weigert, ??? zu akzeptieren.
– wenn der Arbeitgeber bei der sozialen Auswahl von Arbeitnehmern ??? die Kriterien Betriebszugehörigkeit, Alter, Unterhaltsverpflichtungen und Schwerbehinderung berücksichtigt hat: Besonders leistungsstarke Mitarbeiter müssen ??? einbezogen werden!

5. Berechnen Sie für folgende Fälle das jeweilige ordentliche Kündigungsdatum:

Fall 1: Herr Maier hat eine neue Arbeitsstelle gefunden und kündigt seinem alten Arbeitgeber am 13.01.2009.

Fall 2: Herr Müller ist 23 Jahre alt und seit vier Jahren und drei Monaten in seinem Unternehmen beschäftigt. Er erhält am 14.02.2009 aus betrieblichen Gründen eine ordentliche Kündigung von seinem Arbeitgeber.

Fall 3: Herr Kunz ist 35 Jahre alt und seit 14 Jahren und sechs Monaten in seinem Unternehmen beschäftigt. Er erhält am 23.07.2008 aus betrieblichen Gründen eine ordentliche Kündigung von seinem Arbeitgeber.

Fall 4: Herr Kaiser ist noch in der Probezeit und erhält am 12.11.2008 eine ordentliche Kündigung seines Arbeitgebers.

4.2 Führungsstile und Motivation von Mitarbeitern

Schlechte Führung senkt Mitarbeiter-Motivation

Neun von zehn deutschen Angestellten fühlen sich ihrem Arbeitgeber kaum oder gar nicht verpflichtet. Durch schlechte Führung gefährden Unternehmen nicht nur die Gesundheit ihrer Mitarbeiter, sondern fügen sich selbst erheblichen finanziellen Schaden zu. Markus Goetz Junginger (36) leitet die deutsche Niederlassung der internationalen Unternehmensberatung Gallup. Er berät DAX- und FTSE-500-Konzerne in ganz Europa mit Schwerpunkt auf Humankapital und organisches Wachstum.

WELT ONLINE: Herr Junginger, glaubt man Ihren Zahlen, machen 87 Prozent der Arbeitnehmer höchstens noch Dienst nach Vorschrift. Was ist denn aus den deutschen Tugenden geworden?

Markus Goetz Junginger: Bei der Mitarbeiterbindung fällt Deutschland im internationalen Vergleich eher negativ auf. Nur 13 Prozent fühlen sich emotional hoch gebunden. Dagegen sind 19 Prozent so frustriert, dass sie die innere Kündigung wohl schon vollzogen haben. Das sind sehr schlechte Werte. Unternehmen in den USA oder etwa der Schweiz stehen da meist wesentlich besser da.

...

WELT ONLINE: Weil die frustrierten Verkäufer nur noch krankfeiern?

Junginger: Ein Mitarbeiter ohne emotionale Bindung fehlt laut unseren Befragungen an durchschnittlich sieben Tagen im Jahr aufgrund von Krankheit oder Unwohlsein, einer mit hoher Bindung nur an 4,6. Aber die Fehltage sind ohnedies kein guter Indikator. Sie sagen nichts darüber aus, wie demotiviert und krank sich diejenigen fühlen, die sich zur Arbeit schleppen. Wer nicht hinter seinem Unternehmen steht, ist ein schlechter Verkäufer. Außerdem ist die Wahrscheinlichkeit einer Kündigung deutlich höher. Die Wiederbesetzung einer Stelle inklusive Einarbeitung kostet je nach Qualifikation zwischen 6.000 und 45.000 EUR.

...

WELT ONLINE: Also raten Sie Ihren Kunden, kein Personal einzusparen, sondern stattdessen erstmal kräftig die Gehälter anzuheben?

Junginger: Geld ist in Wirklichkeit gar nicht so entscheidend. Gerechtigkeit ist zum Beispiel viel wichtiger. Wenn sich Mitarbeiter vom Vorgesetzten ungerecht behandelt fühlen, neigen sie dazu, sich zu rächen. Der Fahrer quält das Getriebe und füllt das Öl nicht nach, eine Schicht in der Autofertigung senkt kollektiv die Taktfrequenz. Sie wollen den ungerechten Vorgesetzten bestrafen, schädigen aber das gesamte Unternehmen. Das Rachebedürfnis kann so groß sein, dass selbst eigene Nachteile in Kauf genommen werden – ein punitiver Altruismus. Auf diese Weise entstehen Unternehmen Millionenschäden.

WELT ONLINE: Also müssen nun auch die Akkordarbeiter einmal jährlich zum Incentive ins Hochgebirge gekarrt werden?

Junginger: Es bedarf gar nicht viel, um Mitarbeiter zu Höchstleistungen zu motivieren, und es sind nicht die teuren Dinge: In wenigen Ländern wird etwa so wenig gelobt wie in Deutschland. Die Kommunikation ist oft so gestört, dass Mitarbeiter nicht mal genau wissen, was von ihnen eigentlich erwartet wird – beides ein klares Versagen der unmittelbaren Führungskraft. Transparenz, Anerkennung und eine Perspektive gehören zu den Grundbedürfnissen jedes Arbeitnehmers. Werden die nicht bedient, kündigen die Mitarbeiter, zumindest innerlich. Oder sie werden krank.

WELT ONLINE: Die Chefs sind Schuld an den vielen Burnouts?

Junginger: Ja. Wobei die meisten selbst kurz davor stehen. Und oft natürlich auch selbst betroffen sind.

Markus Goetz Junginger, Steffen Fründt: Schlechte Führung senkt Mitarbeiter-Motivation, unter: http://www.welt.de/wirtschaft/article1148611/Schlechte_Fuehrung_senkt_Mitarbeiter-Motivation.html, Zugriff am 27.10.2008

Der Führungsstil ist die Art und Weise, wie ein Vorgesetzter seine Mitarbeiter anleitet. Die Führungsstile haben sich im Laufe der Zeit immer weiterentwickelt und hängen eng mit der jeweiligen politischen und gesellschaftlichen Lage der Menschen eines Staates zusammen. Während des Kaiserreichs von 1870/71 bis in den Ersten Weltkrieg hinein gab es in Unternehmen eher autoritäre und patriarchische Führungsstile. Heute werden eher kooperative bzw. demokratische Formen der Personalführung bevorzugt. Führung ist ein sehr komplexer Vorgang. Der Erfolg durch einen bestimmten Führungsstil hängt von verschiedensten Faktoren ab. Unter Umständen ist nicht einmal genau erklärbar, warum ein bestimmter Führungsstil zum entsprechenden Erfolg geführt hat oder auch nicht.

4.2.1 Führungsstile nach Kurt Lewin (1890–1947)

Quelle: Klaus Stuttmann

Kurt Lewin[1] unterscheidet drei Führungsstile:

a) Die autoritäre Führung
b) Die demokratische Führung
c) Die Laissez-faire-Führung (gewähren lassen)

a) Autoritärer bzw. hierarchischer Führungsstil

Kennzeichnend für diesen Führungsstil ist, dass der Vorgesetzte Anweisungen, Aufgaben und Anordnungen weitergibt, ohne die Mitarbeiter nach ihrer Meinung zu fragen. Alle Entscheidungen trifft die Leitung ganz allein, ohne die Angestellten miteinzubeziehen. Von seinen „Untergebenen" erwartet der Vorgesetzte nahezu bedingungslosen Gehorsam und er duldet keinen Widerspruch oder Kritik. Bei Fehlern wird bestraft, statt zu helfen. Ein autoritärer bzw. hierarchischer Führungsstil ist beispielsweise im militärischen Bereich vorherrschend. Hier gilt es, von der zentralisierten Machtstellung der Vorgesetzten uneingeschränkt Gebrauch zu machen. Ziele und Aufgaben werden vorgegeben, es herrscht eine starke Aufgabenkontrolle. Informationen werden von unten nach oben nur zur Kontrolle weitergegeben. Es finden kaum Gespräche statt und es gibt

---

[1] Kurt Lewin (1890–1947) emigrierte 1933 aus Deutschland in die USA und wirkte dort als bedeutender Mediziner und Psychologe. Er war Professor an der Cornell University in Ithaca.

keine Delegation von Verantwortung und Kompetenzen. Die Mitarbeiter werden nicht motiviert, sondern kontrolliert.

Die Vorteile des autoritären Führungsstils liegen in der relativ hohen Entscheidungsgeschwindigkeit, in der Übersichtlichkeit der Kompetenzen und in der guten Kontrolle der Individuen. Daneben hat dieser Führungsstil auch, zumindest kurzfristig, einen positiven Einfluss auf die Arbeitsleistung innerhalb einer Organisationseinheit. In der Regel ist eine solche Leistungssteigerung jedoch nicht über einen längeren Zeitraum aufrechtzuerhalten.

An Nachteilen dieses Führungsstils sind hingegen die mangelnde Motivation der Mitarbeiter, die Einschränkung der persönlichen Freiheit und die Gefahr von Fehlentscheidungen durch überforderte Vorgesetzte zu nennen. Des Weiteren kann es zu Rivalitäten zwischen den einzelnen Mitarbeitern kommen und neue Talente werden nicht entdeckt. Außerdem birgt ein streng hierarchischer Führungsstil das Risiko, in wichtigen Situationen nicht entscheidungsfähig zu sein, sobald ein Entscheidungsträger ausfällt.

b) Demokratischer Führungsstil

Der Vorgesetzte bezieht seine Mitarbeiter in das Betriebsgeschehen mit ein. Er erlaubt Diskussionen und erwartet sachliche Unterstützung. Bei Fehlern wird in der Regel nicht bestraft, sondern geholfen. Dieser Führungsstil ist durch eine begrenzte Machtstellung des Vorgesetzten gekennzeichnet, die allerdings wenig genutzt wird. Ziele und Aufgaben werden gemeinsam erarbeitet. Die Verantwortung bei der Erfolgskontrolle wird geteilt. Jeder Mitarbeiter hat Freiräume innerhalb vorher festgesetzter Grenzen. Gute Leistungen werden anerkannt und belohnt.

Die Vorteile des demokratischen Führungsstils liegen vor allem in der hohen Motivation der Mitarbeiter, in der Entfaltung der Kreativität und in der Entlastung des Vorgesetzten. Außerdem ist das Arbeitsklima meistens angenehm.

Die Entscheidungsgeschwindigkeit kann aber sinken und es kommt unter Umständen zu längeren disziplinarischen Schwierigkeiten unter den Mitarbeitern.

c) Laissez-faire-Führungsstil

Der Laissez-faire-Führungsstil lässt den Mitarbeitern sehr viele Freiheiten. Sie selbst bestimmen ihre Arbeitszeit, ihre Aufgaben und ihre Organisation. Die Informationen von unten nach oben, aber auch von oben nach unten fließen mehr oder weniger zufällig. Der Vorgesetzte greift nicht in das Geschehen ein, er hilft oder bestraft auch nicht, sondern lässt seine Mitarbeiter selbst erfahren, welche Konsequenzen ihr Handeln hat.

Die Vorteile des Laissez-faire-Führungsstils liegen in der Gewährung von Freiheiten und in der eigenständigen Arbeitsweise der Mitarbeiter. Die Mitarbeiter können ihre Entscheidungen eigenständig treffen und ihre Individualität wird gewährt.

Allerdings besteht die Gefahr von mangelnder Disziplin, Kompetenzstreitigkeiten, Rivalitäten sowie von Unordnung und Durcheinander. Des Weiteren kann es zu Rivalitäten und Streitereien zwischen den Mitarbeitern kommen, sodass sich Grüppchen bilden und Außenseiter benachteiligt werden. Dadurch besteht die Gefahr, dass schlechtere Gruppen auf der Strecke bleiben.

Heutzutage tendiert man eher zum demokratischen Führungsstil, wobei das jeweilige Aufgabengebiet mit in die Betrachtung einbezogen werden muss. Zum Beispiel ist eine demokratische Führung während eines Militäreinsatzes in einem Katastrophengebiet wenig hilfreich. Zwischen autoritärem (hierarchischem) und Laissez-faire-Führungsstil gibt es eine große Anzahl von Abstufungen, z. B. den **patriarchischen**, den **informierenden** oder den **partizipativen Führungsstil**. Diese sind der Reihenfolge nach durch zunehmende Mitbestimmung bei den Mitarbeitern und abnehmende Instruktion durch den Vorgesetzten gekennzeichnet.

Neueren Überlegungen zufolge ist aber auch der demokratische Führungsstil nicht als das Optimum zu bezeichnen. Vielmehr tendiert man heute zur sogenannten **situativen Führung**, nach der der optimale Führungsstil von der jeweiligen Situation abhängt.

4.2.2 Führungstechniken

Die betriebliche Praxis hat Modelle für Führungstechniken (Managementtechniken) entwickelt, die dem Vorgesetzten in Form von Richtlinien praktische Hinweise für die Umsetzung seines Führungsstils geben sollen. Sie sind als „Managementmethoden" oder auch als „Management-by-Konzepte" bekannt geworden. Die hier ausgewählten Managementtechniken beziehen sich auf den kooperativen Führungsstil. Sie sind Gestaltungsmuster der Unternehmensführung, die für alle leitenden Mitarbeiter einheitlich, durchgängig und verbindlich sind. Es handelt sich dabei um Sollvorstellungen darüber, wie die Unternehmensführung zu gestalten ist, auf welches Ziel sie auszurichten ist und wie sie personell, instrumentell und prozessual zu vollziehen ist.

Beschreibung	Beispiele
Führung nach dem Ausnahmeprinzip (Management by Exception): Der Grundsatz besagt, dass alle Aufgaben, die nicht reine Führungsaufgabe sind, auf untere Ebenen der Unternehmenshierarchie delegiert werden sollen. Den nachgeordneten Mitarbeitern werden aber nur reine Routinearbeiten übertragen. Die Betriebsführung gibt den nachgeordneten Instanzen Richtlinien vor, kontrolliert, ob Abweichungen von den vorgegebenen Zielen eintreten, und greift nur bei Abweichungen ein. Die Gesamtverantwortung bleibt aber letztlich beim Vorgesetzten.	*Handlungsanweisung an ...* *einen Sachbearbeiter im Einkauf:* Für ihn gilt Dispositionsfreiheit, solange der Einkaufspreis zwischen 25,- und 29,- EUR pro kg liegt. *einen Abteilungsleiter im Fertigungsbereich:* Erst wenn die Fertigungskosten 2.400,- EUR pro Stück übersteigen, ist Meldung an den Vorgesetzten zu machen.
Führung durch Aufgabendelegation (Management by Delegation): Bei Anwendung dieses Prinzips sollen Entscheidungsbefugnisse so weit an untergeordnete Stellen delegiert werden, wie diese die Entscheidungen ebenso gut wie die übergeordneten Stellen treffen können. Den nachgeordneten Mitarbeitern werden klar abgegrenzte Aufgabenbereiche übertragen. In diesem Bereich erhalten sie die Möglichkeit, die Aufgaben eigenständig und in eigener Verantwortung zu erfüllen.	Der Sachbearbeiter im Einkauf entscheidet ohne Vorgabe eines Rahmens darüber, welche die besten Einkaufspreise und die besten Lieferanten sind.
Führung durch Zielvereinbarung (Management by Objectives): Betriebsleitung und Mitarbeiter erarbeiten gemeinsam bestimmte Ziele, die von der nachgeordneten Führungskraft erreicht werden sollen. Aus den globalen Zielen, die von der Unternehmensleitung festgelegt wurden, werden immer detailliertere Unterziele abgeleitet, bis sich daraus schließlich das spezielle Jahresziel für einen bestimmten Mitarbeiter ergibt. Auf Verfahrensvorschriften wird weitgehend verzichtet. Dem Mitarbeiter wird bei der Aufgabenerfüllung auch ein Spielraum für die einzusetzenden Mittel eingeräumt.	Beispiel für eine nicht ausreichende Zielformulierung: Die Fertigungskosten im Bereich der Herstellung von Wandschwenkkränen müssen gesenkt werden. Beispiel für eine ausreichende Zielformulierung: Senkung der Fertigungskosten im Bereich der Herstellung von Wandschwenkkränen um 10 % innerhalb des nächsten Jahres.

4.2.3 Mitarbeitermotivation

Psychologen unterscheiden zwischen **Motiv, Motivation und Motivierung**. Motive sind individuell charakteristische Wertungsmöglichkeiten, wie das Leitungsmotiv, das Machtmotiv, das Sozialmotiv oder das Sicherheitsmotiv. Diese Motive bestehen aus den individuellen Bedürfnissen und Zielen einzelner Menschen und führen zu unterschiedlichen Reaktionen.

Motive stellen bestimmte Anreize dar, die weitergegeben werden, damit es zu einem gewünschten Verhalten kommt oder damit unerwünschtes Verhalten unterlassen wird. Als Anreize gelten beispielsweise Prämienzahlungen, Qualifizierungsangebote oder auch Gesundheitsboni. Die Wechselwirkung zwischen Person und Situation, zwischen Motiv und Anreiz ergibt die Motivation. Als Motivation gilt somit eine momentane Ausrichtung auf ein Handlungsziel.

Motivation unterscheidet sich in der Intensität der eingesetzten Energie und der Ausdauer der Zielverfolgung: Viele Menschen verfolgen mit voller Kraft und beharrlich ein bestimmtes Ziel, das anderen völlig gleichgültig ist. Ein wichtiges Unterscheidungsmerkmal zwischen Mitarbeitern ist hier das psychologische Anspruchsniveau in Bezug auf die Leistungshöhe.

Motivierung bedeutet somit einerseits, Menschen auf bestimmte Handlungsziele auszurichten und sie mit Anreizen auszustatten, die an bestimmte Motive der Mitarbeiter angrenzen. Andererseits sind die Bedingungen des Handelns von Mitarbeitern so zu gestalten, dass sie diese Ziele erreichen können. Leistung und Zufriedenheit sind die wichtigsten Ziele der Motivierung von Mitarbeitern und Merkmale eines aufgaben- und mitarbeiterorientierten Führungsstils.

Eine wichtige Unterscheidung ist zwischen der sogenannten **intrinsischen und der extrinsischen Motivation** zu treffen. Intrinsische Motivation entsteht aus und in der Tätigkeit von Mitarbeitern selbst, ohne auf die Ziele zu schielen oder Erwartungen zu haben. Dieser Zustand, das sogenannte „Aufgehen in seiner Tätigkeit", in dem Mitarbeiter sich ihrer selbst nicht mehr bewusst sind, sie sich selbst vergessen, in dem Raum und Zeit aufgehoben sind, wird als **„Flow-Erlebnis"** bezeichnet. Dieser Zustand entsteht selbstverständlich nicht bei allen Tätigkeiten, sondern bei jenen, die den Mitarbeiter in seiner Gesamtheit fordern, in denen er sein Potenzial ausschöpfen kann, in denen er kreativ sein kann, in denen alle seine Sinne angesprochen werden.

Extrinsische und intrinsische Motivation schließen einander nicht aus. Nach einer Tätigkeit mit Flow-Erlebnis, aus der ein Produkt entstanden ist, kann es zum Gefühl des Stolzes über die eigene Leistung kommen. Führungskräfte sollten daher bedenken, inwieweit die Arbeitstätigkeiten ein Flow-Erlebnis beinhalten und Selbstlernprozesse begünstigen können.

Verhaltensänderungen, die ausschließlich durch die Ziele bewegt werden, können als „extrinsisch" motiviert bezeichnet werden. Geld und Anerkennung sind solche äußeren Anreize. Zu viele äußere Anreize können übrigens dazu führen, dass sich ein intrinsisch motiviertes Verhalten verringert.

Zusammenfassende Übersicht Kapitel 4.2: Führungsstile und Motivation von Mitarbeitern

- Kurt Lewin unterscheidet drei Führungsstile. Erstens den autoritären Führungsstil, der durch hierarchische Strukturen, eine straffe Gliederung und die strikte Einhaltung des Dienstweges gekennzeichnet ist. Den autoritären Führungsstil findet man heute nur noch beim Militär und in wenigen Ausnahmen bei öffentlichen Verwaltungen. Zweitens beschreibt Lewin den demokratischen Führungsstil. Hier entscheiden die Mitarbeiter gemeinsam mit dem Vorgesetzten. Beim dritten, dem Laissez-faire-Führungsstil, arbeiten die Mitarbeiter vollkommen selbstständig und eigenverantwortlich.
- Führungstechniken oder auch „Management-by-Methoden" sind moderne Arten der Führung und werden vorwiegend im kooperativen Führungsstil angewendet.
- In der Mitarbeitermotivation unterscheidet man zwischen Motiv, Motivation und Motivierung. Motive sind Anreize, die zu einem gewünschten Verhalten eines Mitarbeiters führen. Motivation ist der Antrieb eines Mitarbeiters, ein bestimmtes Ziel zu erreichen, und kann in intrinsische und extrinsische Motivation unterschieden werden. Bei der intrinsischen Motivation kommt der Antrieb, ein bestimmtes Ziel zu erreichen, aus dem Mitarbeiter selbst. Bei der extrinsischen Motivation kommt der Antrieb zur Zielerreichung eines Mitarbeiters von außen – z. B. durch eine Gehaltserhöhung. Die Motivierung muss zur Leistung und Zufriedenheit von Mitarbeitern führen.

Wiederholung des Grundwissens

1. Beschreiben Sie die drei Führungsstile Kurt Lewins hinsichtlich ihrer Mitbestimmungsmöglichkeiten für die Mitarbeiter.
2. Nennen und erklären Sie die drei Management-by-Konzepte.
3. Geben Sie je ein Beispiel für eine mögliche Arbeitsanweisung der drei Management-by-Konzepte.
4. Nennen Sie mögliche Motive von Mitarbeitern und Wege, die ein Vorgesetzter zur Motivation der Mitarbeiter einschlagen kann.

Aufgaben und Probleme

1. Entscheiden Sie, welches Foto zu welchem Führungsstil Kurt Lewins passt:

2. Beschreiben und interpretieren Sie folgende Karikatur. Überlegen Sie dabei, wie sich die Gehälter der Manager auf die Motivation ihrer Mitarbeiter auswirken.

Quelle: Klaus Stuttmann

4.3 Betriebliche Leitungssysteme

4.3.1 Von der Unternehmensstrategie zur Organisation

Nimmt man als Beispiel den Vertrieb, so setzt die Unternehmensstrategie den Rahmen für die Marketingstrategie. Aus dieser wird die Vertriebsstrategie abgeleitet, die wiederum Ausgangspunkt für eine erfolgreiche Organisation der Vertriebsarbeit ist.

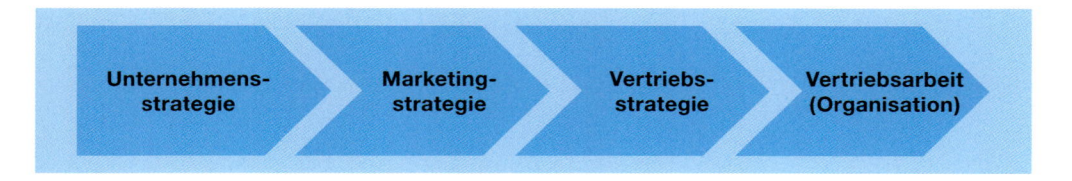

| Unternehmensstrategie | → | Marketingstrategie | → | Vertriebsstrategie | → | Vertriebsarbeit (Organisation) |

Erich Kosiol[1] definiert die Unternehmensorganisation so: „Organisation ist eine dauerhafte, zielorientierte, integrative Strukturierung von Aufgaben." Damit eine Organisation funktionieren kann, ist die Anwendung von Organisationsregelungen notwendig. Regelungen sind z. B. Normen, Anordnungen, Gebote und Verbote in einem Unternehmen. Nach ihrer Form unterscheidet man die **generellen Regelungen als Organisation** von den **fallweisen Regelungen als Disposition** und den **spontanen Regelungen als Improvisation**. Unternehmen verfügen immer über alle drei Formen der Organisation. Entscheidend für den Organisator ist die Frage, in welchem Markt- und Mitbewerberumfeld die Organisation aktiv ist. Sind in einem ersten Schritt Unternehmensziele festgesetzt und die Pläne erstellt, muss die Organisation deren Verwirklichung vorbereiten. Zu diesem Zweck werden:

1. Stellen und Abteilungen gebildet (Aufbauorganisation),
2. Arbeitsabläufe festgelegt (Ablauforganisation) und
3. Informationsnetze geschaffen, um die Mitarbeiter mit den notwendigen Informationen für ihre Arbeit versorgen zu können.

[1] *Erich Kosiol (1899–1990) war Professor für Betriebswirtschaftslehre an den Universitäten Köln, Breslau, Nürnberg und Berlin.*

4.3.2 Die Aufbauorganisation

Die Aufbauorganisation gliedert die Aufgaben in Aufgabenbereiche und bestimmt die Stellen und Abteilungen, die sie bearbeiten sollen.

Sie bildet das hierarchische Gerüst einer Organisation (z. B. einer Behörde oder eines Unternehmens). Während die Aufbauorganisation die Rahmenbedingungen festlegt, d. h. welche Aufgaben von welchen Menschen und Sachmitteln zu bewältigen sind, regelt die Ablauforganisation die innerhalb dieses Rahmens ablaufenden Arbeits- und Informationsprozesse.

Zweck der Aufbauorganisation ist es, eine sinnvolle arbeitsteilige Gliederung und Ordnung der betrieblichen Handlungsprozesse durch die Bildung und Verteilung von Aufgaben (Stellen) zu erreichen. Sie beantwortet unter anderem Fragen wie:

1. Wer übernimmt die Führung?
2. Wer hat wem was zu sagen?
3. Wer ist für das Personal verantwortlich?

4.3.3 Von der Aufgabenanalyse über die Stellenbildung (Aufgabensynthese) zur Stellenbeschreibung und Stellenbesetzung

Erich Kosiol empfiehlt eine schrittweise Zerlegung (Analyse) der Gesamtaufgabe eines Unternehmens in ihre Einzelaufgaben und analysiert nach folgenden fünf Gesichtspunkten:

Gesichtspunkte	Frage/Gliederungsbeispiele im Bereich der Beschaffung
Objekt	Um was handelt es sich? Warengruppen: Obst und Gemüse Warengruppe: Getränke
Verrichtungen	Was ist zu tun? Bestellungen, Lieferterminüberwachungen, Bedarfsermittlung
Zweck	Welches Ziel verfolgt die Aufgabe? Lieferantengewinnung, Ermittlung des besten Angebotes
Phase	Wer bestimmt über Planung, Durchführung und Kontrolle? Einkaufsplanung, Einkaufsdurchführung, Einkaufskontrolle
Rang	Wer entscheidet und wer führt diese Aufgabe aus? Einkaufsleiter, Lagerverwalter, Lagerarbeiter

Stellen gelten als die kleinsten organisatorischen Einheiten eines Betriebs. Die Stellenbildung hat entweder nach dem **Prinzip der Zentralisation oder dem Prinzip der Dezentralisation** zu erfolgen. Bei der Zentralisation werden gleichartige Teilaufgaben zusammengefasst und einer Stelle zugeordnet. Beispielsweise wird in einem Unternehmen der Einkauf für alle Zweigniederlassungen in der Zentrale von Spezialeinkäufern für alle Warengruppen vorgenommen (z. B. Aldi). Die Vorteile der Zentralisierung sind:

1. Vereinfachung der Koordination
2. Wenige Abstimmungsverluste
3. Kurze Informationswege
4. Geringer Leistungsaufwand
5. Konzentration von Verantwortung und Befugnissen

Bei der Dezentralisation werden gleichartige Teilaufgaben auf mehrere Stellen verteilt, z. B. wird der Bedarf einer Zweigniederlassung für mehrere Warengruppen von der Zweigniederlassung selbst eingekauft. Die Vorteile der Dezentralisierung sind:

1. Keine Dominanz von Einzelentscheidungen
2. Geringere Ausfallwirkung
3. Geringere Belastung der Stellen

Sind die Stellen gebildet, müssen sie in eine verbindliche Form gefasst und ihre Aufgaben beschrieben werden. Die **Stellenbeschreibung** gliedert eine Stelle in den gesamten Betriebsaufbau ein. Sie beschreibt die Ziele der Stelle und es werden Aufgaben und Kompetenzen der Stelleninhaber definiert. Um die Stelle mit einem geeigneten Kandidaten besetzen zu können, müssen Anforderungen, Fertigkeiten und Kenntnisse bezüglich des zukünftigen Stelleninhabers beschrieben werden.

Die Auswahl und Einstellung von Arbeitskräften, die eine **Stelle besetzen**, übernimmt in der Regel die Personalabteilung. An diesem Punkt beginnt die Personalbeschaffung.

4.3.4 Leitungssysteme

Folgende Organisationsformen lassen sich anhand der Unterstellungsverhältnisse (Einfach- bzw. Mehrfachunterstellung) und anhand der Befugnisse (Voll- bzw. Teilkompetenzen) unterscheiden:

1. Einliniensystem
2. Mehrliniensystem
3. Stabliniensystem

Beim Einliniensystem sind alle Mitarbeiter in einem einheitlichen Weisungsweg eingegliedert, der von der obersten Instanz bis zur untersten reicht. Jeder Mitarbeiter erhält nur von seinem direkt Vorgesetzten Anweisungen. Ebenso kann er Meldungen und Vorschläge nur bei ihm vorbringen. Er muss sich also an den sogenannten Dienstweg halten.

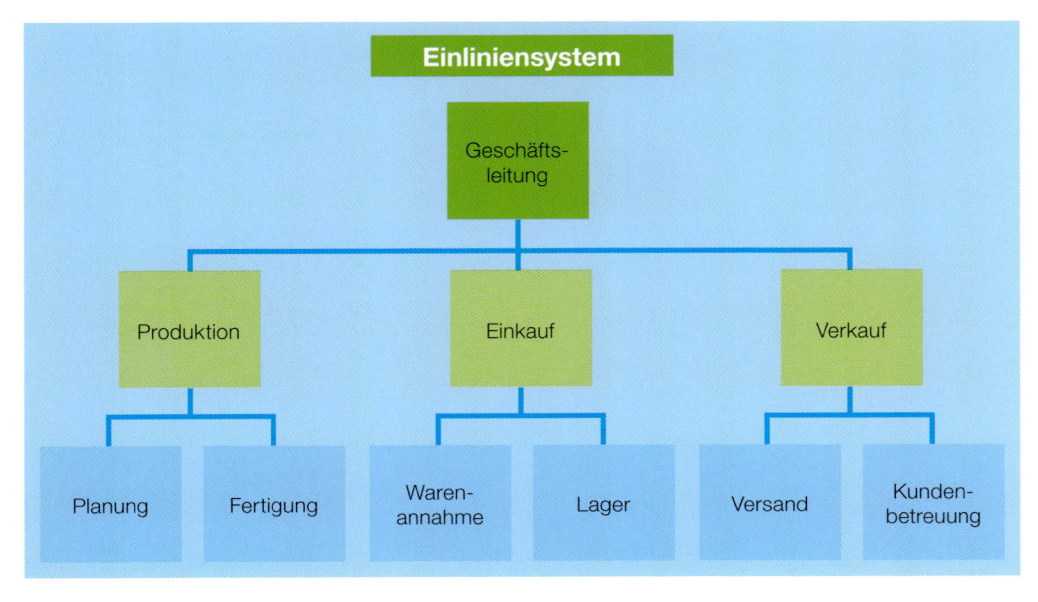

Beim Mehrliniensystem werden die Zuständigkeiten nach Funktionen aufgeteilt und für sie Abteilungen mit selbstständig handelnden Leitern, z. B. Prokuristen, gebildet. Die obere Leitungsebene gibt nur allgemeine Richtlinien vor und entscheidet nur in wichtigen Fällen. Routinearbeiten werden durch die Abteilungen bzw. Stelleninhaber selbstständig erledigt. Bei dieser Form kann im Gegensatz zum Einliniensystem eine Abteilung in eine andere „hineinregieren".

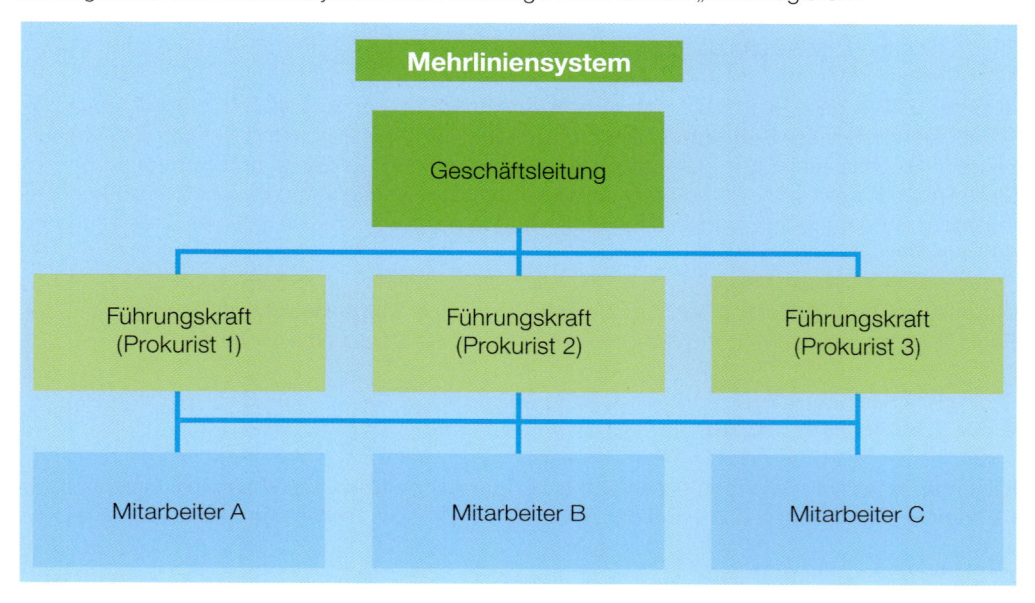

Mehrliniensystem

- Geschäftsleitung
  - Führungskraft (Prokurist 1)
  - Führungskraft (Prokurist 2)
  - Führungskraft (Prokurist 3)
- Mitarbeiter A
- Mitarbeiter B
- Mitarbeiter C

Als Mischform von Einliniensystem und Mehrliniensystem gilt das Stabliniensystem. Dabei umgibt sich die Führungsebene mit einem Stab von Spezialisten, wie z. B. Juristen, Revisoren, Beratern und/oder Finanzfachmännern. Diese Stäbe sind reine Berater, sie haben keinerlei Anweisungsbefugnisse gegenüber dem weiteren Personal. Wie beim Einliniensystem werden alle Anweisungen durch die Führungsebene allein erteilt.

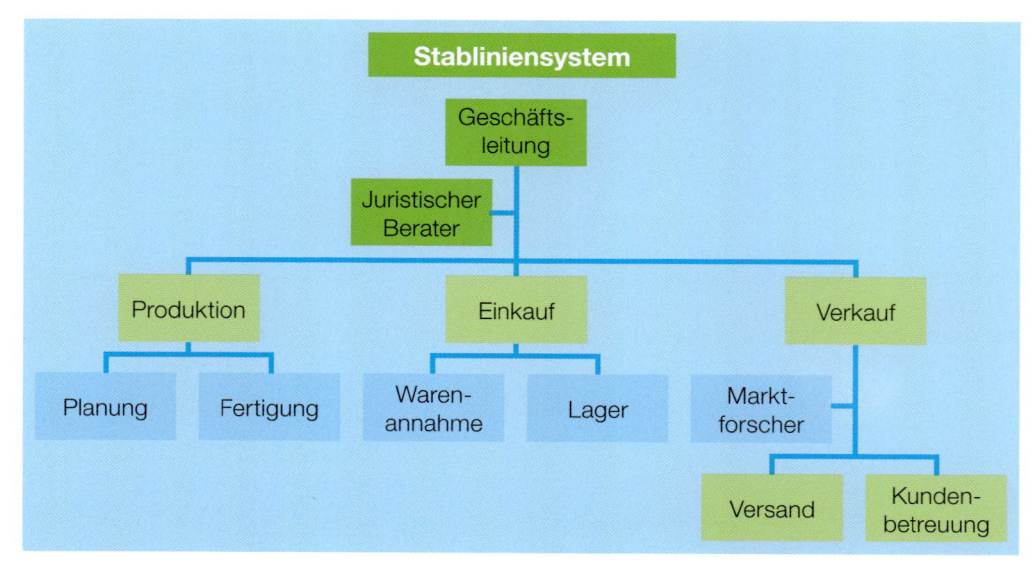

Stabliniensystem

- Geschäftsleitung
  - Juristischer Berater (Stab)
  - Produktion
    - Planung
    - Fertigung
  - Einkauf
    - Warenannahme
    - Lager
  - Verkauf
    - Marktforscher
    - Versand
    - Kundenbetreuung

4.3.5 Die Ablauforganisation

Ablauforganisation bezeichnet in der Organisationstheorie die Ermittlung und Definition von Arbeitsprozessen unter Berücksichtigung von Raum, Zeit, Sachmitteln und Personen, während sich die **Aufbauorganisation** hauptsächlich mit der Strukturierung einer Unternehmung in organisatorische Einheiten – Stellen und Abteilungen – beschäftigt.

Die Aufbauorganisation und die Ablauforganisation stehen in einem Abhängigkeitsverhältnis zueinander und betrachten somit gleiche Objekte unter verschiedenen Aspekten. Während es bei der Aufbauorganisation um die Bildung von organisatorischen Potenzialen geht, beschäftigt sich die Ablauforganisation mit dem Prozess der Nutzung dieser Potenziale.

So gehört zu ihr auch die Organisation der Ausstattung und Verteilung von effizienten Beständen von materiellen und immateriellen Gütern in einer Unternehmung. Daraus ergeben sich die zu behandelnden Gegenstände Personal-, Sachmittel und Datenbestände, Aufgaben- und Kompetenzgefüge.

Im Mittelpunkt der Betrachtungen bei der Ablauforganisation steht die Arbeit als *zielbezogene menschliche Handlung*, aber auch die Ausstattung der Teileinheiten von Arbeitsabläufen mit den zur Aufgabenerfüllung nötigen Sachmitteln und Informationen.

Unter einem Arbeitsablauf versteht man die Vorgänge zur Erfüllung betrieblicher Teilaufgaben, die zeitlich und räumlich hinter- oder nebeneinander ablaufen. Die Aufgabe der Ablauforganisation ist folglich die rationelle Gestaltung der Arbeitsabläufe in einem Unternehmen.

Ziele der Ablauforganisation sind:

1. Erreichung einer optimalen Durchlaufzeit der zu bearbeitenden Objekte. Dabei soll ein problemloser Ablauf erzielt werden, d. h., Engpässe, Stauungen und Leerläufe sollen beseitigt werden.
2. Erreichung einer optimalen Auslastung der Betriebsmittel und Arbeitskräfte.
3. Steigerung der Qualität der Vorgangsbearbeitung und der Arbeitsbedingungen. Die Güte der geleisteten Arbeit muss durch Kontrollen überwacht werden.
4. Einhaltung von Terminen (Terminsicherung). Terminpläne müssen aufgestellt und ihre Einhaltung muss überwacht werden.
5. Erreichung eines optimalen Informationsflusses. Informationen müssen möglichst schnell und zielgerichtet an den Adressaten gelangen.
6. Optimale Pflege der Arbeitswilligkeit der Mitarbeiter. Die Mitarbeiter sollen mit ihrem Arbeitsplatz zufrieden sein und es soll ein angenehmes Betriebsklima herrschen.

In der sogenannten Orientierungsphase muss der Arbeitsablauf gegliedert werden. In einer zweiten Phase, der sogenannten Entscheidungsphase der Ablauforganisation, wird die Arbeit verteilt. Bei der Einzelzuordnung wird eine bestimmte Arbeit einer Arbeitskraft zwingend vorgeschrieben. Bei der Gruppenzuordnung wird die Arbeit einer Gruppe von Arbeitnehmern übertragen, aus der wahlweise einzelne Personen die Arbeit übernehmen müssen.

Des Weiteren werden die Arbeitszeit und der Arbeitsort festgelegt. Den Abschluss bildet die Anweisungsphase, hier werden Arbeitsanweisungen erstellt. Der Einsatz einer Standardarbeitsanweisung ist vor allem dann sinnvoll, wenn trotz Erfahrung und Qualifikation des Mitarbeiters wiederholt dieselben Fehler gemacht werden. Arbeitsanweisungen eignen sich auch als gute Grundlage für die Einarbeitung neuer Mitarbeiter. Als Unternehmen kann man selber festlegen, wie eine Arbeitsanweisung auszusehen hat. Eine Aussage zur Erstellung einer solchen Anweisung: „Schreibe sie so, dass der Anwender damit arbeiten kann!"

Zusammenfassende Übersicht Kapitel 4.3: Betriebliche Leitungssysteme

In der Aufbauorganisation wird das Unternehmen zunächst hierarchisch gegliedert. Im Anschluss an die Aufgabenanalyse und die Aufgabensynthese werden Stellen gebildet, die den optimalen Arbeitsablauf garantieren.
Betriebliche Leitungssysteme können in Einliniensystemen bzw. in Mehrliniensystemen organisiert sein. Als Mischform gilt das Stabliniensystem.
Die Ablauforganisation bezeichnet in der Organisationstheorie die Ermittlung und Definition von Arbeitsprozessen unter Berücksichtigung von Raum, Zeit, Sachmitteln und Personen.

Wiederholung des Grundwissens

1. Beschreiben Sie den Ablauf der Aufbau- und der Ablauforganisation.
2. Unterscheiden Sie das Einliniensystem vom Mehrliniensystem und nennen Sie je zwei Vor- und Nachteile dieser Leitungssysteme.
3. Analysieren Sie die Stelle eines Außendienstmitarbeiters nach den fünf Gesichtspunkten Objekt, Verrichtung, Zweck, Phase und Rang.
4. Unterscheiden Sie das Prinzip der Zentralisation vom Prinzip der Dezentralisation bei der Stellenbeschreibung.

Aufgaben und Probleme

1. Erstellen Sie für die deutsche Bundesregierung eine Aufbauorganisation und vervollständigen Sie diese in Ihrem Heft.

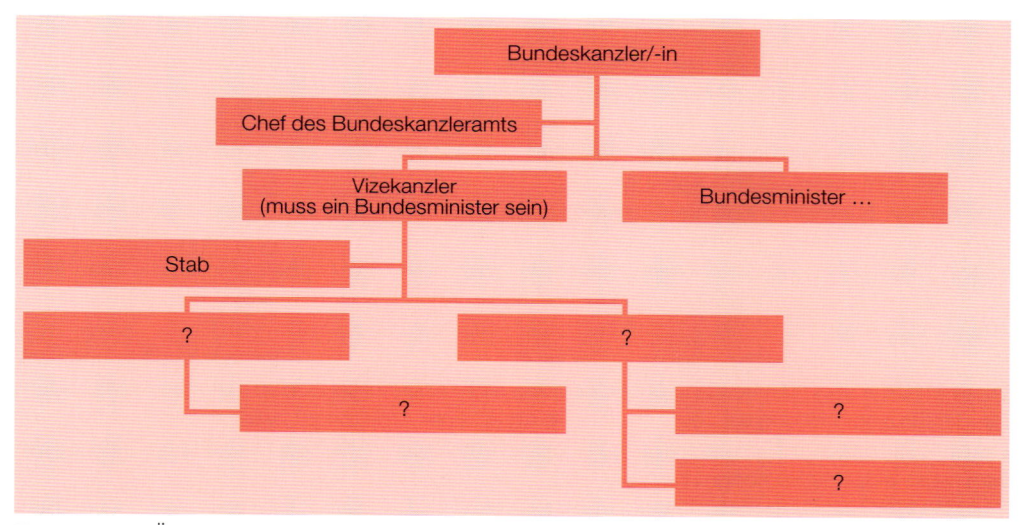

```
                        Bundeskanzler/-in
                               |
                Chef des Bundeskanzleramts
                               |
                        Vizekanzler
                (muss ein Bundesminister sein)        Bundesminister ...
   Stab                        |
         ?                     ?
              ?                          ?
                                         ?
```

Eine aktuelle Übersicht über die Posten im Bundeskabinett finden Sie auf den Internetseiten der Bundesregierung: http://www.bundesregierung.de/Webs/Breg/DE/Bundesregierung/Bundeskabinett/bundeskabinett.html.

2. Ermitteln Sie am Beispiel des Auswärtigen Amtes, welche Personen/Stellen sich eine, zwei und drei Gliederungsebenen unter dem Bundesaußenminister befinden.

4.4 Die Prozessorganisation

Die **Prozessorganisation** umfasst die dauerhafte Strukturierung von Arbeitsprozessen unter der Zielsetzung, das geforderte Prozessergebnis möglichst effizient zu erstellen.

Zu Beginn der 1990er-Jahre befanden sich viele deutsche Unternehmen in einer Situation, die mit **„Bürokratiekrise"** beschrieben werden kann. Die schwerfälligen Organisationen waren nicht in der Lage, flexibel auf das globale Marktgeschehen zu reagieren. Zur Lösung dieser Situation setzte sich in den Köpfen der Manager der Begriff „Lean Production" bzw. „Lean Management" fest. Nach dieser Ideologie sollte der Umgang mit Ressourcen sparsamer als bisher erfolgen. Die Arbeitsabläufe wurden effizient gestaltet und bei den Mitarbeitern war Selbststeuerung, d. h. eigenverantwortliche Arbeit, angesagt. Im Zuge dieser Zielvorgaben erfolgte Mitte der 1990er-Jahre ein hartnäckiger Abbau von Hierarchien und Mitarbeitern in den Betrieben.

Mit der zurückgebliebenen Belegschaft und Führungsriege mussten nun in kleinen, operativen, direkt am Markt agierenden Einheiten die immer anspruchsvoller werdenden Zielvorgaben erfüllt werden. Dieser Rationalisierungsdruck erstreckte sich aber nicht nur auf produzierende Betriebe, die an die Anforderungen ständiger Verbesserungen und Effizienzsteigerungen gewöhnt waren, sondern er traf diesmal auch die Bereiche der öffentlichen Verwaltung und die Dienstleistungsunternehmen. Immer komplexere und anspruchsvollere Aufgaben galt es zu erledigen, die immer mehr die Abläufe der Mitarbeiter gegenseitig beeinflussten. Die Qualität der erstellten Leistungen rückte stärker in den Vordergrund und führte zur nächsten Krise, der **„Qualitätskrise"**. Dieses Problem konnte aber nicht durch verstärkte Prüfung und Kontrolle gelöst werden, da es den Einsatz zusätzlicher Ressourcen und damit auch zusätzliche Kosten bedingt, die der Markt nicht bereithielt. Vielmehr mussten Methoden erdacht werden, die bei gleichem Ressourceneinsatz eine höhere Qualität erbringen.

Zu diesen Methoden zählen neue Management-Techniken wie die des Total Quality Managements und die Zertifizierung nach DIN ISO 9000 ff., die die Qualität der Prozessleistungen durch eigenverantwortliches Handeln der Mitarbeiter sicherstellen sollen. Nun galt es, Qualität nicht mehr zu kontrollieren, sondern Qualität zu produzieren. Neben der heute selbstverständlichen Unterstützung der Betriebsabläufe durch intensiven Einsatz moderner Software müssen hierzu Verfahren entwickelt werden, die dem Mitarbeiter dabei helfen, gute und gleichbleibende Prozessqualität zu erzeugen und die Schnittstellen zu den Tätigkeiten seiner Kollegen zu beachten. Ein Akt hierfür ist die Beschreibung der Tätigkeiten mithilfe von Prozessketten (EPK), also der Modellierung von Geschäftsprozessen nach Prof. Scheer.

In einer Prozessorganisation ist ein Unternehmen nach durchgehenden Geschäftsprozessen organisiert (z. B. Marketingprozesse, Produktionsprozesse, Materialprozesse, Personalprozesse, Rechnungswesenprozesse, Finanz- bzw. Investitionsprozesse und Informationsprozesse bzw. Logistikprozesse). Die Führungsprozesse bzw. Managementprozesse kommen unterstützend hinzu. Es handelt sich somit um einen Komplex von Aktivitäten, die über einen durchgängigen Leistungsfluss miteinander verknüpft sind und in einer klar definierten Folgebeziehung zueinander stehen.

Die Prozesse richten sich am Kunden aus, um für ihn und das Unternehmen wertschöpfend zu sein – kundenorientierte Rundumbearbeitung. Einerseits wird dadurch die Aufgabenabstimmung verbessert – weniger Schnittstellen führen zu weniger Fehlern bei der zeitlichen und sachlichen Abstimmung von Teilleistungen. Andererseits steigt die Motivation, da Leistungen eigenständig erbracht werden und kundenspezifisch Prozessteams zugeordnet werden können.

Im Unterschied zur vertikalen hierarchischen Sichtweise ist das geeignete Element in der Prozessbetrachtung der horizontale ganzheitliche Blick auf das Unternehmen. Die horizontale Betrachtung reicht über die Unternehmensgrenzen hinaus und bezieht neben dem Kunden auch die Lieferanten mit ein. Durch diesen Perspektivenwechsel wird die Aufbauorganisation in den Hintergrund gerückt und der Blick fällt auf die Ablauforganisation. Diese Verlagerung der Aufmerksamkeit ermöglicht es einem Unternehmen, seine Wertschöpfungsprozesse zu erkennen und gezielt umzugestalten. Effizientes Prozessmanagement hilft dabei, eine optimale Prozessgestaltung zu erreichen, und kann das Unternehmen entscheidend von der Konkurrenz trennen, da die kundenorientierten Prozesse schwer imitierbar sind.

Gründe, die für eine Prozessorganisation sprechen:

1. Höhere Marktdynamik erfordert Flexibilität und Anpassungsfähigkeit
2. Stark zunehmender Wettbewerb
3. Intensivere Fokussierung der Kunden und kundenspezifische Angebote

Die Kontingenztheorie besagt, dass in dynamischen Umwelten eher eine Prozessorganisation entsteht. Deswegen geht sie davon aus, dass diese dann effizienter ist. Etwas genauer setzt sich die Transaktionskostenökonomie mit dem Gedanken auseinander. Hier wird in der Hauptsache ein Entwicklungspfad zur Prozessorganisation beschrieben, wenn die Umweltbedingungen dynamischer werden. Die Transaktionskosten steigen in diesem Fall bei einer spezialisierten Arbeitsteilung stark an. Zusätzliche Faktoren für die Höhe der Transaktionskosten sind die Spezifität, die Häufigkeit und die strategische Bedeutung. Bei wenig dynamischen Umwelten sollte auf jeden Fall an den tayloristischen Grundsätzen festgehalten werden, da deren Vorteile die Nachteile in der Schnittstellenproblematik überkompensieren. Ein allgemeingültiger Ratschlag, ab wann welche Organisationsform sinnvoller ist, kann nicht abgeleitet werden. Ferner ist ein großer Forschungsrückstand in Bezug auf die Aufbau- und die Ablauforganisation festzustellen. In der Regel wird beides losgelöst voneinander betrachtet, obwohl beides zusammengehört.

4.4.1 Aufbau der Prozessorganisation

Ein prozessorientiertes Unternehmen soll nach durchgängigen, funktionsübergreifenden Prozessen, die vom Kunden bis zum Lieferanten reichen, organisiert werden. Die einzelnen Prozesse bestehen aus zusammenhängenden Verrichtungen, die zu überschaubaren Einheiten zusammengefasst sind. Sie sind weitgehend selbstständig und verfolgen das Ziel, Kundenbedürfnisse effizient zu erfüllen. Zu Beginn der Prozessgestaltung ist es wichtig, die strukturierten Prozesse nach ihrer Bedeutung für das Unternehmen zu gewichten. Hier gilt es, eine exakte Trennung zwischen

1. kundenorientierten Kernprozessen und
2. unterstützenden Supportprozessen

vorzunehmen.

Um Überschneidungen zu vermeiden, werden die Prozesse einem **Prozessverantwortlichen** unterstellt. Diese Aufgabe wird von einer eigenständigen Führungskraft ausgeführt, die für die Ergebnisse verantwortlich ist und die Abstimmung innerhalb der Prozesse und zwischen diesen übernimmt. Die Mitarbeiter werden bestimmten **Prozessteams** zugeordnet, die einen Prozess vom Anfang bis zum Ende betreuen. Im Idealfall kommt es zu einer Selbstorganisation der Teams und somit zu einem Abbau von Hierarchien.

Die Vorteile einer Prozessorganisation liegen in

1. der Konzentration auf die wertschaffenden und damit vom Kunden honorierten Aktivitäten.
2. der Zusammenfassung der Prozesse zu übersichtlichen Organisationseinheiten, wodurch eine Vereinfachung der Administration und Koordination ermöglicht wird.
3. der besseren Beherrschung der Arbeitsabläufe.
4. dem dynamischen Prozessdenken und der Abkehr von der statischen Problemlösungsfindung.
5. der hohen Transparenz und in der Konzentration auf die wertschaffenden Prozesse.
6. dem funktionsübergreifenden Charakter, der durch die Verteilung der Prozesse über mehrere Unternehmensbereiche entsteht. Diese Eigenschaft bietet den Mitarbeitern eine abwechslungsreiche Tätigkeit und wirkt motivierend.
7. der überschaubaren Anzahl von Schnittstellen, was zu einer Reduktion der Abstimmungs- und Koordinationsprobleme führt.
8. der klar definierten Verantwortung, wodurch sich Fehlerquellen auf ein Minimum reduzieren und somit die Durchlaufzeiten der Prozesse verkürzen lassen.
9. der hohen Flexibilität im Hinblick auf die sich ständig und rasch ändernde Umwelt. Erfahrungen haben deutlich gemacht, dass prozessorientierte Unternehmen bei wechselnden Anforderungen des Marktes schnell und kundenorientiert reagieren können.

Die Nachteile der Prozessorganisation sind

1. Durch den Perspektivenwechsel von einer vertikalen zu einer horizontalen Betrachtung wird ein fundamentales Umdenken des gesamten Unternehmens verlangt, das sich in hohen Kosten für Teambildungsmaßnahmen und Trainings widerspiegelt.
2. Die Prozessgestaltung und die ständige Optimierung der Prozessabläufe führen zu einem hohen Koordinationsaufwand, insbesondere bei den Prozessschritten, die mehreren wertschöpfenden Prozessen zugeordnet werden müssen.
3. Wenn bei der Unternehmensleitung die Befürchtung besteht, Autorität zu verlieren, kann es zu Konflikten und Abwehr der neuen Organisation kommen.
4. Oft kann auch die Identifikation der Kernprozesse problematisch und zeitintensiv ausfallen und zu kostenerhöhenden Veränderungen führen.
5. Durch eine Konzentration auf den Prozess – anstelle einer Konzentration auf die Funktion – gehen Effizienzvorteile der tayloristischen Arbeitsteilung und Spezialisierung verloren.

Die Ausführungen zur Prozessorientierung sind eher Tendenzen und Handlungsempfehlungen als konkret festgelegte Richtlinien. Sie müssen unternehmens- und situationsspezifisch gedeutet werden und sind somit nicht auf jede spezielle Unternehmenssituation übertragbar. Eine idealtypische Prozessorganisation wird in der Realität nur sehr selten erreicht. Letztlich kann man nur versuchen, die Anforderungen der Prozessorientierung so gut wie möglich zu erfüllen.

4.4.2 Darstellung von Geschäftsprozessen mithilfe von ereignisgesteuerten Prozessketten (EPK)

Ereignisgesteuerte Prozessketten sind ein Modell zur Darstellung von Geschäftsprozessen einer Organisation bei der Geschäftsprozessmodellierung. Sie wurden 1992 im Rahmen eines Forschungsprojektes an der Universität Saarbrücken und in Zusammenarbeit mit der SAP AG zur semiformalen Beschreibung von Geschäftsprozessen entwickelt. Die Methode wurde im Rahmen der Architektur integrierter Informationssysteme (ARIS) zur sichtenorientierten Modellierung von Geschäftsprozessen entwickelt und ist wesentliches Element des ARIS-Konzepts. Bei der Erstellung von EPKs werden folgende grafische Elemente verwendet:

Elemente	Beschreibung	zusätzliche Bemerkung
Ereignis	Das **Ereignis** beschreibt das Eintreten eines betriebswirtschaftlichen Zustandes, der eine Handlung (Funktion) auslöst bzw. das Ergebnis einer Funktion sein kann.	Jeder Geschäftsprozess beginnt mit einem Start-/Auslöseereignis und endet mit einem End-/Ergebnisereignis. Bei der Beschreibung der Ereignisse müssen Partizipialkonstruktionen, also Sätze, die ein Partizip enthalten, gewählt werden. (Bsp.: Aufträge sind angenommen)
Funktion	Die **Funktion** beschreibt, was nach einem auslösenden Ereignis gemacht werden soll.	Funktionen verbrauchen Ressourcen und Zeit. Bei der Beschreibung der Funktionen sollten Verben verwendet werden. (z. B. Aufträge annehmen)
Organisationseinheit	Die **Organisationseinheit** gibt an, welche Person (Personenkreis) die bestimmte Funktion ausführt.	Die Organisationseinheit kann nur mit Funktionen verbunden werden.
Informationsobjekt	Mit dem **Informationsobjekt** werden die für die Durchführung der Funktion benötigten Daten angegeben.	Das Informationsobjekt kann nur mit Funktionen verbunden werden.
Dokument	Schriftliche **Dokumente**, die durch das Unternehmen „wandern" bzw. in den Betrieb gelangen oder nach außen gesendet werden	Zur Abgrenzung gegen Elemente eines Informationssystems
Operatoren	Die drei verschiedenen logischen **Operatoren** ermöglichen es, Verzweigungen zwischen Ereignissen und Funktionen bzw. zwischen Funktionen und Ereignissen einzufügen.	UND = $\wedge$ ODER = $\vee$ Exklusives Oder = **XOR**
Prozesswegweiser	Der **Prozesswegweiser** (Unterprozess) ermöglicht es, einzelne Geschäftsprozesse miteinander zu verbinden.	
Kontrollfluss	Der **Kontrollfluss** gibt alle möglichen Durchgänge durch eine EPK wieder. Der Kontrollfluss kann mittels der Operatoren aufgespalten werden.	Die Elemente der EPK sollten so angeordnet werden, dass der Kontrollfluss weitgehend von oben nach unten verläuft.
Informationsfluss	Der **Informationsfluss** zeigt den Datenfluss zwischen Informationsobjekt und Funktion auf.	
Zuordnung	Die **Zuordnung** zeigt den Zusammenhang zwischen Organisationseinheit und Funktion.	

Weitere Regeln zur Erstellung von EPKs:

Allgemeine Regeln

- Symbole können nur Ereignisse, Funktionen, Prozesswegweiser, logische Verknüpfungsoperatoren (UND, ODER, XOR), Organisationseinheiten und Informationsobjekte sein.
- Verknüpfungsoperatoren sind gültig, wenn sie mit einem vorausgehenden und einem nachfolgenden Symbol direkt verbunden oder indirekt über einen Verknüpfungsoperator und Linien verbunden sind.
- Eine EPK kann nur mit einem Ereignis oder einem Prozesswegweiser beginnen oder enden.
- Eine EPK muss mindestens eine Funktion enthalten.
- Alle Symbole müssen mit Linien verbunden sein.
- Ereignisse können nicht direkt mit anderen Ereignissen verbunden werden.
- Funktionen können nicht direkt mit anderen Funktionen verbunden werden.

Ereignisse

- Ein Ereignis kann nicht vor einem anderen Ereignis stehen.
- Ein Ereignis kann nicht einem anderen Ereignis folgen.
- Ein Ereignis folgt oder geht einer Funktion voraus.
- Ein Ereignis kann nur eine Eingangslinie haben.
- Ein Ereignis kann nur eine Ausgangslinie haben.

Funktionen

- Eine Funktion kann nicht vor einem Prozesswegweiser oder einer anderen Funktion stehen.
- Eine Funktion kann nicht einem Prozesswegweiser oder einer anderen Funktion folgen.
- Eine Funktion muss mindestens vor einem Ereignis stehen oder mindestens einem Ereignis folgen.
- Eine Funktion kann nur eine Eingangslinie haben.
- Eine Funktion kann nur eine Ausgangslinie haben.

Prozesswegweiser

- Ein Prozesswegweiser muss entweder vor einem Ereignis stehen oder wenigstens nach einem Ereignis folgen.
- Ein Prozesswegweiser kann nicht vor einer Funktion oder einem anderen Prozesswegweiser stehen.
- Ein Prozesswegweiser kann nur eine Eingangslinie haben (wie Funktion).
- Ein Prozesswegweiser kann nur eine Ausgangslinie haben.

Verknüpfungsoperatoren

- Alleinstehende Verknüpfungsoperatoren sind nicht erlaubt.
- Verknüpfungsoperatoren sind zu verwenden, um andere Symbole zu verbinden.
- Verknüpfungsoperatoren sind zu verwenden, um Gabelungen in einer Prozesskette zu erzeugen.
- Bei einer Aufspaltung in einer Prozesskette müssen die Verknüpfungsoperatoren einen eingehenden Pfeil und zwei oder mehrere ausgehende Pfeile haben.
- Bei einer Zusammenführung in einer Prozesskette müssen die Verknüpfungsoperatoren zwei oder mehr eingehende Pfeile und einen ausgehenden Pfeil haben.
- ODER- oder XOR-Verknüpfungsoperatoren, die eine Gabelung in der Prozesskette darstellen, dürfen nicht einem Ereignis folgen.

Organisationseinheiten

- Organisationseinheiten werden über gestrichelte Linien Funktionen zugeordnet oder stehen in der gleichen Zeile wie die Funktion.
- Organisationseinheiten beschreiben Stellen (keine Mitarbeiter!).
- Organisationseinheiten basieren auf dem Organigramm der Unternehmung.

Informationsobjekte

- Informationsobjekte werden über Pfeile an Funktionen geknüpft.
- Die Pfeile zwischen Informationsobjekt (IO) und Funktion beschreiben Datenflüsse:
    - der Pfeil IO → Funktion bildet den Eingangsdatenfluss („Lesen")
    - der Pfeil IO ← Funktion bildet den Ausgangsdatenfluss („Schreiben")
    - der Pfeil IO ←→ Funktion bedeutet, dass zuerst Daten vom IO in die Funktion eingelesen, dort dann bearbeitet und anschließend von der Funktion an das IO zurückgeschrieben werden („Lesen – Schreiben").

Die Prozessorganisation

Unternehmen, die auf Prozessorganisation umsteigen, versuchen zunächst, alle Prozesse, die im Betrieb ablaufen, mithilfe des Prozessberaters auszuformulieren und anschließend grafisch darzustellen.

Beispiel eines ausformulierten Geschäftsprozesses:

> **Fallbeschreibung zur Kreditsachbearbeitung in einer Bank**
>
> Bei der Einführung eines neuen Kundenberaters für die Kreditabteilung einer Bank soll mithilfe einer EPK der Vorgang der Kreditbearbeitung und die Tätigkeit des Kundenberaters erläutert werden.
>
> An der Kreditbearbeitung sind der Kundenberater und der Kreditsachbearbeiter beteiligt. In schwierigen Fällen entscheidet der Bankvorstand mit.
>
> Es wird zwischen Hypothekarkredit und Privatkredit unterschieden.
>
> Um die Beleihungsgrenze zu ermitteln, werden beim Hypothekarkredit ein Grundbuchauszug, eine Schätzung der Liegenschaft (Bewertungsgutachten) und eine Lohnbestätigung benötigt. Die Beleihungsgrenze des Immobilienobjektes wird mithilfe des Grundbuchauszuges und des Bewertungsgutachtens ermittelt. Die Beleihungsgrenze und die Lohnbestätigung bestimmen die Kredithöhe.
>
> Für die Bearbeitung des Privatkredites werden eine Lohnbestätigung und eine SCHUFA-Auskunft verlangt. Mit diesen Informationen kann das pfändbare Gehalt ermittelt werden. Es bestimmt den Vorschlag über die maximale Privatkredithöhe.
>
> Der Kundenberater trägt in Zusammenarbeit mit dem zukünftigen Kreditnehmer alle Informationen für den Kreditantrag zusammen, ermittelt daraus die Kredithöhe und erstellt einen Entscheidungsvorschlag für den Kreditsachbearbeiter.
>
> Der Kreditsachbearbeiter prüft den Kreditantrag und entscheidet über die Gewährung des Kredits bzw. leitet den Antrag zur weiteren Prüfung an den Bankvorstand weiter.
>
> Der Bankkunde wird schriftlich über die Kreditgewährung oder die Kreditablehnung informiert.

Die grafische Darstellung des oben beschriebenen Geschäftsprozesses kann folgendermaßen aussehen:

Die Symbole sollen so weit wie möglich in folgenden Spalten angeordnet werden:

Organisationseinheiten	Ereignisse	Funktionen	Informationsobjekte

Kreditbearbeitung EPK Lösung.igx

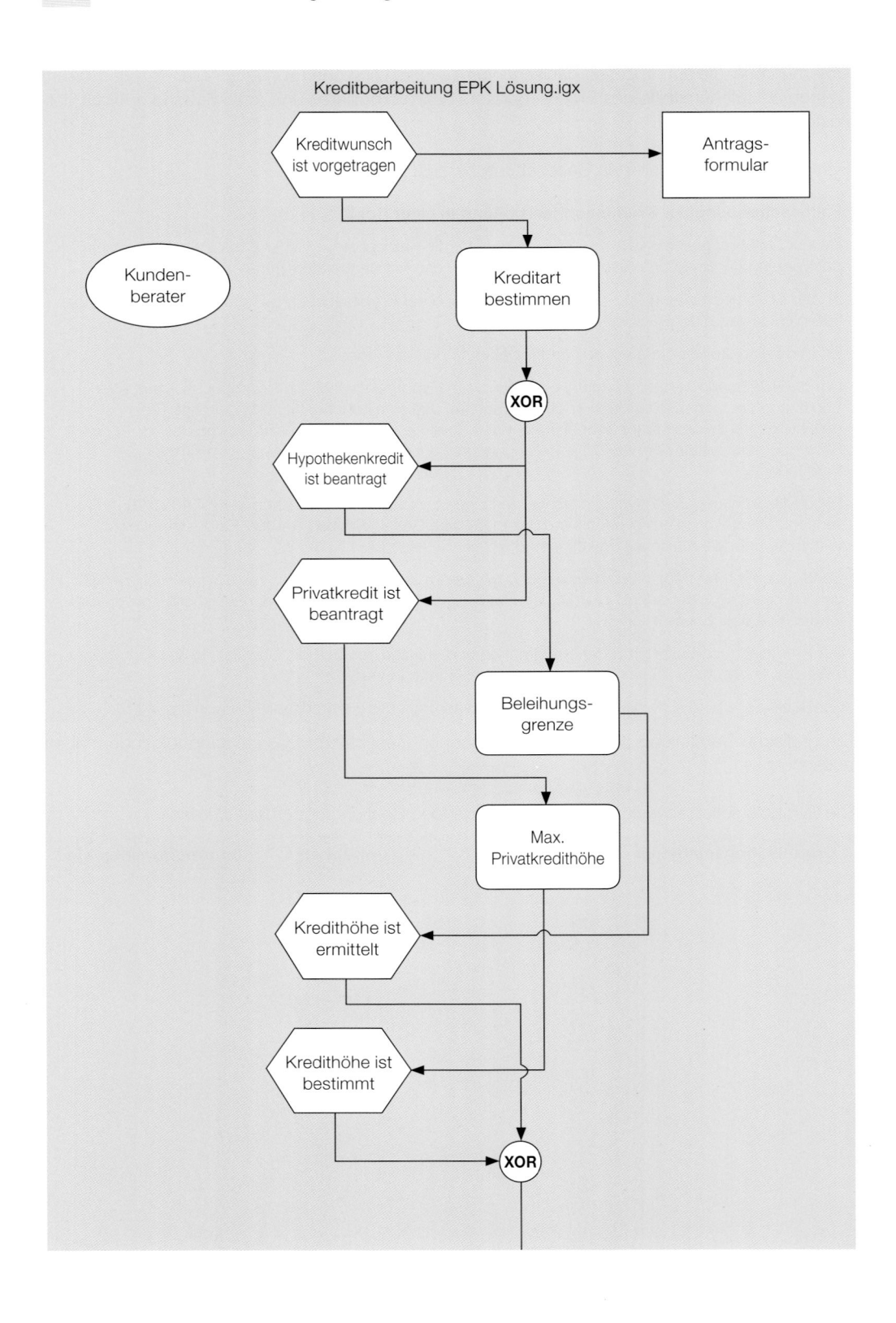

- Kreditwunsch ist vorgetragen → Antragsformular
- Kundenberater
- Kreditart bestimmen
- XOR
  - Hypothekenkredit ist beantragt
  - Privatkredit ist beantragt
- Beleihungsgrenze
- Max. Privatkredithöhe
- Kredithöhe ist ermittelt
- Kredithöhe ist bestimmt
- XOR

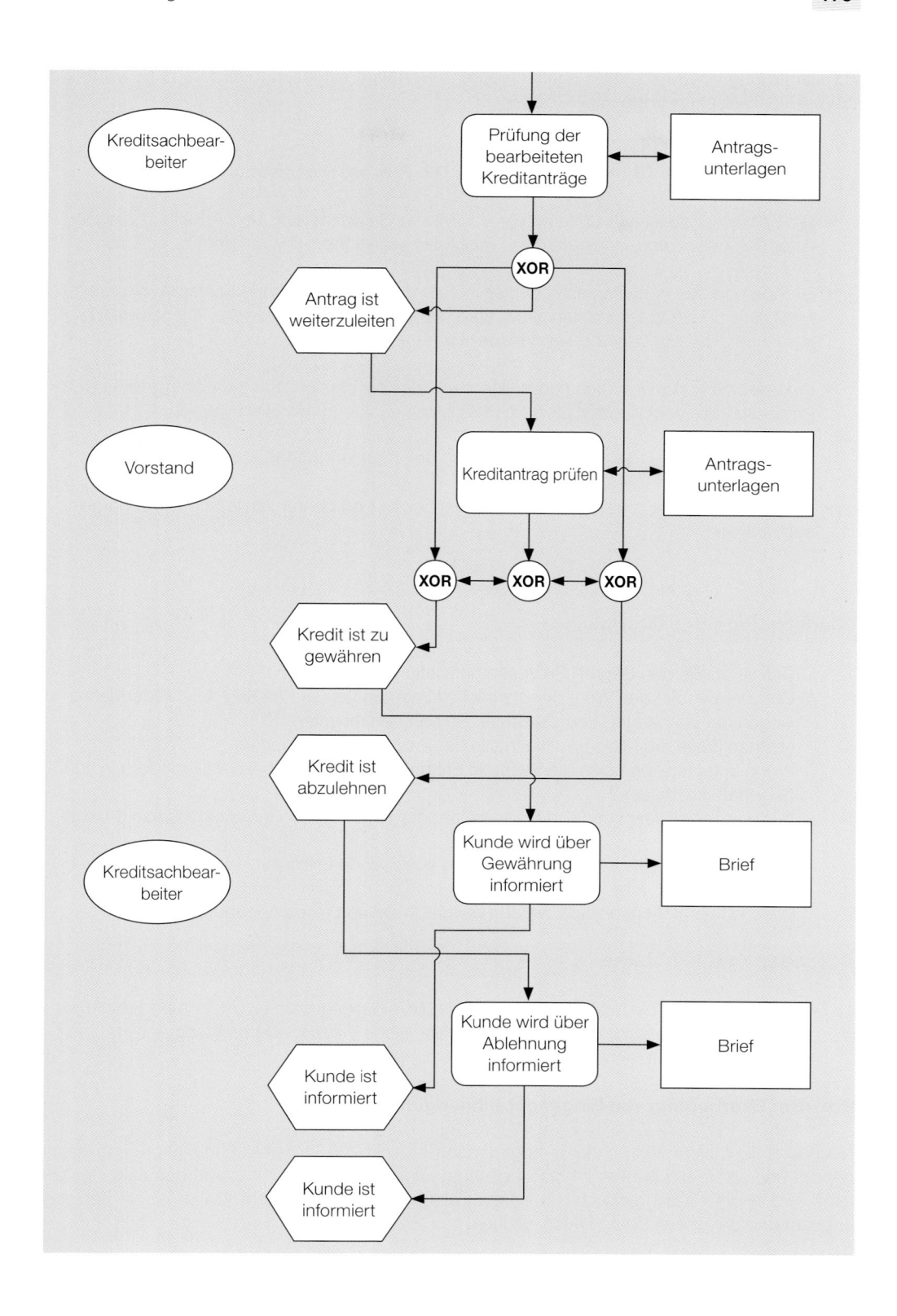

Die Prozessorganisation

Kreditsachbearbeiter

Prüfung der bearbeiteten Kreditanträge ↔ Antragsunterlagen

XOR

- Antrag ist weiterzuleiten

Vorstand

Kreditantrag prüfen ↔ Antragsunterlagen

XOR ↔ XOR ↔ XOR

- Kredit ist zu gewähren
- Kredit ist abzulehnen

Kreditsachbearbeiter

Kunde wird über Gewährung informiert → Brief

Kunde wird über Ablehnung informiert → Brief

- Kunde ist informiert
- Kunde ist informiert

Zur Darstellung von EPKs kann unterschiedliche Software eingesetzt werden, z. B. Microsoft Visio, ARIS-Toolset und/oder FlowCharter.

> **Zusammenfassende Übersicht Kapitel 4.4: Die Prozessorganisation**
>
> - Die Prozessorganisation umfasst die dauerhafte Strukturierung von Arbeitsprozessen unter der Zielsetzung, das geforderte Prozessergebnis möglichst effizient zu erstellen.
>
> - Gründe, die für eine Prozessorganisation sprechen: höhere Marktdynamik erfordert Flexibilität und Anpassungsfähigkeit, stark zunehmender Wettbewerb, intensivere Fokussierung der Kunden und kundenspezifische Angebote.
>
> - Prozessorientierte Unternehmen sollen nach durchgängigen, funktionsübergreifenden Prozessen, die vom Kunden bis zum Lieferanten reichen, organisiert werden.
>
> - Es gibt kundenorientierte Kernprozesse und unterstützende Subprozesse.
>
> - Geschäftsprozesse müssen zunächst beschrieben und dann mithilfe von EPKs dargestellt werden.

Wiederholung des Grundwissens

1. Definieren Sie den Begriff „Prozessorganisation".
2. Beschreiben Sie den Weg, den deutsche Unternehmen seit Anfang der 1990er-Jahre wegen der Bürokratie- und Qualitätskrise nehmen mussten.
3. Nennen Sie je zwei Vor- und Nachteile der Prozessorganisation.
4. Worin unterscheiden sich die Symbole Ereignis und Funktion bei der Modellierung von Geschäftsprozessen?
5. Wie werden ein lesender und ein schreibender Zugriff auf ein Informationsobjekt dargestellt?
6. Beschreiben Sie die Funktion, die auf das auslösende Ereignis „Anfrage eines Kunden ist eingegangen" folgt.
7. Welche Informationsobjekte werden bei der Erstellung eines Angebots bearbeitet?

Aufgaben und Probleme

1. Erstellen Sie für die beiden Unterprozesse „Beleihungsgrenze ermitteln" und „Maximale Privatkredithöhe ermitteln" je eine EPK (Hilfe: siehe Prozessbeschreibung).
2. Erstellen Sie für folgende Prozessbeschreibung eine EPK.

Prozess: Bearbeitung von Eingangsrechnungen

Nachdem die Lieferantenrechnung eingegangen ist, wird sie in der Rechnungsprüfungsstelle geprüft und als Verbindlichkeit im Buchhaltungssystem verbucht. Nach Eintritt des Zahlungstermins wird in der Kreditorenbuchhaltung der Zahlungsausgang gebucht. Damit ist die Zahlung gebucht und der offene Posten ausgeglichen.

Die Prozessorganisation

3. Vervollständigen Sie für den Prozess „Bearbeitung von Eingangsrechnungen" die folgende EPK in Ihrem Heft:

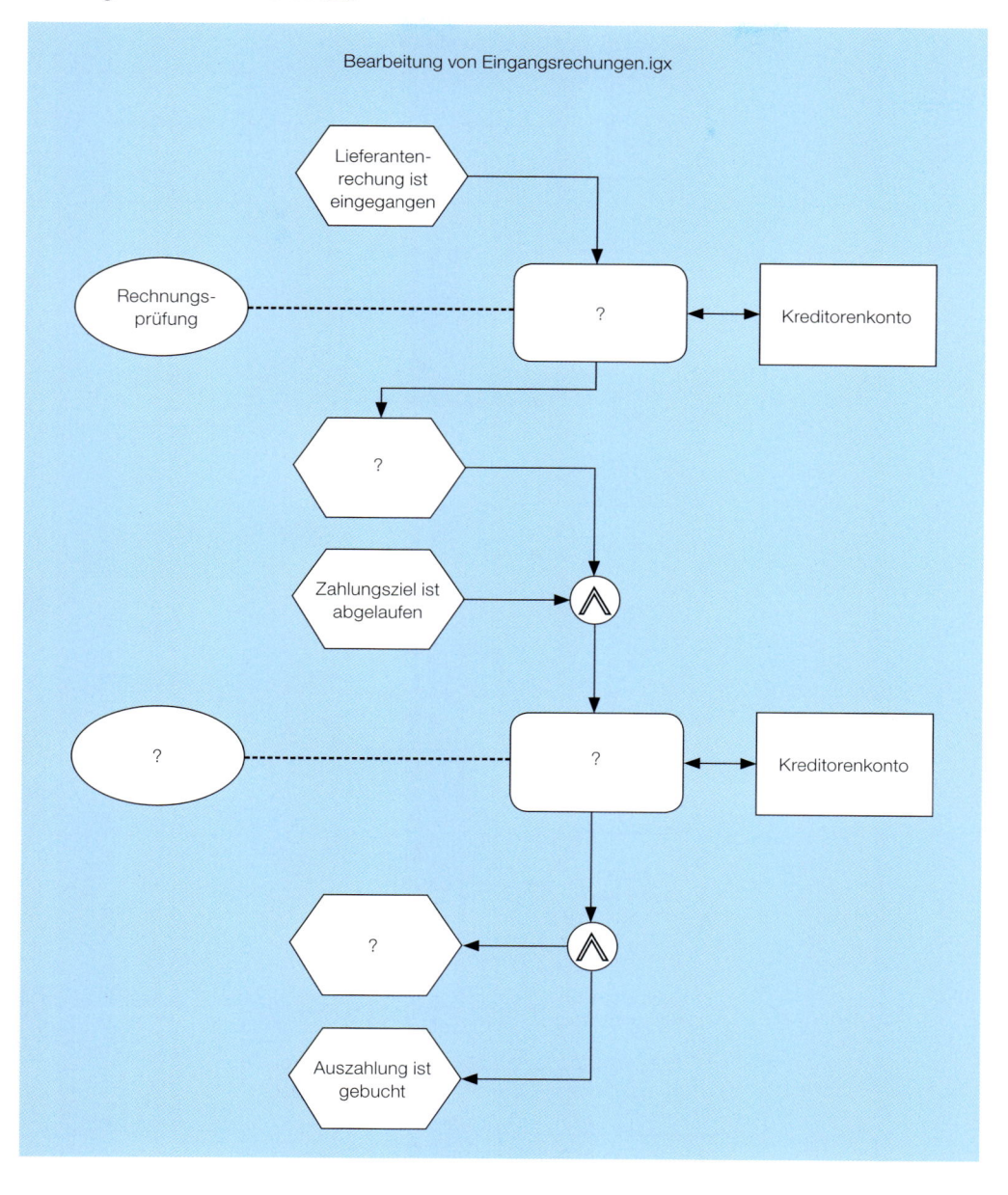

Bearbeitung von Eingangsrechnungen.igx

- Lieferantenrechung ist eingegangen
- Rechnungsprüfung ---- ? ↔ Kreditorenkonto
- ?
- Zahlungsziel ist abgelaufen
- ∧
- ? ---- ? ↔ Kreditorenkonto
- ∧
- ?
- Auszahlung ist gebucht

Themenkreis 4: Führung und Organisation

Fertigen Sie für folgende EPKs eine Prozessbeschreibung an:

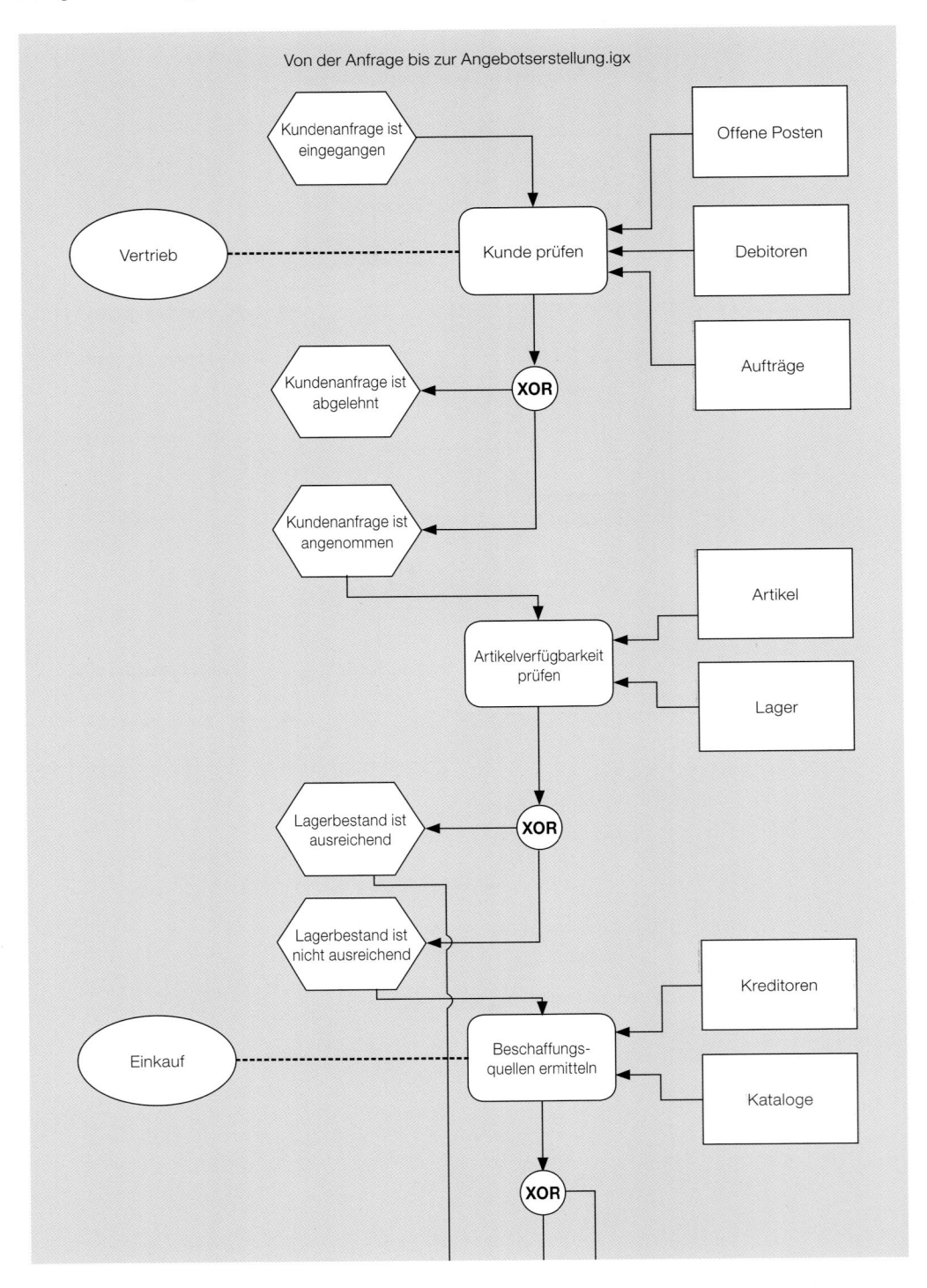

Von der Anfrage bis zur Angebotserstellung.igx

- Kundenanfrage ist eingegangen
- Vertrieb — Kunde prüfen ← Offene Posten, Debitoren, Aufträge
- XOR
  - Kundenanfrage ist abgelehnt
  - Kundenanfrage ist angenommen
- Artikelverfügbarkeit prüfen ← Artikel, Lager
- XOR
  - Lagerbestand ist ausreichend
  - Lagerbestand ist nicht ausreichend
- Einkauf — Beschaffungsquellen ermitteln ← Kreditoren, Kataloge
- XOR

Die Prozessorganisation

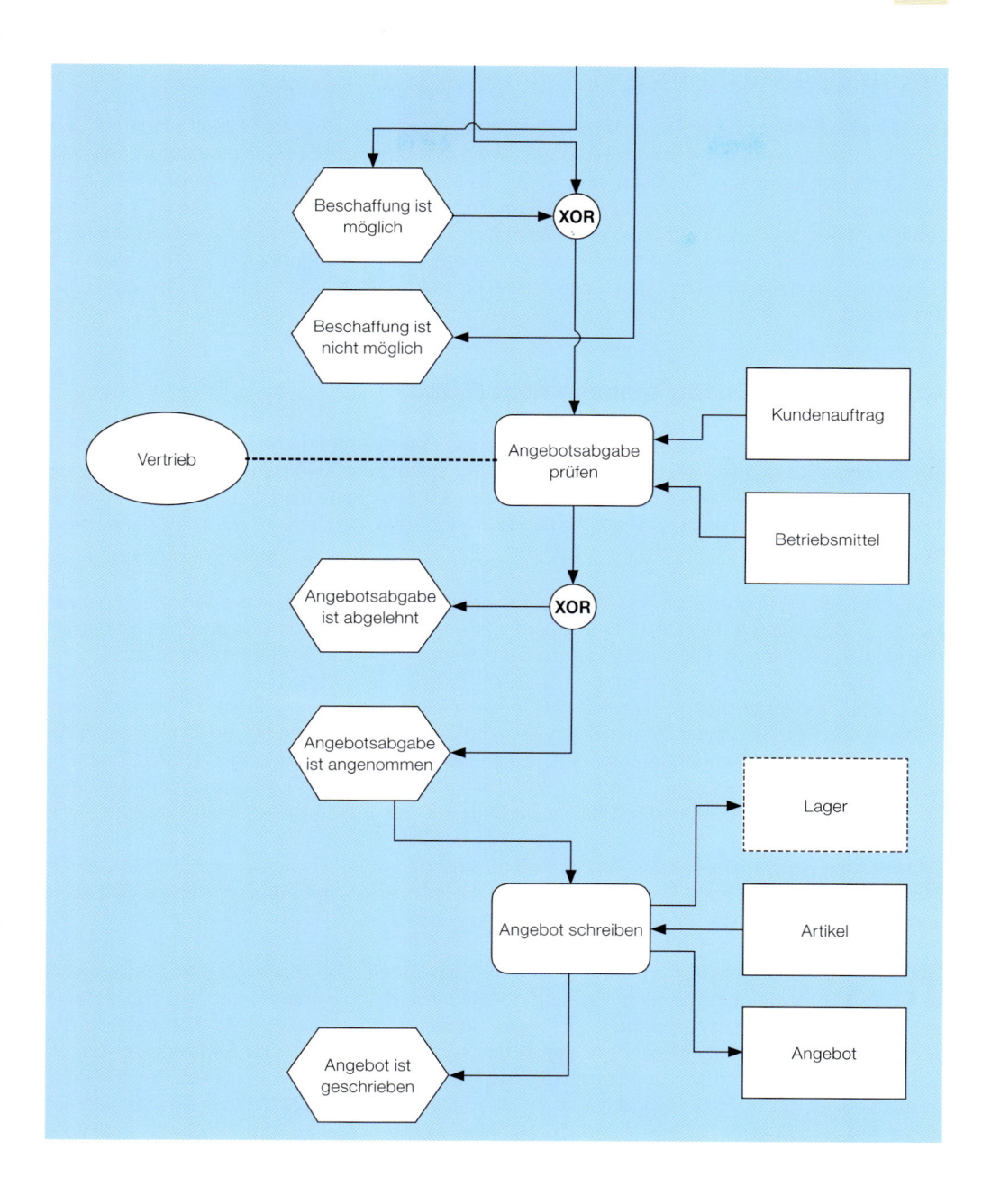

4.5 Management-Konzepte

Der Einsatz von Management-Konzepten dient immer dem Ziel, in einem Betrieb effizienter und kostengünstiger zu arbeiten. Dieses Rationalisierungsziel kann durch verschiedene Konzepte wie das Computer Integrated Manufacturing (CIM), die Just-in-time-Anlieferung, das Lean Management, das Total Quality Management (TQM) und/oder das Kaizen erreicht werden. Diese Konzepte können allein oder auch in Kombination angewendet werden. Eine der weltweit am häufigsten erfolgreich eingesetzten Kombinationen ist das TQM in Verbindung mit dem Kaizen. Im Folgenden soll diese Kombination stellvertretend für viele weitere Management-Konzepte erläutert werden.

4.5.1 Das Total Quality Management (TQM)

TQM bezeichnet die permanente, alle Bereiche einer Unternehmung erfassende und kontrollierende Tätigkeit, die dazu dient, Qualität als Prozess einzuführen und dauerhaft zu garantieren. TQM wurde von der japanischen Automobilindustrie so erfolgreich eingesetzt, dass es schließlich zum weltweiten Erfolgsmodell aufstieg und ihm sich kaum ein Unternehmen entziehen konnte.

Als Grundlage, nicht aber als zwingende Voraussetzung für das TQM dient die Zertifizierung nach DIN ISO 9000:2000 ff. Die DIN-ISO-9000er-Familie ist eine Reihe von Regelwerken, die allgemeingültige Leitlinien und Empfehlungen zu Qualitätsmanagement-Systemen (QMS) gibt.

Die Deutsche Gesellschaft für Qualität (DGQ), einer der bundesweit größten und erfahrensten Anbieter von Fortbildungsmaßnahmen im Bereich Management-Systeme, beschreibt als QMS alle Tätigkeiten des Gesamtmanagements, die im Rahmen der Qualitätspolitik anfallen. Es müssen Ziele und Verantwortungen festgelegt und diese durch Mittel wie Qualitätsplanung, -lenkung, -sicherung und -verbesserung verwirklicht werden.

Die Entwicklung zur Qualitätssicherung stammt aus den USA. Bereits in den 1950er-Jahren regten dort der militärische Bereich sowie die hohen Anforderungen an das sichere Betreiben von Atomkraftwerken die Entwicklung der QM-Regelwerke an.

Die DIN-ISO-9000er-Familie entstand in den 1980er-Jahren. Die zunehmende Globalisierung des Handels machte eine Vereinheitlichung der Regelwerke notwendig. Bis dahin gab es viele nationale und branchenspezifische Regelwerke. So wurde ein spezielles „ISO-Komitee" mit der Ausarbeitung eines weltweit einheitlichen, branchenübergreifenden QM-Regelwerkes beauftragt. ISO steht für „Internationale Standard Organisation". Mit diesem einheitlichen Regelwerk ist es etwa einem Krankenhaus möglich, mit verschiedenen Teilen des QM-Werkes ein Qualitätsmanagement aufzubauen. Die DIN-ISO-9000er-Familie wurde zuletzt im Jahr 2000 vollständig angepasst und überarbeitet. Einer der Gründe für die Überarbeitung war die bis dahin für Dienstleistungsunternehmen (z. B. Pflegeeinrichtungen) zu technische Sprache.

4.5.2 Kaizen

Kaizen (jap.: Veränderung zum Besseren) und TQM sind eng miteinander verbunden.

Wesentliche Prinzipien des TQM sind, dass Qualität ein aktives Handeln voraussetzt und hart erarbeitet werden muss. Qualität gilt dabei nicht als Ziel, sondern als ein Prozess, der nie zu Ende geht. Und Qualitätssteigerung wird nur mit allen Mitarbeitern sichergestellt. Das Kaizen hilft dem TQM, diese Prinzipien einzuhalten bzw. sie umzusetzen. **Es ist eine japanische Lebens- und Arbeitsphilosophie, die das Streben nach ständiger Verbesserung in den Vordergrund rückt.** In diesen ständigen Verbesserungsprozess werden nicht nur Führungskräfte, sondern auch alle anderen Mitarbeiter eingebunden. In Deutschland wurde das Kaizen in vielen Unternehmen unter dem Namen „Kontinuierlicher Verbesserungsprozess" (KVP) eingeführt.

Als KVP-Prinzipien gelten:

1. Perfektionierung des betrieblichen Vorschlagswesens
2. Investition in die Weiterbildung der Mitarbeiter
3. Mitarbeiterorientierte Führung
4. Prozessorientierung
5. Einführung eines Qualitätsmanagements

Insgesamt soll Kaizen, oder KVP, zu einer höheren Identifikation der Mitarbeiter mit dem Unternehmen und letztlich zu einer stetigen Verbesserung der Wettbewerbsposition beitragen.

Zusammenfassende Übersicht Kapitel 4.5: Management-Konzepte

Eine sehr effiziente Kombination von Management-Konzepten stellt das TQM in Verbindung mit dem Kaizen dar.

TQM bezeichnet die permanente, alle Bereiche einer Unternehmung erfassende und kontrollierende Tätigkeit, die dazu dient, Qualität als Prozess einzuführen und dauerhaft zu garantieren.

Kaizen ist eine japanische Lebens- und Arbeitsphilosophie, die das Streben nach ständiger Verbesserung in den Vordergrund rückt.

Wiederholung des Grundwissens

1. Nennen Sie drei verschiedene Management-Konzepte und erklären Sie, welches Ziel jeweils damit verfolgt wird.
2. Erklären Sie das Zusammenspiel zwischen TQM und Kaizen.
3. Nennen Sie eine hilfreiche Grundlage für das TQM.

Aufgaben und Probleme

Toyota besitzt eines der weltweit effizientesten Produktionssysteme. Beschreiben Sie das Toyota-Produktionssystem anhand der folgenden Grafik und ordnen Sie es in das TQM und Kaizen ein.

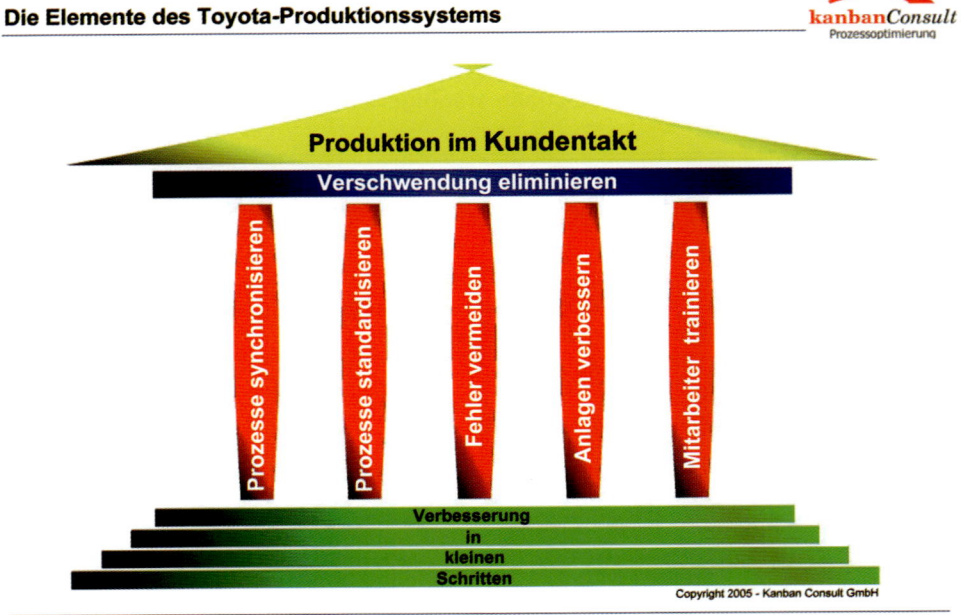

Die Elemente des Toyota-Produktionssystems

kanbanConsult – Prozessoptimierung

- Produktion im Kundentakt
- Verschwendung eliminieren
- Prozesse synchronisieren
- Prozesse standardisieren
- Fehler vermeiden
- Anlagen verbessern
- Mitarbeiter trainieren
- Verbesserung in kleinen Schritten

Copyright 2005 - Kanban Consult GmbH

www.kanbanconsult.de - Kanban Consult GmbH - August-Bebel-Straße 34 - 76187 Karlsruhe - Telefon 0721 / 75 69 - 300 - Fax 0721 / 75 69 - 301

Sachwortverzeichnis

A

Ablauforganisation 165
Ablaufplanung 57
Abnahme. 114
Abnahmeprotokoll 114
Abschlussbericht. 114
Abschlusspräsentation 108
Aktivitätenliste 48
Analogie-Schätzverfahren 70
Arbeitsdauer 57
Arbeitspaketbericht 97
Arbeitspaketbeschreibung. 51
Arbeitspakete 50
Assessment-Center. 145
Aufbauorganisation 162, 165

B

Balkendiagramm 61
Berichtszeitpunkt. 97
Blog 134
Bottom-up-Verfahren. 70
Bürokratiekrise 167

C

Computer Integrated Manufacturing
(CIM) 180
Controlling. 87
Controlling-Regelkreis 88

D

Dezentralisation. 163
DIN 69901 7
Dokumentation 96
Durchführungsphase. 83

E

Eignungstest 144
Einliniensystem 163
Entlastung. 118
Ereignisgesteuerte Prozesskette 169
Ergebnis-Controlling 90, 94

F

Faustformel 70
Führungsstil. 154
Führungstechnik 156
Funktionsorientierter Projektstrukturplan . 54
Funktionsüberprüfungstest 144

G

Gantt-Diagramm 61
Gegenstromplanung 72
Gesamtpuffer 63, 66
Geschäftsprozess 169
Gesprächspsychologie 143
Gestik 112

I

Incentive 117
Intelligenztest. 144
Interessensgruppe. 107
Istwert 89

K

Kaizen 180
Kapazitätsausgleich. 69
Kapazitätsplan. 68
Kick-off-Meeting 42
Kommunikation 132
Kommunikationsregeln 132
Kommunikatives Verhalten. 84
Konfrontationsphase 36
Kontingenztheorie 168
Konzentrationstest. 144
Kooperationsphase 36
Kooperativer Führungsstil 84
Körperhaltung 112
Kosten-Controlling. 90, 92
Kostenermittlung 70
Kostenplan 69
Kostenziele 21
Kritischer Weg. 67
Kündigung 147
Kündigungsfrist 149

L

Lastenheft 24
Lerntechnik 126
Lerntyp 126
Loci-Methode 129

M

Machbarkeitsstudie 12, 19
Management-Konzept 180
Marketingkonzept 9
Materialkosten. 71
Medien der internen Kommunikation . . . 133
Medieneinsatz 109
Mehrliniensystem. 164

Meilensteinbericht 97
Meilensteine 59
Meilenstein-Trend-Analyse. 91
Mimik 112
Mindmapping 128
Mnemotechnik. 128
Moderationszyklus. 85
Motivation 158
Motivationsförderung. 84
Motive 158
Motivierung 158
Murphys Law. 83

N
Nachfolger. 64
Netzplan 63
Nonverbale Kommunikation. 111

O
Objektorientierter Projektstrukturplan . . . 54
Orientierungsphase. 36

P
Personalauswahl. 141
Personalbedarfsplanung 138
Personalkosten 71
Personalplanung 68
Personalwirtschaft. 138
Pflichtenheft 24
Phasenmodell 36
Plankosten. 92
Planung. 47
Planungsschritte 48
Prinzip der Dezentralisation 162
Prinzip der Zentralisation 162
Projektablaufplan. 57
Projektabschluss. 13, 104
Projektabschlusssitzung 114
Projektauftrag 40
Projektberichtsplan 96
Projektbudget 71
Projektdefinition. 13, 17
Projektdokumentation 96
Projektdurchführung 13, 82
Projektleiter. 83
Projektleitung 38
Projektplanung 13, 46
Projektstatusbericht. 97
Projektstrukturplan (PSP) 53
Projektteam. 35
Projektumfeldanalyse 29
Projektvorschläge 122
Projektziele 20

Prozessorganisation 167
Prozessteam 168
Prozessverantwortlicher 168
Puffer 63

Q
Qualitätsbericht. 97
Qualitätskrise. 167
Qualitätssicherung. 94

R
Ressourcen. 68
Ressourcenbedarfsplanung. 68
Rhetorik. 111
Rückwärtsrechnung 66

S
Sachziele. 21
Schätzverfahren 70
Soll-Ist-Vergleich 88
Sollwert. 89
Sozialauswahl 148
Soziale Kompetenz 84
SQ3R-Methode. 127
Stabliniensystem 164
Stakeholder-Analyse 29
Statusübersicht 97
Stellenanzeige 140
Stellenausschreibung 139
Stellenbildung 162
Superzeichen 129

T
Team. 33
Teamsitzung 84
Teilprojektebene 53
Terminplanung. 61, 63
Termin- und Ablauf-Controlling 90
Terminziele 21
Top-down-Verfahren 72
Total Quality Management (TQM). 180

U
Unternehmensorganisation 161
Unternehmensstrategie 161

V
Verkaufskonzept 9
Verknüpfung 65
Verrechnungssatz 71
Vollkostenrechnung 70

Vorgänger 64
Vorgangsdauer 57, 58
Vorgangsknoten 63
Vorgangsliste...................... 57
Vorstellungsgespräch 141
Vorwärtsrechnung 65

W

Wachstumsphase 37
Wiki............................. 134

Z

Zielvereinbarung 20

Bildquellenverzeichnis

akg-images/Bildarchiv Steffens, S. 59
Bildungsverlag EINS/Oliver Wetterauer,
   S. 36, 113 (2x), 137, 144, 151, 161
Fahrenbach, Michael (Privatfoto),
   S. 15 (4x), 43, 73, 98, 118
Kanban Consult GmbH, S. 182
MEV Verlag GmbH, S. 96, 160 (3x)

picture-alliance/dpa, S. 94
Project Photos GmbH & Co. KG, S. 28, 82
Rillsoft GmbH, Leonberg, S. 61 unten
RKW Rationalisierungs- und Innovationszen-
   trum der Deutschen Wirtschaft e.V., S. 91
Stuttmann, Klaus, S. 154, 160 unten
Toll Collect GmbH, S. 46